大学院文化科学研究科

数理科学

—離散数理モデル—

石崎克也

諸澤俊介

自然環境科学プログラム

数理科学（'21）

装丁・ブックデザイン：畑中　猛

s-62

まえがき

幼いころからものの個数を数えることや，ものをある規則に従って順番に並べることをしてきた。自然数（正の整数）からはじめて，加減乗除を学習した。正の整数だけでは不十分であることを生活のなかでも感じたころに，分数や負の整数を学ぶことになった。さらに，0 の持つ魅力に惹かれたこともあったであろう。いわゆる有理数まで数の範囲を広げて考えるようになった。

正方形の折り紙を折っていろいろな図形を創ったことはあるだろうか。対角線に沿って折ると直角三角形ができる。一辺の長さが 10 cm の正方形の折り紙の対角線は，$10\sqrt{2}$ cm であるから，この時点で有理数でない長さを体験しているはずである。実際，2 つの有理数の間には無限に多くの有理数が存在するし，この有理数を直線上にすべて並べても直線を埋めつくすことはできない。直線上には，たとえば $10\sqrt{2}$ のような無理数が並んでいる。円筒にひもを回して，周の長さを測って，その円の直径と比較したこともあったであろう。この比 π は，やはり無理数で，生活のなかで感じることができる数である。有理数と無理数とをあわせて実数（Real number）といい，直線を埋めつくすことができる。本書では，実数全体の集合を $\mathbb{R}$ と書き，実数と直線上の点を対応させた数直線も同じ記号 $\mathbb{R}$ を用いることにする。

2 次方程式

$$ax^2 + bx + c = 0, \quad a \neq 0 \tag{0.1}$$

と出合ったときのことを記憶してるであろうか。初めは因数分解で解けるものを扱っていくが，そのうちに解の公式に出合う。公式の中に $\sqrt{b^2 - 4ac}$ が入っていて，根号の中が負になったらどうしようと不安になったのではないか。実際に，2 乗して負になる実数はないのだから，2 次方程式を解くためにも，2 乗して負になる想像上の数（虚数）が必要になってくる。このようにして，われわれは数の範囲を実数から複素数（Complex number）に広げて考えるようになってきた。本書では，$i=\sqrt{-1}$ とし，虚数単位と呼ぶ。2 次方程式 (0.1) において，$b^2-4ac<0$ の場合の解は

$$x=\frac{-b}{2a}\pm\frac{\sqrt{-(b^2-4ac)}}{2a}\,i \tag{0.2}$$

と書ける。解を C とすると，$C=A+Bi,\ A,B\in\mathbb{R}$ の形をしている。このような形の数を複素数という [*1]。複素数 C は，2 つの実数 A, B で表されている。それゆえ，複素数全体の集合 $\mathbb{C}$ は平面と対応づけることができる。このようにして得られる平面を複素平面という。本書では，複素平面も複素数全体の集合と同一視して $\mathbb{C}$ で表すことにする。

ここまで読んでいただいて，数には自然数や整数のように飛び飛び（離散的）なものと，実数や複素数のように切れ目なくつながっている（連続的）なものがあることを再確認できたであろう。

本書は，放送大学大学院の放送授業「数理科学（'21）— 離散数理モデル —」の印刷教材として，副題にあるように，離散的な数理モデルを意識して書かれている。放送印刷教材『数理科学 — 離散モデル —』(2015) の改訂版と考えていただいてよいが，後半では，より数学色が濃くなっている。基本的なスタイルは，「数理システム科学 [204]」，「数理科学の方法 [205]」の精神を継いでいる。ここでの学びをもとに主体的に問題を見つけ，大学院での研究の起点としていただきたい。各章のどこかに興味の対象となる内容があれば，放送大学の修士課程での研究課題に選んでいただければ幸いである。本書の内容は，前半は実数変数関数の数理モデルの取り扱いであり，後半は複素変数関数の離散的関数方程式論と複素力学系である。

まず，関数方程式とは何であろうか，2 次方程式 (0.1) のように "数" が解になるのではなく，方程式を満たす "関数" が解になるのである。2 次方程式 (0.1) であれば，すべての解を求めることが可能であるが，関数方程式の場合はつねにすべての解を記述することが可能とは限らない。少

---

*1　詳細は 7 章で学習する

なくともひとつの解が見つかることが，すばらしい研究成果であることもある。

それでは，この関数方程式に「離散的」という表現が付いている離散的関数方程式とはどういうものであろうか。もちろん，変数が離散的なものであれば，離散的関数方程式といってよいであろう。たとえば，数列の漸化式はこれにあたる。一方，求める解は連続変数であるが，関数方程式が「未知関数と未知関数に離れた変数を代入して得られる関数」の関係式である場合にも，ここでは離散的関数方程式ということにする。具体例をあげると，$f(x)$ と $f(x+1)$ の関係式（差分方程式）や，$q \neq 1, 0$ として $f(x)$ と $f(qx)$ の関係式（q-差分方程式）は離散的関数方程式ということにする。x と $x+1$, x と qx は離れているとみたのである。これに対して微分方程式は，$f(x)$ と $f'(x)$ の関係式であるから，離散的関数方程式とはいわないのである。もう少し発展させて，$\varphi(x)$ を恒等写像でないとする。このとき，x と $\varphi(x)$ は離れているから，$f(x)$ と $f(\varphi(x))$ の関係式（合成を含んだ関数方程式）もまた，離散的関数方程式ということにする。

フラクタルという言葉を聞いたことがあるだろう。このように呼ばれる図形の特徴のひとつとして自己相似性がある。つまり，その図形のどんなに小さな一部でも，自分自身と同じ形状をしているということである。このことから，とても複雑な図形であることは想像に難くない。しかし，至って簡単な方法でフラクタル図形を構成することができる。本書では複素平面あるいは複素球面上にそれらを構成する 2 つの方法を紹介する。いずれの場合でも，基本的な考え方は関数の反復合成，すなわち，関数を繰り返し作用させていくことである。複素平面上の単射正則関数である縮小一次変換の有限個の組みを反復関数系と呼ぶ。この不変集合がフラクタルとなる。また，2 次以上の有理関数の反復合成は複素力学系と呼ばれる。そして，反復合成により複素球面を 2 つに分割することができる。この一方がフラクタルとなる。

本書は，放送授業に対応して 15 章にまとめられている。また，「4 つの学び」を付加してあることが，ひとつの特徴である。

- 【学びの抽斗】　この部分では，本編を学ぶために必要とする知識の確認や，知っておくと便利な数理科学的道具を記述してある。必要に応じて，この抽斗を開けて利用すればよい。
- 【学びの扉】　現在も研究対象になっている内容，将来において理論構築が期待される発展的な内容をここに集めてある。興味のある読者は，この扉を開いて自らも問題を発見してほしい。
- 【学びの広場】　この広場はすべての章に設置してある。ここは，読者自身が手を動かしてほしい部分である。例題の類題，公式や定理の応用として考えることができる問題を出題してある。解答または解法のヒントは巻末に記述した。
- 【学びの本箱】　各章ごとに，当該の章を学習するために役立つ書籍や論文を紹介する。ただし，本箱には入りきれない文献リストや索引は巻末にまとめてある。

本書の執筆にあたっては，多くの方に支えられた。隈部正博先生からは放送大学における大学院科目としての担当の機会をいただき，最も多くのご助言をいただいた。出版に際して，原稿を精読して貴重なご意見を下さった木村直文氏，板倉麻紀氏，澤田翔太氏に御礼申し上げたい。また，編集にあたっては，担当の教育振興会の小川栄一氏に大変お世話になった。心より感謝申し上げたい。本書を通して，読者の皆さんが数理科学に興味を持っていただければ幸いである。

2021 年 1 月 1 日

石崎克也
諸澤俊介

目 次

1 離散方程式・実数の性質

石崎 克也

《目標＆ポイント》 基本的な離散的関数方程式や数理モデルの紹介をし，本講義の全体の流れや問題意識を解説する。反復合成によって描かれるフラクタル図形などを紹介する。本章の後半では，実変数関数を取り扱うために必要な実数の基本性質を学ぶ。

《キーワード》 離散方程式，漸化式，植物の繁殖モデル，フラクタル図形，実数の連続性，上限・下限，数列，極限，上極限・下極限，関数，微分法，積分法

1.1 離散方程式

本書では，離散的関数方程式を中心に学習を進めていく。以下では，単に，離散方程式ということにする。前半部分では，数列や実数を変数に持つ関数（実関数）を中心に議論を進め，後半では複素数を変数に持つ関数（複素関数）を取り扱う。第 1 章では，実数の性質を復習し，第 7 章では複素数の性質を確認する。全体を通して，自然数と対応づけられる数理モデルを考察していく。たとえば，数列を解に持つような漸化式，差分方程式のような関数方程式，外力を含まない作用の反復合成などを取り上げる。数列，差分，反復合成などの定義は，後続の章で改めて与えるので，この章ではそのまま読み進めてほしい。

フィボナッチ（Fibonacci [*1]）数列 a_n は，次の漸化式で与えられる数列である。

$$a_{n+2} = a_{n+1} + a_n \tag{1.1}$$

漸化式 (1.1) は n 番目と $n+1$ 番目が与えられれば，それらの和として a_{n+2} 番目が決定するしくみである。そこで，a_1, a_2 を与えると，(1.1) によって a_3 が決まり，順にすべての自然数に対して a_n が決まっていく。

もし，100 番目 a_{100} を知る必要がでてきたらどうするか。(1.1) を順

*1 Leonardo Fibonacci Leonardo Pisano, 1170–1250（推定），イタリア

に使っていけば必ず到達するが，かなりの手間である。直接 $n = 100$ を代入して a_{100} を求めることは可能だろうかと考えるのは自然である。a_n が n で表されるとき，この表現を一般項と呼ぶことにする。漸化式から一般項を求める議論は，差分方程式の解を求める議論である。ただし，a_n の一般項が求まったとしても，$n = 100$ を求めるには，帰納的方法よりも有効かどうかはわからない。実際，(1.1) の一般項は a_1, a_2 によって定まる定数 C_1, C_2 によって

$$a_n = C_1\left(\frac{1-\sqrt{5}}{2}\right)^n + C_2\left(\frac{1+\sqrt{5}}{2}\right)^n \tag{1.2}$$

と表される。a_1, a_2 を自然数で与えれば，a_n はすべて自然数になるが，一般項は実数で表現される。これらの内容は第 3 章で学ぶ。

ある植物は春に芽吹いて，夏に花を咲かせ，種をつける。この種から生まれた個体は次の年にまた花を咲かせる。この植物の個体数を，その年の関数と考えると，第 n 年の値は，前年の第 $n-1$ 年の値に依存する。この関係は，差分方程式で記述されると考えることが自然である。このように，差分方程式で記述される数理モデルを第 5 章で学ぶ。差分法の演算は，微分法の演算に比べ不慣れな読者もいるであろう。第 2〜4 章では，微分積分の手法と比較しながら，差分和分の学習をする。

次頁の図 1.1，図 1.2 にあるような美しく複雑な図形は何を表すのかを説明していく。人は絵を描くとき，キャンバスとしてノートや画用紙などを選び，絵筆やマジックなどの道具を手にする。本書で登場する図形は皆，複素平面の上に描かれたものであり，描く道具はひとつの関数 $f(z)$ である。第 7 章では複素数，複素関数論の基本的な部分を学習し，第 8 章では整関数論と有理形関数論を学ぶ。第 9 章では，2 項級数を利用しての線形差分方程式の考察を行う。さらに，線形微分方程式と比較しながら，線形差分方程式，線形 q 差分方程式の性質を学習する。係数からの情報で描かれる多角形が解の関数論的性質を物語る。第 10 章では，複素関数としてのガンマ関数，楕円関数を学び，差分方程式の解となる関数が，代数的常微分方程式を満たさないことにふれる。第 11 章は非

$$f(z) = a\int_0^z e^{-w^2}\ dw + b$$

$a = 2.718$

$b = 1.030078$

$-1.6 \leq \Re z \leq -0.4$

$-0.6 \leq \Im z \leq 0.6$

図 1.1　ジュリア集合 $J(f)$

$f(z) = a(z + b_0)e^z$

$b_0 = -6.88217 + 8.04668i$

$-0.0181469 \leq \Re z$

≤ -0.0181094

$-0.0209 \leq \Im z$

≤ -0.0208625

図 1.2　分岐図 $f(z) = a(z + b_0)e^z$

線形差分方程式を学習する。線形微分方程式と非線形微分方程式の架け橋が差分方程式論のなかにも見い出せることを確認する。第 12 章では，まず，基本的な距離空間とそこでの収束，連続性の概念を手短に確認する。そして，写像の複雑さを示すカオスの概念を学ぶ。さらに，いくつかの集合上に距離関数を定義する。これらの距離空間は，以後の章で重要な役割を果たす。第 13 章では複素平面上の有限個の縮小相似写像からなる反復関数系を扱う。複素平面のコンパクト集合からなる集合上に反復関数系を用いて写像を定義する。この写像の反復合成の極限としてアトラクターが決まる。これがフラクタル図形となる。また，フラクタル図形の複雑さを測る指標としてハウスドルフ次元を学ぶ。第 14 章では複素力学系の基本的概念である正規族を学ぶ。そして，有理関数の反復合成からなる族の正規性により複素球面を 2 つに分ける。第 15 章では分けられた 2 つの集合，すなわち，ファトウ集合とジュリア集合の基本的性質をみる。また，2 次多項式のパラメータ空間における力学系の変化を考える。

図 1.1，図 1.2 は，複素関数によって描かれた図形である *2。

本書のなかに登場する xy 平面上のグラフや複素平面上に描かれた図形の多くは，数式処理ソフト Mathematica を用いて描いたものである。

1.2　実　数

この節では，実数 $\mathbb{R}$ の性質についてまとめておく。

1.2.1　実数の連続性

集合 A は，$\mathbb{R}$ の部分集合とする。集合 A のすべての数が，ある一定の数 M より大きくない，すなわち，

$$a \in A \quad \text{ならば} \quad a \leq M$$

であるとき，A は上に有界という。数 M を集合 A の 1 つの上界という。同様に，集合 A のすべての数が，ある一定の数 L より小さくないとき，すなわち，$a \in A$ ならば $a \geq L$ であるとき，A は下に有界といい，数 L を集合 A の 1 つの下界という。集合 A が上にも下にも有界であるとき，単に有界という。

実数の連続性に関する重要な性質を紹介していく。まずは，上限と下

*2　詳細は，第 12～15 章で学習する。

限の存在定理と呼ばれているものから紹介する[*3]。

定理 1.1 $\mathbb{R}$ の部分集合 A が上に有界ならば，最小の上界が存在する。また，A が下に有界ならば，最大の下界が存在する。

最小の上界のことを上限，最大の下界のことを下限という。記号では，集合 A の上限を $\sup A$，下限を $\inf A$ と書く。上限 $\sup A$ は，集合 A に属すこともあれば，属さないこともある。もし，属す場合は $\sup A$ は，A の最大値であり，$\max A$ と書く。同様に，下限 $\inf A$ が A に属す場合，$\inf A$ は A の最小値であり，$\min A$ と書く。また，集合 A が上界，下界を持たないとき，それぞれ，$\sup A = \infty$，$\inf A = -\infty$ と約束する。定理 1.1 は，A を実数のなかで考えると，A が有界ならば，A の上限と下限を与える実数が存在するということである。

有理数全体の集合を $\mathbb{Q}$ と表すこととし，

$$B = \{x \in \mathbb{Q} \mid x^2 < 3\}$$

とする。集合 B は $\mathbb{Q}$ の部分集合であり有界集合であるが，任意の 2 つの異なる実数の間には無限個の有理数が存在するから，無理数 $\sqrt{3}$ にいくらでも近い有理数が存在する。したがって，$\mathbb{Q}$ のなかでは，B の上限と下限は存在しない。集合 B を実数 $\mathbb{R}$ のなかで考えれば，B は $\mathbb{R}$ の部分集合で有界集合である。したがって，上限と下限は存在し，それぞれ，$\sup B = \sqrt{3}$, $\inf B = -\sqrt{3}$ である。

◇◇◇ 学びの広場 1.1 ◇◇◇

この広場では，実数のなかで考えることとする。

$$A_1 = \left\{3, 2, \frac{5}{3}, \ldots, \frac{n+2}{n}, \ldots\right\}$$

であれば，数列 $(n+2)/n$，$n = 1, 2, 3, \ldots$ は単調減少であるから，$\sup A_1 = 3$, $\inf A_1 = \lim_{n\to\infty}(n+2)/n = 1$ である。また，$\sup A_1$ を

---

*3 実数の連続性と同値な定理はいくつかある。どれかを公理として出発すればよい。たとえば，巻末の参考文献[206]などを参照のこと。

与える 3 は，A_1 に属すので，$\max A_1 = 3$ であるが，最小値 $\min A_1$ を与える数は A_1 にはない。

次に

$$A_2 = \left\{ \frac{1}{x^2} \;\middle|\; 0 < |x| \leq 1 \right\}$$

であれば，$\sup A_2 = \infty$，$\inf A_2 = 1$ である。また，$\inf A_2$ を与える $x = \pm 1$ のときの 1 は，A_2 に属すので，$\min A_2 = 1$ である。

問題 1.1

$$A = \left\{ \frac{n}{n^2+1} \;\middle|\; n = 1, 2, 3, \ldots \right\}$$

のとき，集合 A の上限と下限を求めよ。

1.2.2　距離

集合 X の任意の要素 P, Q, R に対して，実数値関数 d が

(1)　$d(P, Q) \geq 0$，$d(P, Q) = 0 \quad \Leftrightarrow \quad P = Q$

(2)　$d(P, Q) = d(Q, P)$

(3)　$d(P, Q) + d(Q, R) \geq d(P, R)$

を満たすとき，d を X 上の距離という *4。たとえば，数直線 $\mathbb{R}$ 上の 2 点 $P(x_1)$, $Q(x_2)$ に対して，$d(P, Q) = |x_1 - x_2|$ とおけば d は $\mathbb{R}$ 上の距離になる。また，xy 平面 $\mathbb{R}^2$ 上の 2 点 $P(x_1, y_1)$, $Q(x_2, y_2)$ に対して，$d(P, Q) = \sqrt{(x_1 - x_2)^2 + (y_1 - y_2)^2}$ とおけば，d は $\mathbb{R}^2$ 上の距離になる。これらの距離は，ユークリッド (Euclid) 距離と呼ばれている。ユークリッド距離は日常使用する意味の距離と等しく理解しやすい。一般に，距離の条件 (1), (2), (3) を満たすものはほかにもある。たとえば，$\mathbb{R}^2$ 上の 2 点 $P(x_1, y_1)$, $Q(x_2, y_2)$ に対して，

$$d(P, Q) = \max\{|x_1 - x_2|, |y_1 - y_2|\}$$

とすれば，これもまた，$\mathbb{R}^2$ の距離となる。集合 X において，距離 d が定義されているとき，X を距離空間という。

*4　フラクタル図形を学習するために，第 12 章において詳しい説明を加える。

1.2.3 開集合・閉集合

距離空間 X において，$P_0 \in X$ を中心とし，半径 ε の開球を

$$U_\varepsilon(P_0) = \{P \in X \mid d(P_0, P) < \varepsilon\}$$

と書いて，P_0 の ε 近傍という。ここで，d は X の距離である。集合 $\{P \in X \mid d(P_0, P) \leq \varepsilon\}$ は閉球と呼ばれ，ここでは，$\overline{U_\varepsilon(P_0)}$ と表すことにする。たとえば，$\mathbb{R}$ でユークリッド距離を d とすれば，$U_\varepsilon(x)$ は開区間 $(x-\varepsilon, x+\varepsilon)$ である。$\mathbb{R}^2$ でユークリッド距離を d とすれば，$U_\varepsilon(P_0)$ は $P_0 = (x_0, y_0)$ を中心とする半径 ε の内部である。すなわち

$$U_\varepsilon(P_0) = \left\{P(x, y) \in \mathbb{R}^2 \;\middle|\; \sqrt{(x-x_0)^2 + (y-y_0)^2} < \varepsilon\right\}$$

である。距離空間 X の部分集合 V において，任意の $P \in V$ に対して

$$\text{ある開近傍 } U_\varepsilon(P) \text{ が存在して } U_\varepsilon(P) \subset V \tag{1.3}$$

となるとき，V は開集合であるという。(1.3) を満たす点 P を V の内点という。開集合とは内点のみからなる集合とみることもできる。一方，点 P' に対して，開近傍 $U_\varepsilon(P')$ が存在して $U_\varepsilon(P') \cap V = \emptyset$ となるとき，P' を V の外点という。境界点とは，内点でも外点でもない点のことをいう。すなわち，P'' が V の境界点であるとは，どんなに小さい ε に対しても $U_\varepsilon(P'')$ が V に属する点も V に属さない点も含むことである。V の境界点の集合を ∂V で表す。すべての境界点が V に属すとき，すなわち $\partial V \subset V$ であるとき，V を閉集合という。一般に，V が閉集合であれば，V の補集合（Compliment set）V^{c} は，開集合になる。また，V が開集合であれば，V の補集合 V^{c} は，閉集合になる。

1.3 数　列

自然数（または整数）に対応させた数の集合

$$\{a_n\}_{n=1}^{\infty} = \{a_1, a_2, \ldots, a_n, \ldots\} \tag{1.4}$$

を数列という。この節では，自然数に対応させたものとして取り扱う。自然数を変数とする関数や連続変数の関数に自然数を代入して得られる

$f(n)$ を a_n と定義すれば，数列 $\{a_n\}$ を定義できる。$f(n)$ として取り扱うこともあるが，この章では (1.4) の形で数列を取り扱うことにする。第 n 番目の項 a_n が直接 n で表されていれば a_n は取り扱いやすいが，a_n が $1 \leq k \leq n-1$ なる整数として，関係式

$$a_n = \Omega(a_{n-1}, \ldots, a_{n-k}) \tag{1.5}$$

のように $n-1$ 番目以下の項で表されていて，$a_1, \ldots, a_k$ を与えることで，順次決めていく方法もある。このような方法を帰納的定義と呼び，(1.5) を漸化式という。関係式 (1.5) は離散変数の差分方程式とみることもできる。たとえば，d を定数として漸化式

$$a_{n+1} = a_n + d, \quad a_1 = a \tag{1.6}$$

で与えられる数列は，等差数列であり，一般項は，$a_n = a + (n-1)d$ である。前後の項の比が一定値 $r \neq 1, 0$ の等比数列の漸化式は

$$g_{n+1} = rg_n, \quad g_1 = a \tag{1.7}$$

であり，一般項は，$g_n = ar^{n-1}$ である。

1.3.1　数列の和

数列 $\{a_n\}$ の和について考察する。初項から第 n 項までの和

$$\sum_{k=1}^{n} a_k = a_1 + a_2 + \cdots + a_n$$

については，

$$\sum_{k=1}^{n} k = \frac{n(n+1)}{2}, \quad \sum_{k=1}^{n} k^2 = \frac{n(n+1)(2n+1)}{6},$$
$$\sum_{k=1}^{n} k^3 = \left(\frac{n(n+1)}{2}\right)^2$$

などの公式がある。また，(1.6) で与えられる，初項 a，公差 d の等差数列 $\{a_n\}$，また，(1.7) で与えられる，初項 a，公比 $r \neq 1$ の等比数列 $\{g_n\}$ については，それぞれ

$$\sum_{k=1}^{n} a_k = \frac{n(2a+(n-1)d)}{2}, \quad \sum_{k=1}^{n} g_k = \frac{a(1-r^n)}{1-r}$$

である。

1.3.2 数列の極限

数列 $\{a_n\}$ において，n を限りなく大きくするとき，a_n がある有限な確定値 A に限りなく近づくとき，

$$\lim_{n\to\infty} a_n = A \tag{1.8}$$

と表し，a_n は A に収束するという。収束しないとき，発散するという。特に，n を限りなく大きくするときに，a_n が限りなく大きくなるとき，$\lim_{n\to\infty} a_n = \infty$ と表す。たとえば，g_n が (1.7) で与えられる等比数列であれば，

$$\lim_{n\to\infty} g_n = \begin{cases} \infty, \ r > 1 \\ 0, \ -1 < r < 1 \\ \text{発散（振動）}, \ r \leq -1 \end{cases}$$

である。数列 $\{a_n\}$ に対して，$S_n = a_1 + a_2 + \cdots + a_n$ を部分和といい，その極限

$$\lim_{n\to\infty} S_n = \sum_{n=1}^{\infty} a_n$$

を，$\{a_n\}$ から成る級数という。級数 $\sum_{n=1}^{\infty} a_n$ の収束・発散については，S_n の収束・発散に従うものとする [*5]。

学びの扉 1.1

「限りなく大きくする」とか，「限りなく A に近づく」という定義は，感覚的である。そこで，数列の収束の定義を以下のように与える方法がある。

*5　数列・級数については，第 3 章において詳細を学習する。

任意の $\varepsilon > 0$ に対して，ある自然数 N が存在して，$n > N$ ならば

$$|a_n - A| < \varepsilon$$

が成り立つとき，(1.8) と定義する。このような方法を ε-N 論法という。ここで N は，与えられた ε に依存して決まってもよい。もちろん，N の候補はひとつとは限らない。

たとえば，$a_n = 1/n$ とする。n が限りなく大きくなれば，a_n は限りなく 0 に近づく，すなわち $\lim_{n\to\infty} a_n = 0$ は感覚的に自明である。これを，ε-N 論法で説明する。

任意に ε を与え，$1/\varepsilon$ より大きい自然数 N を選ぶ。このとき，$n > N$ であれば，

$$|a_n - 0| = \frac{1}{n} < \frac{1}{N} < \varepsilon$$

であるから，$\lim_{n\to\infty} a_n = 0$ である。

この論法を用いて，1.3.2 でふれた，以下の命題

$$-1 < r < 1 \quad ならば \quad \lim_{n\to\infty} ar^{n-1} = 0 \tag{1.9}$$

を示すことにする。$r = 0$ のときは自明であるから，$r \neq 0$ としておく。$R = 1/|r|$ とおけば，$R > 1$ であり，$R = 1 + h,\ h > 0$ と表せる。2 項定理から

$$\frac{1}{|r|^n} = (1+h)^n = \sum_{j=0}^{n} \binom{n}{j} h^j = 1 + nh + \cdots + h^n > 1 + nh$$

なので，

$$|ar^{n-1} - 0| = \frac{|a|}{|r|}|r|^n = \frac{|a|}{|r|}\frac{1}{(1+h)^n} < \frac{|a|}{|r|}\frac{1}{1+nh} < \frac{|a|}{|r|}\frac{1}{nh}$$

となる。任意に $\varepsilon > 0$ を与え，$|a|/(\varepsilon h|r|)$ より大きい自然数 N を選ぶ。このとき，$n > N$ であれば，

$$|ar^{n-1} - 0| < \frac{|a|}{|r|}\frac{1}{nh} < \frac{|a|}{|r|}\frac{1}{Nh} < \varepsilon$$

であるから，(1.9) は示された。

数列 a_n が正の無限大に発散する，すなわち，$\lim_{n\to\infty} a_n = \infty$ を同様の論法で表現すると，以下のようになる。任意の $K > 0$ に対して，ある自然数 N が存在して，$n > N$ ならば

$$a_n > K$$

が成り立つことである。

1.3.3　解析学基本定理

数列 $\{a_n\}$ において，

$$a_1 \leq a_2 \leq \cdots \leq a_n \leq \cdots$$

が成り立つとき，a_n は単調増加数列であるという。また，

$$a_1 \geq a_2 \geq \cdots \geq a_n \geq \cdots$$

が成り立つとき，a_n は単調減少数列であるという。次の定理は，解析学基本定理とも呼ばれている。

定理 1.2　上に有界な単調増加数列は収束する。また，下に有界な単調減少数列は収束する。

学びの扉 1.1 で紹介した方法で，証明を以下に試みる。

定理 1.1（実数の連続性）から，数列 $\{a_n\}$ には上限が存在する。この上限を α とおくと，上限の定義から，すべての n に対して，$a_n \leq \alpha$ が成り立つ。任意に $\varepsilon > 0$ をとる。この ε に対して，十分大きな N が存在して，$\alpha - \varepsilon < a_N$ が成り立つ。もし，このような N がとれないとすれば，$\alpha - \varepsilon$ は，$\{a_n\}$ の上界の 1 つになり，α が最小上界であることに矛盾する。ゆえに，a_n が単調増加数列であることから，$n \geq N$ なるすべての n に対して，$\alpha - \varepsilon < a_n \leq \alpha$，よって，

$$|\alpha - a_n| < \varepsilon$$

が成り立つ。同様に，下に有界な単調減少数列が収束することも示すことができる。

1.3.4　下極限・上極限

数列 $\{a_n\}$ が収束しない場合でも，$n \to \infty$ としたとき，どのような範囲に a_n が入っているかを知ることが必要な場合がある。そこで，集合 $U_n = \{a_n, a_{n+1}, a_{n+2}, \ldots\}$ を考える。定理 1.1 から，∞, $-\infty$ を許して，U_n には，下限と上限が存在する。そこで，

$$\beta_n = \inf U_n = \inf_{m \geq n} a_m, \quad \gamma_n = \sup U_n = \sup_{m \geq n} a_m$$

とおく。$\{a_n\}$ が上に有界でなければ，γ_n はすべて ∞ となるが，∞ も同じ数のように扱うことにする。同様に，下に有界でない場合も，$-\infty$ も数と同じように扱うことにする。定義から，β_n は増加数列であり，γ_n が減少数列である。定理 1.2 から極限値

$$\beta = \lim_{n \to \infty} \beta_n, \ \gamma = \lim_{n \to \infty} \gamma_n$$

が存在する。これらの極限値 β, γ を数列 $\{a_n\}$ の下極限，上極限といい，それぞれ

$$\liminf_{n \to \infty} a_n, \quad \limsup_{n \to \infty} a_n$$

と表す。

たとえば，$a_n = (-1)^n (1 - 1/n)$ ならば，$\liminf_{n \to \infty} a_n = -1$, $\limsup_{n \to \infty} a_n = 1$ である。

下極限，上極限について，以下のような性質が成り立つ

定理 1.3

(1) $\liminf_{n \to \infty} a_n = -\limsup_{n \to \infty}(-a_n)$

(2) $\liminf_{n \to \infty} a_n + \liminf_{n \to \infty} b_n \leq \liminf_{n \to \infty}(a_n + b_n)$

$\limsup_{n \to \infty}(a_n + b_n) \leq \limsup_{n \to \infty} a_n + \limsup_{n \to \infty} b_n$

(3) $a_n > 0$ ならば，$\displaystyle\limsup_{n\to\infty}\left(\frac{1}{a_n}\right) = \frac{1}{\displaystyle\liminf_{n\to\infty} a_n}$

(4) $a_n > 0$ ならば，

$$\liminf_{n\to\infty}\frac{a_{n+1}}{a_n} \leq \liminf_{n\to\infty}\sqrt[n]{a_n} \leq \limsup_{n\to\infty}\sqrt[n]{a_n} \leq \limsup_{n\to\infty}\frac{a_{n+1}}{a_n}$$

数列の下極限，上極限の評価は，級数の収束・発散などを調べるときに必要となる *6。

1.4 関　数

2つの集合 X, Y を考える。集合 X のそれぞれの要素 x に対して，Y の要素 y がただひとつ定まるならば，X 上で関数が定義されているといい，y をその関数の x における値という。本書では，おもに X, Y として，実数や複素数の集合を考える。関数とは，この対応のことであるが，記号 f を用いて，$y = f(x)$ と表せば，馴染(なじ)みがあるであろう。自由に X の中を動くことのできる x を独立変数という。これに対して，y は x によって定まるので，従属変数という。集合 X を，関数 f の定義域という。x が X を動くときに，$y = f(x)$ がとる値の集合 $f(X) = \{y \mid y = f(x), x \in X\}$ のことを，f の値域という。$f(X)$ は，集合 X を f によって移したものともとらえられるから，f による X の像と呼ばれることもある。

1.4.1 関数の極限

関数 $f(x)$ が，集合 $X \subset \mathbb{R}$ 上で定義されている。点 x が，X 上を動いて点 a に近づくとする。ただし，x は a にはならないとしておく *7。ここで，a は X に含まれていても，含まれていなくてもかまわない。このとき，$f(x)$ がある値 α に限りなく近づくならば，

$$\lim_{x\to a} f(x) = \alpha \quad \text{または} \quad f(x) \to \alpha,\ x \to a \tag{1.10}$$

---

*6　3.2 節などを参照のこと。

*7　本書では，“近づく” という表現を使用したときは，特に断らない限り，x は a とは異なる点として，a に近づくとしておく。

と表して，α を $f(x)$ の a における極限値という。このことは，$f(x)$ は a において極限値 α を持つ，あるいは，$f(x)$ は $x \to a$ のとき α に収束する，ともいう。点 x が，X 上を動いて点 a に近づくとき，$f(x)$ がどんな正の数よりも大きくなっていくならば，

$$\lim_{x \to a} f(x) = +\infty \quad \text{または} \quad f(x) \to +\infty, \quad x \to a \tag{1.11}$$

と表して，$f(x)$ は $x \to a$ のとき正の無限大 $+\infty$ になる，あるいは，正の無限大に発散するという [*8]。また，点 x が，X 上を動いて点 a に近づくとき，$f(x)$ がどんな負の数よりも小さくなる [*9] ならば，

$$\lim_{x \to a} f(x) = -\infty \quad \text{または} \quad f(x) \to -\infty, \quad x \to a \tag{1.12}$$

と表して，$f(x)$ は，$x \to a$ のとき負の無限大 $-\infty$ になる，あるいは，負の無限大に発散するという。

さらに，x がどんな正の数よりも大きくなっていくとき，x は正の無限大になるといい，$x \to +\infty$ と書き，x がどんな負の数よりも小さくなるとき，x は負の無限大になるといい，$x \to -\infty$ と表す。$x \to +\infty$, $x \to -\infty$ のときの $f(x)$ の極限値も，$x \to a$ のときと同様に定義される。

次に，片側からの極限について紹介しておく。以下では，片側極限という表現を用いることもある。点 x が，X 上を条件 $a < x$ のもとで動いて点 a に近づくとする。すなわち，a の右側から x を a に近づけるということである。このとき，$f(x)$ がある値 α に限りなく近づくならば，$\displaystyle\lim_{x \to a+0} f(x) = \alpha$ と表して，α を $f(x)$ の a における右側極限値という。また，点 x が，X 上で条件 $a > x$ のもとで動いて点 a に近づくとき，$f(x)$ がある値 α に限りなく近づくならば，$\displaystyle\lim_{x \to a-0} f(x) = \alpha$ と表して，α を $f(x)$ の a における左側極限値という [*10]。極限値 $\displaystyle\lim_{x \to a} f(x)$ が存在

---

*8　“正の無限大 $+\infty$” は，単に，“無限大 ∞” と表すこともある。

*9　“小さくなる” という表現は，ここで使用したように，x が数直線上を限りなく左（負の方向）にいく場合と，x の絶対値 $|x|$ が限りなく小さくなる，すなわち $x \to 0$ の意味で用いられる場合とがある。

*10　特に，$a = 0$ のときは，“$0+0$”, “$0-0$” をそれぞれ，“$+0$”, “-0” と書くこともある。

するとは，右側極限値 $\lim_{x\to a+0} f(x)$ および，左側極限値 $\lim_{x\to a-0} f(x)$ が存在し，これらが一致することである。

学びの扉 1.1 で学んだ ε-N 論法に対応して，関数の極限について，イプシロン-デルタ論法（ε-δ 論法）といわれる定義の方法がある。(1.10) であるとは，「任意の $\varepsilon > 0$ に対して，ある $\delta > 0$ を適当にとることで，$0 < |x-a| < \delta$ を満足するすべての $x \in X$ に対して $|f(x) - \alpha| < \varepsilon$ が成り立つようにできる」ことであり，(1.11) については，「任意の $K > 0$ に対して，ある $\delta > 0$ を適当にとることで，$0 < |x-a| < \delta$ を満足するすべての $x \in X$ に対して $f(x) > K$ が成り立つようにできる」こととなる。また，$\lim_{x\to\infty} f(x) = \alpha$ については，「任意の $\varepsilon > 0$ に対して，ある $M > 0$ を適当にとることで，$x > M$ を満足するすべての $x \in X$ に対して $|f(x) - \alpha| < \varepsilon$ が成り立つようにできる」こととなる。

関数の上極限・下極限についても，1.3.4 で説明した数列の下極限・上極限と同様の考え方に従って定義される。$x \to a$ に対する上極限・下極限の定義は，

$$\limsup_{x\to a} f(x) = \lim_{t\to 0} \left(\sup(f(x) \mid |x-a| < t)\right)$$

$$\liminf_{x\to a} f(x) = \lim_{t\to 0} \left(\inf(f(x) \mid |x-a| < t)\right)$$

であり，$x \to \infty$ に対する定義は，それぞれ，

$$\limsup_{x\to\infty} f(x) = \lim_{t\to\infty} \left(\sup(f(x) \mid x > t)\right)$$

$$\liminf_{x\to\infty} f(x) = \lim_{t\to\infty} \left(\inf(f(x) \mid x > t)\right)$$

である。本書では，

$$\rho = \limsup_{x\to\infty} f(x), \quad \rho < \infty \tag{1.13}$$

を用いた議論がしばしば登場する [*11]。(1.13) と同値な条件は，以下の (i) と (ii) がともに成立することである。(i) 任意の $\varepsilon > 0$ に対して，あ

*11　第 3 章，第 6 章，第 8 章を参照のこと。

る x_0 が存在して，$x > x_0$ ならば，$f(x) < \rho + \varepsilon$ である。(ii) 任意の $\varepsilon > 0$ に対して，無限に多くの x が存在して，$f(x) > \rho - \varepsilon$ である。

1.4.2　微分法

区間 $I \subset \mathbb{R}$ で定義された関数 $f(x)$ を考える。$a, b \in I$, $a < b$ として，x が a から b まで変化するとき，$f(x)$ がどれだけ変化するかを考察する。

$$\frac{f(b) - f(a)}{b - a} \tag{1.14}$$

を，a から b まで変化するときの，$f(x)$ の平均変化率という。改めて，$b = a + h$ と書いて，h を動かすことを考える。h は，a から b までどれだけ変化したかを表す量として，Δx と記述されることもある。この x の変化の量に対応する y の変化量 Δy は

$$\Delta y = f(a + h) - f(a)$$

となり，平均変化率は $\Delta y / \Delta x$ になる [*12]。h $(= \Delta x)$ を 0 に近づける極限を考える。改めて，$a + h = x$ と表して，

$$\lim_{\Delta x \to 0} \frac{\Delta y}{\Delta x} = \lim_{h \to 0} \frac{f(a + h) - f(a)}{h} = \lim_{x \to a} \frac{f(x) - f(a)}{x - a} \tag{1.15}$$

が存在するとき，$f(x)$ は a において微分可能であるという。その極限値を $f'(a)$ と書いて，$f(x)$ の a における微分係数という。区間 I に属する任意の x において $f(x)$ が微分可能であるとき，関数 $y = f(x)$ は区間 I で微分可能という。このとき，$x \in I$ に微分係数 $f'(x)$ を対応させる関数が定義される。この関数を $f(x)$ の導関数といい，$f'(x)$ と表す。ここでは，$f(x)$ の導関数を求めることを，$f(x)$ を微分するという。

次に，導関数 $f'(x)$ が区間 I でさらに微分可能とする。$f'(x)$ を微分して得られる $f'(x)$ の導関数 $f''(x)$ を $f(x)$ の 2 階導関数という。同様に，n が 3 以上の自然数であっても，n 回微分可能な関数を考えることができる。$f(x)$ の n 階導関数は，$f^{(n)}(x)$ と表す [*13]。

---

*12　$\Delta x, \Delta y$ はそれぞれ，x の増分，y の増分といわれる。

*13　本書では，$n = 1, 2, 3$ のときは，それぞれ $f'(x), f''(x), f'''(x)$ と表し，$n \geq 4$ に対して，記号 $f^{(n)}(x)$ を用いる。

関数 $y = f(x)$ が，区間 I で n 回微分可能で n 階導関数 $f^{(n)}(x)$ が連続であるとき，$f(x)$ は I で C^n 級であるという。任意の自然数 n に対して，$f(x)$ が C^n 級であるとき，$f(x)$ は無限回微分可能であるといい，区間 I で C^∞ 級という。高階導関数の一般論的な公式を紹介する。

定理 1.4 関数 $f(x)$, $g(x)$ は，n 回微分可能な関数とする。このとき，

$$(f(x) + g(x))^{(n)} = f^{(n)}(x) + g^{(n)}(x) \tag{1.16}$$

$$(f(x)g(x))^{(n)} = \sum_{k=0}^{n} \binom{n}{k} f^{(n-k)}(x)g^{(k)}(x) \tag{1.17}$$

が成り立つ。

公式 (1.17) は，ライプニッツ（Leibniz [*14]）の公式と呼ばれている。次に，テイラー（Taylor [*15]）の定理として知られる結果を紹介する。

定理 1.5 関数 $f(x)$ が開区間 $(a-\delta, a+\delta)$ において C^n 級であるとする。このとき，$x \in (a-\delta, a+\delta)$ に対して，ある $0 < \theta < 1$ が存在して

$$f(x) = f(a) + f'(a)(x-a) + \frac{f''(a)}{2!}(x-a)^2 + \cdots + \frac{f^{(n-1)}(a)}{(n-1)!}(x-a)^{n-1} + R_n \tag{1.18}$$

ここで，

$$R_n = \frac{f^{(n)}(a + \theta(x-a))}{n!}(x-a)^n \tag{1.19}$$

が成り立つ。

式 (1.19) で与えられる R_n は，剰余項と呼ばれている。また，(1.18), (1.19) による $f(x)$ の表現をテイラー展開 [*16] という。

---

*14 Gottfried Wilhelm Leibniz, 1646–1716，ドイツ

*15 Brook Taylor, 1685–1731, イングランド，テイラーによって書かれたものに[165]などがある。

*16 6.2.3，7.5 節，8.2 節などを参照のこと。第 8 章以降では，複素関数としてのテイラー展開を考察する。

1.4.3　積分法

関数 $f(x)$ に対して，微分をして $f(x)$ になる関数，すなわち

$$\frac{dF}{dx} = F'(x) = f(x) \tag{1.20}$$

を満たす関数 $F(x)$ があれば，これを $f(x)$ の原始関数という。$F_1(x)$ もまた $f(x)$ の原始関数とすると，$(F_1(x) - F(x))' = F_1'(x) - F'(x) = f(x) - f(x) = 0$ となるから，$F_1(x) - F(x)$ は，微分して 0 になる関数，すなわち，定数である。ゆえに，$f(x)$ の原始関数の全体は，C を任意定数として，$F(x) + C$ と表すことができる。これを，$f(x)$ の不定積分といい

$$\int f(x)\ dx = F(x) + C \tag{1.21}$$

と表す。ここでは，$f(x)$ の不定積分（原始関数の全体）を求めることを，$f(x)$ を積分するという [*17]。

関数 $f(x)$ は，閉区間 I で連続とし，$a, b \in I$ とする。$f(x)$ の原始関数の 1 つを $F(x)$ とする。

$$\int_a^b f(x)\ dx = F(b) - F(a) \tag{1.22}$$

を用いて，定積分を定義する。区間 I において，$f(x)$ が非負であれば，$y = f(x)$ のグラフと x 軸，直線 $x = a$，直線 $x = b$ で囲まれる部分の面積が (1.22) で与えられる [*18]。a を定数とし，

$$F(x) = \int_a^x f(t)\ dt \tag{1.23}$$

とすると，明らかに，$F(x)$ は x の関数になる。次の定理は，微分積分学基本定理と呼ばれている。

---

*17　積分される関数を被積分関数という。(1.21) の左辺では，$f(x)$ が被積分関数である。

*18　積分の定義の方法は様々である。始めに面積から定積分を定義し，端点を動かすことで不定積分を導入する方法も学習するとよい。たとえば，[196, Pages 181–194], [211, Pages 90–100], [225, Pages 72–78]などを参照のこと。

定理 1.6 関数 $f(x)$ は，閉区間 I で連続とし，$a \in I$ とする。$x \in I$ に対して，$F(x)$ を (1.23) で定義する。このとき，$F(x)$ は，I において微分可能であって，

$$F'(x) = \frac{d}{dx}\left(\int_a^x f(t)\ dt\right) = f(x) \tag{1.24}$$

が成り立つ。

ここまでに紹介した定積分では，閉区間で有界な被積分関数，さらに連続という条件を満たす被積分関数を対象にしてきた。これらの条件が満たされない場合に定積分を拡張することを考える。具体的には，[I] 被積分関数 $f(x)$ が閉区間 $[a,b]$ に不連続点 c を持ち，有界でない場合，[II] 積分区間が無限区間の場合，を考察する。

[I] 積分区間は閉区間 $I = [a,b]$ とする。被積分関数 $f(x)$ が，I の端点（a または b）で連続でない場合と，内点 $c \in (a,b)$ で連続でない場合に分けて説明する。

(i) まずは $f(x)$ が a で不連続な場合を考える。ここでは，$(a,b]$ において，$f(x)$ は連続と仮定しておく。$\varepsilon > 0$ とすると，$f(x)$ は閉区間 $[a+\varepsilon, b]$ では連続なので，定積分 $\displaystyle\int_{a+\varepsilon}^b f(x)\ dx$ は定義される。この値は，ε に依存している。そこで，極限

$$\lim_{\varepsilon \to 0} \int_{a+\varepsilon}^b f(x)\ dx \tag{1.25}$$

が存在するとき，この極限値を広義積分 $\displaystyle\int_a^b f(x)\ dx$ と定義する。同様に，$f(x)$ が，b において不連続で，$[a,b)$ で連続な場合，$\displaystyle\lim_{\varepsilon \to 0} \int_a^{b-\varepsilon} f(x)\ dx$ が存在すれば，この値を $\displaystyle\int_a^b f(x)\ dx$ と定義する。また，両端 a, b において不連続で，(a,b) で連続な場合は，

$$\lim_{\varepsilon_1, \varepsilon_2 \to 0} \int_{a+\varepsilon_1}^{b-\varepsilon_2} f(x)\ dx \tag{1.26}$$

が存在するとき，この極限値を広義積分 $\int_a^b f(x)\,dx$ と定義する。(1.26) の極限において ε_1, ε_2 は独立に 0 に近づくものとする。

(ii) 次に，$c \in (a,b)$ で連続でない場合を考える。この場合，被積分関数 $f(x)$ は，$[a,c)$, $(c,b]$ で連続と仮定し，(i) の評価方法を適用して，2 つの広義積分 $\int_a^c f(x)\,dx$, $\int_c^b f(x)\,dx$ を考察し，これらの広義積分がともに存在するとき，

$$\int_a^b f(x)\,dx = \int_a^c f(x)\,dx + \int_c^b f(x)\,dx$$

と定義する [*19]。

[II] ここでは，有限区間ではなく，$[a,\infty)$, $(-\infty,b]$, $(-\infty,\infty)$ などの無限区間での広義積分を考える。関数 $f(x)$ が $[a,\infty)$ において連続であるとする。このとき，$a < A$ なる A をとれば，$f(x)$ は閉区間 $[a,A]$ で連続である。そこで，$\int_a^A f(x)\,dx$ を考え，極限

$$\lim_{A\to\infty} \int_a^A f(x)\,dx \tag{1.27}$$

が存在するとき，この極限値を広義積分 $\int_a^\infty f(x)\,dx$ と定義する。同様に，$f(x)$ が $(-\infty,b]$ で連続な場合は，$B < b$ とし，$\lim_{B\to-\infty} \int_B^b f(x)\,dx$ が存在するとき，この値を $\int_{-\infty}^b f(x)\,dx$ と定義する。被積分関数 $f(x)$ が $(-\infty,\infty)$ で連続の場合は，$c \in (-\infty,\infty)$ とし，上で述べた評価方法を適用して，2 つの広義積分 $\int_{-\infty}^c f(x)\,dx$, $\int_c^\infty f(x)\,dx$ を調べる。これらの広義積分がともに存在するとき，

$$\int_{-\infty}^\infty f(x)\,dx = \int_{-\infty}^c f(x)\,dx + \int_c^\infty f(x)\,dx$$

*19　不連続点が有限個ある場合も同様に定義する。

と定義する。この値は，定積分の性質から，c のとり方に依存しない。

被積分関数 $f(x)$ が (a,∞) で連続の場合は，$c \in (a,\infty)$ をとって，[I]，[II] で述べた評価方法で 2 つの広義積分 $\int_a^c f(x)\,dx$, $\int_c^\infty f(x)\,dx$ を調べる。これらの広義積分がともに存在するとき，

$$\int_a^\infty f(x)\,dx = \int_a^c f(x)\,dx + \int_c^\infty f(x)\,dx$$

と定義する。$(-\infty,b)$ で連続の場合も同様に定義できる [*20]。

学びの本箱 1.1

本章では，実関数の準備もかねて，実数の連続性と数列，微分法，積分法について取り上げた。ここでは，解析学の教科書として小松勇作 [208] を紹介したい。実数の連続性については，無理数論とタイトルのついた第 1 章のなかで述べられている。第 2 章が数列で，後続の章が，関数の極限と関数列，微分法，積分法，多変数関数と続いている。章の構成は，最近の微分積分学の教科書とかなり近いところがあるが，内容はすこぶる充実している。理工科系大学院生であってもじっくり読んでいただきたい本のひとつであると信じている。また，このほかに本章では，[206], [207], [215] などを参考にさせていただいた。

*20　4.3 節，10.3 節において広義積分を利用して，ガンマ関数を定義する。本書では，詳細は取り扱わないが，ベータ関数などの超越関数や，ラプラス変換，フーリエ変換などは広義積分を利用して定義される。興味のある読者は，たとえば，[176], [227] などを参照のこと。

2 差分法

石崎 克也

《目標＆ポイント》 離散方程式の学習のための第一歩として，差分法の演算について学ぶ。微分法との比較を心がけ，類似点や相違点を整理する。差分法における，差分演算子表現とシフト表現を体験する。線形関数方程式論で重要な関数の一次独立性について学ぶ。

《キーワード》 微分法，導関数，差分法，シフト，階乗ベキ，スターリング数，高階差分，微分方程式，差分方程式，関数の一次独立性，関数行列式

2.1 微分と差分

実数のある開区間 I で定義された関数 $f(x)$ を考える。ここでは，特に断らない限り I は実数全体か，$(1,\infty)$ のように区間の長さが十分に大きい区間を考えることにする。1.4.2 でも復習したように，I の内部の点 a において，極限

$$\lim_{x\to a}\frac{f(x)-f(a)}{x-a}=\lim_{h\to 0}\frac{f(x+h)-f(x)}{h} \tag{2.1}$$

が存在するとき，$f(x)$ は a において微分可能で，その極限値を $f'(a)$ と書いて，$f(x)$ の a における微分係数という。区間 I の任意の点 a において微分可能であれば，$f(x)$ は区間 I で微分可能という。このとき，a に微分係数 $f'(a)$ を対応させる関数が考えられるので，この関数を $f(x)$ の導関数といい $f'(x)$ と表す。導関数を求めることを，単に，微分するという。

以下で，差分法の演算について学ぶ。微分法との比較を心がけ，類似点や相違点を整理するとよい [*1]。関数 $f(x)$ に対して関数 $f(x+1)$ を $f(x)$ のシフトという。差分演算を表す記号を Δ とする。すなわち，

---

*1　Boole は，教科書的な書籍として，1859 年に微分積分の解説書[37]を，1860 年に差分和分の解説書[38]を書いている。

$$\Delta f(x) = f(x+1) - f(x) \tag{2.2}$$

である。Δ は差分作用素と呼ばれることもある。関数 $f(x)$ に対して，$\Delta f(x)$ を求めることを，単に，$f(x)$ を差分するという。微分の場合は，(2.1) の極限が存在するかどうかを調べる必要があるが，$x+1$ が $f(x)$ の定義域に含まれる限り差分は考えることができる。実際，図 2.1 において，点 b では微分可能ではないが，$\Delta f(b)$ は考えることができる。微分係数 $f'(a)$ は，点 $(a, f(a))$ における接線の傾きを表すが，$\Delta f(a)$ は，2 点 $(a, f(a))$, $(a+1, f(a+1))$ における平均変化率を表す。

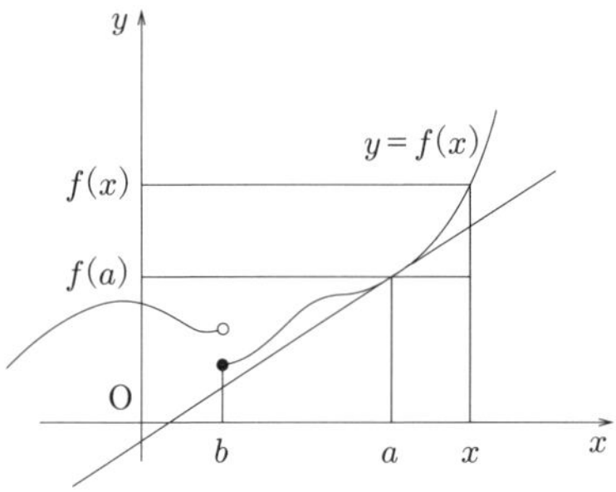

図 2.1　微分係数

微分積分学の教科書にあるように，導関数を求める各論的な公式は，a を定数として

$$(a^x)' = (\log a)a^x, \quad a > 0, \quad a \neq 1$$

$$(\sin ax)' = a \cos ax$$

$$(\cos ax)' = -a \sin ax$$

$$(\log ax)' = \frac{1}{x}$$

などがある。これらに対応する差分の公式は，a を定数として

$$\Delta a^x = (a-1)a^x, \quad a \neq 1 \tag{2.3}$$

$$\Delta \sin ax = 2 \sin \frac{a}{2} \cos a \left(x + \frac{1}{2}\right) \tag{2.4}$$

$$\Delta \cos ax = -2 \sin \frac{a}{2} \sin a \left(x + \frac{1}{2} \right) \tag{2.5}$$

$$\Delta \log ax = \log \left(1 + \frac{1}{x} \right) \tag{2.6}$$

である。微分をしても変わらない関数は，e^x であるが，差分をしても変わらない関数は，(2.3) より，2^x であることがわかる。

◇◇◇ 学びの広場 2.1 ◇◇◇

差分の定義式 (2.2) を用いて，公式 (2.3)〜(2.6) を確認する。まず，(2.3), (2.6) については，それぞれ

$$\Delta a^x = a^{x+1} - a^x = a \cdot a^x - a^x = (a-1)a^x$$

$$\Delta \log ax = \log a(x+1) - \log ax = \log \left(\frac{a(x+1)}{ax} \right) = \log \left(1 + \frac{1}{x} \right)$$

となる。公式 (2.4) については，様々な方法があるが，ここでは三角関数の加法定理

$$\sin A - \sin B = 2 \cos \left(\frac{A+B}{2} \right) \sin \left(\frac{A-B}{2} \right) \tag{2.7}$$

を利用する。ここで，A, B は任意の実数である。(2.7) で，$A = a(x+1)$, $B = ax$ とおけば，$(A+B)/2 = a(x+1/2)$, $(A-B)/2 = a/2$ であるから，(2.4) が得られる。

問題 2.1　公式 (2.5) を確かめよ。

◇◇◇

2.2 階乗ベキ

n を自然数とする。微分法についての公式 $(x^n)' = nx^{n-1}$ に対する差分公式はどうなるのであろうか。準備として，$x^{\underline{n}}$ を

$$x^{\underline{0}} = 1,\ x^{\underline{1}} = x,\ x^{\underline{n}} = x(x-1)\cdots(x-n+1) = n! \binom{x}{n},\ n \geq 2$$

と定義する。このとき，

$$\Delta x^{\underline{n}} = n x^{\underline{n-1}}, \tag{2.8}$$

が成立する。実際,

$$\begin{aligned}\Delta x^{\underline{n}} &= (x+1)x(x-1)\cdots(x-n+2) - x(x-1)\cdots(x-n+1) \\ &= ((x+1)-(x-n+1))(x(x-1)\cdots(x-n+2)) \\ &= n x^{\underline{n-1}} \end{aligned} \tag{2.9}$$

である。これを用いると,

$$\Delta \binom{x}{n} = \Delta\left(\frac{x^{\underline{n}}}{n!}\right) = \frac{n x^{\underline{n-1}}}{n!} = \frac{x^{\underline{n-1}}}{(n-1)!} = \binom{x}{n-1} \tag{2.10}$$

を得る。負ベキの場合を考える。微分の場合は, $(1/x^n)' = -n/x^{n+1}$ であるが, これに対応するものは, (2.8) を利用して,

$$\begin{aligned}\Delta\left(\frac{1}{x^{\underline{n}}}\right) &= \frac{1}{(x+1)^{\underline{n}}} - \frac{1}{x^{\underline{n}}} = -\frac{\Delta x^{\underline{n}}}{(x+1)^{\underline{n}} \cdot x^{\underline{n}}} = -\frac{n x^{\underline{n-1}}}{(x+1)\cdot x^{\underline{n-1}} \cdot x^{\underline{n}}} \\ &= -\frac{n}{(x+1)\cdot x^{\underline{n}}} = -\frac{n}{(x+1)^{\underline{n+1}}} \end{aligned} \tag{2.11}$$

である。

公式 (2.9) から, $x^{\underline{n}}$ は差分演算において, 微分演算における単項式 x^n に対応するものと理解できる。実際, $x^{\underline{n}}$ は, x から $x-n+1$ まで 1 ずつ下げながら n 個の積を考えたものである。このことから, $x^{\underline{n}}$ は下降階乗ベキと呼ばれている *2。一方, $x^{\overline{0}} = 1$, $x^{\overline{1}} = x$ とし, x から $x+n-1$ まで 1 ずつ上げながら n 個の積を考えたもの

$$x^{\overline{n}} = x(x+1)\cdots(x+n-1) \tag{2.12}$$

---

*2　下降階乗ベキは, 定義式や (2.10) からもわかるように, 2 項係数との関わりも深く, 多方面から研究の対象となった。そのため, 下降階乗ベキ $x^{\underline{n}}$ を表す記号は様々であって, 文献を読むときには注意が必要である。たとえば, Boole [38, Page 6] や Milne-Thomson [121, Page 25] は $x^{(n)}$ を使っている。Jordan は $(x)_n$ を採用している [99, Page 45]。これは, 現在では Pochhammer 記号 [139, Page 171] として, 用いられている, たとえば, [105, Page 143], [174] など参照のこと。Nörlund は, [132] の前半部分では, 定義式のままの $x(x-1)\cdots(x-n+1)$ を用い (2.9) に言及している。本書で採用した (2.8) は, [2, Page 10] や [101, Page 17] などで広く用いられている。

を上昇階乗べキと呼ぶ。この両者をあわせて，階乗べキと呼ぶことにする。

2.3　スターリング数

2.2 節で学習したように，階乗べキは差分演算のなかで有効な計算手段である。ここでは，スターリング（Stirling *3）数を利用して下降階乗べキ $x^{\underline{n}}$ と単項式 x^n の関係を学習する。ここで，n は 2 以上の自然数としておく。実際には，下降階乗べキを多項式で表すこと，単項式を下降階乗べキの一次結合で表すことを問題意識とする。まず，前者については

$$x^{\underline{n}} = x^n + \eta_{n-1,n}\, x^{n-1} + \cdots + \eta_{1,n}\, x = \sum_{j=0}^{n} \eta_{j,n}\, x^j \tag{2.13}$$

と表せる。ここで，$\eta_{n,n} = 1, \eta_{0,n} = 0$，さらに $\eta_{j,n} = 0, j > n$ であり，$\eta_{j,n}$ は漸化式

$$\eta_{j,n+1} = \eta_{j-1,n} - n\eta_{j,n}, \quad 1 \le j \le n \tag{2.14}$$

を満たす。実際，$x^{\underline{n+1}} = x^{\underline{n}} \cdot (x-n)$ であるから，この式の両辺をライプニッツの公式 *4 を利用して j 回微分すると，

$$(x^{\underline{n+1}})^{(j)} = (x^{\underline{n}})^{(j)} \cdot (x-n) + j(x^{\underline{n}})^{(j-1)} \tag{2.15}$$

を得る。(2.13) から，(2.15) の左辺の定数項は，$j!\, \eta_{j,n+1}$ であり，(2.15) の右辺の定数項は，$-nj!\, \eta_{j,n} + j \cdot (j-1)!\, \eta_{j-1,n}$ である。したがって，$j!$ で割って比較することで，(2.14) が導かれる。

また，後者については，

$$x^n = x^{\underline{n}} + \widetilde{\eta}_{n-1,n}\, x^{\underline{n-1}} + \cdots + \widetilde{\eta}_{1,n}\, x^{\underline{1}} = \sum_{k=0}^{n} \widetilde{\eta}_{k,n}\, x^{\underline{k}} \tag{2.16}$$

と表せる。ここで，$\widetilde{\eta}_{n,n} = 1, \widetilde{\eta}_{0,n} = 0$，さらに $\widetilde{\eta}_{k,n} = 0, k > n$ であり，$\widetilde{\eta}_{k,n}$ は漸化式

---

*3　James Stirling, 1692–1770, スコットランド，スターリングによって書かれたものに[163]などがある。

*4　1.4.2 の定理 1.4 を参照のこと。

$$\widetilde{\eta}_{k,n+1}=\widetilde{\eta}_{k-1,n}+k\widetilde{\eta}_{k,n},\quad 1\leq k\leq n \tag{2.17}$$

を満たす *5。これらの係数 $\eta_{j,n}$ と $\widetilde{\eta}_{k,n}$ は，それぞれ下降階乗ベキについての第 1 種スターリング数，第 2 種スターリング数と呼ばれている。漸化式 (2.14) および (2.17) は，スターリング数に関するある種のパスカル則と理解することもできる *6。スターリング数についての記号も研究者によって様々で，文献を読むときには，階乗ベキと同様に注意が必要である *7。

学びの抽斗 2.1

場合の数の議論で登場する組合せを考える。自然数 $m\geq n$ に対して，$m+1$ 個のなかから n 個を選ぶ組合せの数は，m 個のなかから n 個を選ぶ組合せの数と，m 個のなかから $n-1$ 個を選ぶ組合せの数を加えたものと等しい。すなわち，$\binom{m+1}{n}=\binom{m}{n}+\binom{m}{n-1}$ が成り立つ。このしくみは，パスカルの三角形を利用して記述される。実際に，m と n で与えられる値 $V(m,n)$ に関して，$V(m+1,n)$ が $V(m,n)$ と $V(m,n-1)$ で表現されることは興味深い。ここでは，パスカル則と呼ぶことにする。次に，$\binom{m}{n}$ において自然数 m を実数や複素数に拡張することを考える。そのために，

$$\binom{x}{n}=\frac{x(x-1)\cdots(x-n+1)}{n!}=\frac{x^{\underline{n}}}{n!}$$

を使って定義する。2.2 節の (2.10) を書き換えれば

$$\binom{x+1}{n}=\binom{x}{n-1}+\binom{x}{n}$$

となり，差分演算において重要な役割を持つ (2.8) や (2.10) がパスカル

---

*5　証明は，(2.14) と同様に示される。詳細は，[99, Page 169] などを参照のこと。

*6　たとえば，[2]，[174] などを参照のこと，パスカル則については，学びの抽斗 2.1 に解説を加えた。

*7　たとえば，Nörlund は，同じ問題意識のもとで，$(-1)^j\binom{n}{j}B_j^n$ を第 1 種スターリング数に対応する意味で使っている [132, Page 148]。参考文献 [121, Chapter 6]，[99, Pages 142–224] には，さらに掘り下げた記述がある。Jordan は，第 1 種スターリング数の記号として S_n^j を第 2 種スターリング数として $\mathfrak{S}_n^j$ を採用している [99]。

則と関係が深いことが理解される。

この節の最後に，スターリング数の評価式

$$|\eta_{j,n}| \leq \left(\frac{(n-1)!}{(j-1)!}\right)^2 \frac{1}{(n-j)!}, \quad 1 \leq j \leq n \tag{2.18}$$

$$|\widetilde{\eta}_{k,n}| \leq \left(\frac{(n-1)!}{(k-1)!}\right)^2 \frac{1}{(n-k)!}, \quad 1 \leq k \leq n \tag{2.19}$$

を紹介しておく。それぞれ，(2.14)，(2.17) と数学的帰納法を利用して確認することができる。

2.4　高階差分

区間 I で微分可能な関数 $f(x)$ の導関数 $f'(x)$ がさらに微分可能であるとき，$f'(x)$ の導関数 $f''(x) = (f'(x))'$ を考えることができる。これを，$f(x)$ の 2 階導関数という。同様に，自然数 n に対して，n 階の導関数 $f^{(n)}(x) = (f^{(n-1)}(x))'$ を定義する。高階差分については，$x+1$, $x+2, \ldots, x+n$ が $f(x)$ の定義域に含まれていれば，n 階差分を $\Delta^n f(x) = \Delta(\Delta^{n-1} f(x))$ で定義する。たとえば，

$$\Delta^2 f(x) = \Delta(\Delta f(x)) = f(x+2) - 2f(x+1) + f(x) \tag{2.20}$$

である。一般に，高階差分をシフトの表現にする公式は，n を非負の整数として，

$$\Delta^n f(x) = \sum_{k=0}^{n} (-1)^k \binom{n}{k} f(x+n-k) \tag{2.21}$$

である。ここで，$\Delta^0 f(x) = f(x)$ としておく。一方，高階のシフトを高階差分に書き換える公式は，

$$f(x+n) = \sum_{k=0}^{n} \binom{n}{k} \Delta^k f(x) \tag{2.22}$$

である。積の差分と商の差分については，それぞれ

$$\Delta(f(x)g(x)) = (\Delta f(x))g(x) + f(x+1)\Delta g(x)$$

$$= f(x)\Delta g(x) + (\Delta f(x))g(x+1)$$
$$= f(x)\Delta g(x) + (\Delta f(x))g(x) + (\Delta f(x))(\Delta g(x)) \tag{2.23}$$

$$\Delta\left(\frac{f(x)}{g(x)}\right) = \frac{(\Delta f(x))g(x) - f(x)\Delta g(x)}{g(x)g(x+1)} \tag{2.24}$$

が成り立つ *8。公式 (2.23) については，3 通りの表現で紹介したが，必要に応じて使い分けられることが望まれる。(2.23), (2.24) について，それぞれ，積の微分公式，商の微分公式との共通点と相違点を確認してみるとよい。特に，(2.23) に関連して，ライプニッツの公式に対応するものとして

$$\Delta^n(f(x)g(x)) = \sum_{\ell=0}^{n}\binom{n}{\ell}\left(\sum_{k=0}^{n-\ell}\binom{n-\ell}{k}\left(\Delta^{n-k}f(x)\right)\left(\Delta^{k+\ell}g(x)\right)\right) \tag{2.25}$$

がある。

◇◇◇ 学びの広場 2.2 ◇◇◇

$f(x) = x^3$, $g(x) = 3^x$ とする。このとき，$f(x)g(x)$ の差分を求めたい。まず，スターリング数を利用して，$x^3 = x^{\underline{3}} + \widetilde{\eta}_{2,3}\,x^{\underline{2}} + \widetilde{\eta}_{1,3}\,x^{\underline{1}}$ と変形することを考える。(2.17) で $k = 1$ とおくと，$\widetilde{\eta}_{0,n} = 0$ なので，任意の n に対して $\widetilde{\eta}_{1,n+1} = \widetilde{\eta}_{1,n}$ である。したがって，任意の n について $\widetilde{\eta}_{1,n} = \widetilde{\eta}_{1,1} = 1$ が成り立つ。ゆえに，$\widetilde{\eta}_{1,3} = 1$ である。次に，(2.17) で $k = 2$, $n = 2$ とおくと，$\widetilde{\eta}_{1,2} = 1$, $\widetilde{\eta}_{2,2} = 1$ であるから，$\widetilde{\eta}_{2,3} = \widetilde{\eta}_{1,2} + 2\widetilde{\eta}_{2,2} = 3$ と求まる。以上より，$x^3 = x^{\underline{3}} + 3x^{\underline{2}} + x^{\underline{1}}$ と表すことができた。積の差分公式 (2.23) と (2.8) を用いて，

$$\begin{aligned}\Delta(f(x)g(x)) &= \Delta(x^{\underline{3}} + 3x^{\underline{2}} + x^{\underline{1}})3^{x+1} + x^3\Delta 3^x \\ &= (3x^{\underline{2}} + 6x^{\underline{1}} + 1)3^{x+1} + x^3(2\cdot 3^x) \\ &= (2x^3 + 9x^2 + 9x + 3)3^x\end{aligned}$$

*8 たとえば，[101, Pages 14–15], [105, Pages 72–73] などを参照のこと。

を得る。

問題 2.2　商の差分公式 (2.24) と (2.8) を用いて，$f(x)/g(x)$ の差分を計算せよ。

2.5　差分方程式

解が関数となる方程式を関数方程式という。関数方程式のなかで未知関数の導関数を含むものを微分方程式という。独立変数を x として未知関数を $f(x)$ とする n 階微分方程式は

$$F(x, f, f', \ldots, f^{(n)}) = 0 \tag{2.26}$$

と書ける。ある関数 $\varphi(x)$ があって，

$$F(x, \varphi(x), \varphi'(x), \ldots, \varphi^{(n)}(x)) = 0$$

が成り立つとき，$\varphi(x)$ を (2.26) の解であるという。一般には，解は 1 つとは限らない，無限個のこともあり得る。たとえば，$\varphi(x) = e^{x^2}$ は，1 階の微分方程式 $F(x, f, f') = f' - 2xf = 0$ の解である。また，c を任意定数として $\varphi(x) = ce^{x^2}$ もまた解である。このように，任意定数を含んだ微分方程式の解を一般解という。ある条件を与えて c を特定することができるが，こうして得られた解を特殊解という。

次に，差分方程式を考えたい。関数方程式のなかで未知関数の差分を含むものを差分方程式という。独立変数を x として未知関数を $f(x)$ とする n 階差分方程式は

$$\Omega(x, f, \Delta f, \ldots, \Delta^n f) = 0 \tag{2.27}$$

と表せる。関係式 (2.21) を利用すれば，(2.27) はシフトを用いて

$$\tilde{\Omega}(x, f(x), f(x+1), \ldots, f(x+n)) = 0 \tag{2.28}$$

と表現できる。一方，(2.28) は，(2.22) を用いて，(2.27) の形に書くことも可能である。ここでは，どちらの形も差分方程式ということにする。

ある関数 $\varphi(x)$ があって，

$$\Omega(x, \varphi(x), \Delta\varphi(x), \ldots, \Delta^n\varphi(x)) = 0$$

が成り立つとき，$\varphi(x)$ を (2.27) の解であるという。差分方程式の一般解はどのように考えたらよいであろうか。微分演算のなかでは，微分して 0 になるものは定数であった。差分演算のなかで，これに対応するものは何であろうか。周期が 1 の周期関数，すなわち

$$\Delta f(x) = f(x+1) - f(x) = 0 \tag{2.29}$$

を満たす関数を考える。もちろん，$f(x)$ が定数であれば差分して 0 になるがそれだけではない [*9]。たとえば，$\varphi(x) = 2^x$ は，1 階の差分方程式 $\Omega(x, f(x), \Delta f(x)) = \Delta f(x) - f(x) = 0$ の解である。$Q(x)$ を任意の周期 1 の周期関数として

$$\begin{aligned}\Delta(Q(x)2^x) - Q(x)2^x &= Q(x+1)2^{x+1} - Q(x)2^x - Q(x)2^x \\ &= Q(x)(2^{x+1} - 2^x - 2^x) = 0\end{aligned}$$

となるので，関数 $Q(x)2^x$ もまた解になる。差分方程式については，任意の周期 1 の周期関数を含んだ解を一般解ということにする [*10]。

2.6 関数の一次独立性

関数方程式が，いくつかの解を持つときに，解の間の関係を考える。2.5 節では，c を任意定数として $\varphi(x) = ce^{x^2}$ は微分方程式 $F(x, f, f') = f' - 2xf = 0$ の解であることを述べた。たとえば，$\varphi_1(x) = e^{x^2}$, $\varphi_2(x) = 2e^{x^2}$ とすると，これはともに $F(x, f, f') = f' - 2xf = 0$ の解であるが，全く別の解と考えてよいのであろうか。また，同じような解と考えるべきなのであろうか。実際には，取り扱われる関数方程式によって，または，分類する側の立場によって，この問に対する答えは変わってくる。こ

*9　たとえば，$f(x) = \sin 2\pi x$ は (2.29) を満たす。

*10　定数は，周期 1 の周期関数の集合に含まれる。特殊解を求める作業のなかでは，周期関数の部分を定数とおいて未定係数法を使用することもある。

こでは，線形方程式の解を扱うときに有効な関数の一次独立性について学習する。まずは，n を自然数，$a_0(x), a_1(x), \ldots, a_{n-1}(x)$ を与えられた関数とし，$f(x)$ を未知関数とする n 階同次線形微分方程式

$$f^{(n)} + a_{n-1}(x)f^{(n-1)} + \cdots + a_1(x)f' + a_0(x)f = 0 \tag{2.30}$$

を考える。関数 $f(x)$ が (2.30) の解であるとすると，$f(x)$ を定数倍した関数もまた解になる。すなわち，任意の定数 c に対して，$cf(x)$ もまた解になる。関数 $f_1(x), f_2(x)$ を (2.30) の解であるとすると，これらの関数を加えた関数 $f_1(x) + f_2(x)$ もまた解になる。これらの 2 つの性質は，(2.30) の解空間が $\mathbb{R}$（実数）上のベクトル空間を作ることを示している。もし，複素変数の関数として同次線形方程式を扱う場合は，同じように解空間は $\mathbb{C}$（複素数）上のベクトル空間になる。関数 $f_1(x), f_2(x), \ldots, f_k(x)$ は (2.30) の解とする。

$$c_1f_1(x) + c_2f_2(x) + \cdots + c_kf_k(x) = 0 \tag{2.31}$$

が成立するならば $c_1, c_2, \ldots, c_k$ は，$c_1 = c_2 = \cdots = c_k = 0$ であるとき，$f_1(x), f_2(x), \ldots, f_k(x)$ は一次独立という。一次独立でないとき，一次従属という。すなわち，$c_j, j = 1, 2, \ldots, k$ が同時に 0 になることなく (2.31) が成り立つとき，一次従属という。$k = 2$ のときは，$f_1(x)$ が $f_2(x)$ の定数 c 倍であれば，$cf_1(x) - f_2(x) = 0$ であるから，$f_2(x)$ と $f_1(x)$ は一次従属になる。上で述べた例では，$\varphi_2(x) = 2\varphi_1(x)$ なので，$\varphi_1(x), \varphi_2(x)$ は一次従属になる。

方程式 (2.30) の解空間から n 個の一次独立な解の組 $f_1(x), f_2(x), \ldots, f_n(x)$ を選ぶ。このように選んだ解の組 $f_1(x), f_2(x), \ldots, f_n(x)$ を (2.30) の基本解という。一般に，基本解は一意的ではない。任意の (2.30) の解 $f(x)$ は，ある定数 $c_j, j = 1, 2, \ldots, n$ があって

$$f(x) = c_1f_1(x) + c_2f_2(x) + \cdots + c_nf_n(x)$$

と表せることが知られている。したがって，(2.31) において $k > n$ であれば必ず一次従属になることを示しており，解空間の次元は n となる。

次に，n 階同次線形差分方程式

$$\Delta^n f(x) + a_{n-1}(x)\Delta^{n-1} f(x) + \cdots \\ + a_1(x)\Delta f(x) + a_0(x)f(x) = 0 \quad (2.32)$$

を考える。ここで，n は自然数，$a_0(x), a_1(x), \ldots, a_{n-1}(x)$ は与えられた関数，$f(x)$ は未知関数である。2.5 節でも述べたが，(2.32) はシフト表示をすることもできて，未知関数とそのシフトに関して線形になる。

$$f(x+n) + \tilde{a}_{n-1}(x)f(x+n-1) + \cdots \\ + \tilde{a}_1(x)f(x+1) + \tilde{a}_0(x)f(x) = 0 \quad (2.33)$$

ここでは，(2.32) の形で話を進めることにする。定義から，2 つの関数 $f(x), g(x)$ に対して，

$$\begin{aligned}\Delta(f(x)+g(x)) &= (f(x+1)+g(x+1)) - (f(x)+g(x)) \\ &= \Delta f(x) + \Delta g(x)\end{aligned}$$

であり，一般に，任意の自然数 n に対して

$$\Delta^n(f(x)+g(x)) = \Delta^n f(x) + \Delta^n g(x) \quad (2.34)$$

が成り立つ。このことから，方程式 (2.30) の場合と同様に，関数 $f_1(x)$, $f_2(x)$ を (2.32) の解であるとすると，これらの関数を加えた関数 $f_1(x)+f_2(x)$ もまた解になる。次に，定数倍についての性質はどうなるか考える。関数 $Q(x)$ を任意の周期 1 の周期関数とする。すなわち，恒等的に $\Delta Q(x) = 0$ である。もちろん，任意の自然数 k に対して，恒等的に $\Delta^k Q(x) = 0$ であるから，(2.25) より

$$\Delta^n(Q(x)f(x)) = Q(x)\Delta^n f(x) \quad (2.35)$$

を得る。

(2.32) の解空間の性質 (2.34), (2.35) は重要である。一次独立性については，線形微分方程式の定数のかわりに，周期 1 の周期関数を用いて議論される。関数 $f_1(x), f_2(x), \ldots, f_k(x)$ は (2.32) の解とする。周期関数 $Q_1(x), Q_2(x), \ldots, Q_k(x)$ が，

$$Q_1(x)f_1(x) + Q_2(x)f_2(x) + \cdots + Q_k(x)f_k(x) = 0 \tag{2.36}$$

を満たすとき，$Q_1(x) = Q_2(x) = \cdots = Q_k(x) = 0$ であるならば，$f_1(x)$, $f_2(x)$, …, $f_k(x)$ は一次独立といい，一次独立でないとき，一次従属という。差分方程式 (2.32) についても，解空間から n 個の一次独立な解の組 $f_1(x)$, $f_2(x)$, …, $f_n(x)$ を選び，任意の (2.30) の解 $f(x)$ は，ある周期 1 の周期関数 $Q_j(x)$, $j = 1, 2, \ldots, n$ を用いて

$$f(x) = Q_1(x)f_1(x) + Q_2(x)f_2(x) + \cdots + Q_n f_n(x)$$

と表されることが知られている。差分方程式 (2.32) においても，このように選んだ解の組 $f_1(x)$, $f_2(x)$, …, $f_n(x)$ を (2.32) の基本解ということにする。

2.7　関数行列式

線形微分方程式，線形差分方程式を扱う際に，しばしば登場する 2 つの関数行列式を紹介する。n を 2 以上の自然数とし，関数 $f_1(x)$, $f_2(x)$, …, $f_n(x)$ は，ある区間において少なくとも，$n-1$ 回微分可能とする。

$$W(f_1, f_2, \ldots, f_n)(x) = \begin{vmatrix} f_1(x) & f_2(x) & \cdots & f_n(x) \\ f_1'(x) & f_2'(x) & \cdots & f_n'(x) \\ f_1''(x) & f_2''(x) & \cdots & f_n''(x) \\ \vdots & \vdots & \ddots & \vdots \\ f_1^{(n-1)}(x) & f_2^{(n-1)}(x) & \cdots & f_n^{(n-1)}(x) \end{vmatrix} \tag{2.37}$$

を関数 $f_1(x)$, $f_2(x)$, …, $f_n(x)$ のロンスキアン（Wronskian）という。実際に，方程式 (2.30) を解いて得られた解が，一次独立かどうかを判定することは必ずしも容易ではないが，(2.30) の区間 I における解 $f_1(x)$, $f_2(x)$, …, $f_n(x)$ が一次独立であることと同値な条件は

$$W(f_1, f_2, \ldots, f_n)(x) \neq 0, \quad x \in I$$

である *11。この性質に対応する差分方程式 (2.32) の解の一次独立性を判定する方法を紹介する。一般に，

$$\mathfrak{C}(f_1, f_2, \ldots, f_n)(x) = \begin{vmatrix} f_1(x) & f_2(x) & \cdots & f_n(x) \\ \Delta f_1(x) & \Delta f_2(x) & \cdots & \Delta f_n(x) \\ \Delta^2 f_1(x) & \Delta^2 f_2(x) & \cdots & \Delta^2 f_n(x) \\ \vdots & \vdots & \ddots & \vdots \\ \Delta^{(n-1)} f_1(x) & \Delta^{(n-1)} f_2(x) & \cdots & \Delta^{(n-1)} f_n(x) \end{vmatrix} \tag{2.38}$$

を関数 $f_1(x)$, $f_2(x)$, …, $f_n(x)$ のカゾラティアン（Casoratian）という。行列式の性質から，(2.38) の右辺は，次のようにシフト表現に変形できる

$$\mathfrak{C}(f_1, f_2, \ldots, f_n)(x) = \begin{vmatrix} f_1(x) & f_2(x) & \cdots & f_n(x) \\ f_1(x+1) & f_2(x+1) & \cdots & f_n(x+1) \\ f_1(x+2) & f_2(x+2) & \cdots & f_n(x+2) \\ \vdots & \vdots & \ddots & \vdots \\ f_1(x+n-1) & f_2(x+n-1) & \cdots & f_n(x+n-1) \end{vmatrix} \tag{2.39}$$

方程式 (2.32) の区間 I における解 $f_1(x)$, $f_2(x)$, …, $f_n(x)$ が一次独立であることと同値な条件は $\mathfrak{C}(f_1, f_2, \ldots, f_n)(x)$ が恒等的に 0 にならないことである。

例 2.1　差分方程式についての例をあげる。n を 2 以上の自然数として

$$\Delta^2 f(x) - \frac{(x-2n+2)(x+1)}{(x-n+2)(x-2n+1)}\Delta f(x)$$

---

*11　線形同次微分方程式の解 $f_1(x)$, $f_2(x)$, …, $f_n(x)$ については，ロンスキアンがある点で 0 になると，恒等的に 0 になる。よって，ある点でロンスキアンがある点で 0 になれば，$f_1(x)$, $f_2(x)$, …, $f_n(x)$ は，一次従属である。

$$+\frac{n(x-2n+3)}{(x-n+2)(x-2n+1)}f(x)=0 \quad (2.40)$$

は，一次独立な

$$f_1(x)=2^x, \quad f_2(x)=x^{\underline{n}}=x(x-1)\cdots(x-n+1)$$

を解に持つ。実際，カゾラティアンを計算すれば

$$\mathfrak{C}(f_1,f_2)(x)=\begin{vmatrix} 2^x & x^{\underline{n}} \\ \Delta 2^x & \Delta x^{\underline{n}} \end{vmatrix}=\begin{vmatrix} 2^x & x^{\underline{n}} \\ 2^x & nx^{\underline{n-1}} \end{vmatrix}$$
$$=-2^x(x^{\underline{n}}-nx^{\underline{n-1}})=-2^x(x-2n+1)x^{\underline{n-1}}$$

となり恒等的に 0 にはならない。ゆえに，(2.40) の一般解 $f(x)$ は，

$$f(x)=Q_1(x)2^x+Q_2(x)x^{\underline{n}}$$

と書くことができる。ここで，$Q_1(x)$, $Q_2(x)$ は周期 1 の周期関数である。

学びの抽斗 2.2

本節で学んだように，線形関数方程式を扱う際には，行列式の評価を必要とする場面に出合うことがある。次の，ファンデルモンド (Vandermonde) 行列式は，有用なので，知識の抽斗に入れておくとよい。

$$\begin{vmatrix} 1 & 1 & \cdots & 1 \\ x_1 & x_2 & \cdots & x_n \\ x_1^2 & x_2^2 & \cdots & x_n^2 \\ \vdots & \vdots & \ddots & \vdots \\ x_1^{n-1} & x_2^{n-1} & \cdots & x_n^{n-1} \end{vmatrix}=\prod_{1\le k<j\le n}(x_j-x_k) \qquad (2.41)$$

各 x_j, $j=1,2,\ldots,n$ が互いに異なるのであれば，ファンデルモンド行列式の値は 0 にならないことが理解できる。

この章では，微分方程式と差分方程式を比較しながら学習を行ってきた。どちらも，実数を変数とする関数が解となる場合を考えてきた。もちろん，変数を自然数や整数にして，数列を解とする差分方程式を考え

ることもできる。むしろこちらの方が身近であるかもしれない。たとえば，a, b を定数として

$$a_{n+2} + aa_{n+1} + ba_n = 0,\ n \geq 1$$

を満たす数列 $\{a_n\}$ はどのような数列であるかを調べる問題である。このような差分方程式は，漸化式と呼ばれることが多い。詳細は次章で述べることにするが，ひとつ注意を与えておく。数列を解に持つ差分方程式と連続変数の関数方程式は全く無関係ではない。関数方程式の解を級数表示して，係数の関係を調べる操作を行うと，係数を数列とみた場合の漸化式が登場してくることがある。

学びの本箱 2.1

差分方程式というタイトルの付く本のなかから，ケーリーとピーターソン（Walter G. Kelley and Allan C. Peterson）[101]の本をあげておく。指数関数，三角関数などの初等関数の差分から始まって，本書では取り扱わなかった z 変換や，偏差分方程式まで盛り込まれている。微分積分の入門書に対応する差分和分の入門書といえるであろう。公式を紹介した後に，例題，演習問題と読み進められ，自分で勉強を進めたいという人に推薦できる。非定数係数線形差分方程式などの例題や問題の数も豊富である。

3 級数・ポアンカレの方程式

石崎 克也

《目標＆ポイント》 第 1 章で学んだ数列の無限和（級数）を考える。離散的独立変数を持つ関数方程式として知られる数列の漸化式は，微分方程式や q-差分方程式における形式級数解の係数問題で登場し，ポアンカレの方程式に含まれる。さらに後半では，ポアンカレの方程式の解法や解の性質について学ぶ。

《キーワード》 数列，級数，正項級数，絶対収束，収束判定法，調和級数，広義積分，整級数，形式級数解，ポアンカレの方程式，線形微分方程式，ニュートン級数

3.1 級 数

この節では，数列を無限個加えることを学習する [*1]。

$$\sum_{n=1}^{\infty} \frac{1}{n} = 1 + \frac{1}{2} + \frac{1}{3} + \frac{1}{4} + \cdots + \frac{1}{n} + \cdots \tag{3.1}$$

$$\sum_{n=1}^{\infty} \frac{(-1)^{n-1}}{n} = 1 - \frac{1}{2} + \frac{1}{3} - \frac{1}{4} + \cdots + \frac{(-1)^{n-1}}{n} + \cdots \tag{3.2}$$

は果たしてどうなるであろうか。この節の最後には，理解されるはずである。数列 $\{a_n\}$ に対して，$S_n = a_1 + a_2 + \cdots + a_n$ を部分和といい，その極限

$$\lim_{n\to\infty} S_n = \sum_{n=1}^{\infty} a_n \tag{3.3}$$

を，$\{a_n\}$ から成る級数という。級数 $\displaystyle\sum_{n=1}^{\infty} a_n$ の収束・発散については，S_n の収束・発散に従うものとする。たとえば，等比数列 $\{ar^{n-1}\}$, $|r| < 1$ から成る級数であれば，$S_n = a(1 - r^n)/(1 - r)$ であり，

---

*1 級数 (3.1) は調和級数と呼ばれている。

$$\sum_{n=1}^{\infty} ar^{n-1} = \lim_{n\to\infty} S_n = \frac{a}{1-r}$$

であるから，上式の左辺の級数は，$a/(1-r)$ に収束する。等差数列 $\{a+(n-1)d\}$, $d>0$ から成る級数であれば，$S_n = n(2a+(n-1)d)/2$ であり，$\displaystyle\sum_{n=1}^{\infty}(a+(n-1)d) = \lim_{n\to\infty} S_n = \infty$ であるから，この級数は発散する。

すべての項が非負である数列から成る級数を正項級数という。非負の数を加えていくのだから正項級数は，∞ に発散するか，S_n が有界であるかのいずれかである。有界の場合は $S_n - S_{n-1} = a_n \geq 0$ であるので，S_n は単調増加数列である。ゆえに，定理 1.2 により，級数は収束する [*2]。

符号がひとつおきに入れ替わる数列からなる級数を交項級数という。$a_n \geq 0$ として，$\{(-1)^{n-1}a_n\}$ からなる級数

$$\sum_{n=1}^{\infty}(-1)^{n-1}a_n = a_1 - a_2 + a_3 - a_4 + \cdots + (-1)^{n-1}a_n + \cdots \quad (3.4)$$

は, 交項級数である。交項級数 (3.4) は, a_n が単調減少でかつ $\displaystyle\lim_{n\to\infty} a_n = 0$ であれば収束する。実際,

$$S_{2n} = (a_1 - a_2) + (a_3 - a_4) + \cdots + (a_{2n-1} - a_{2n})$$
$$S_{2n+1} = a_1 - (a_2 - a_3) - (a_4 - a_5) - \cdots - (a_{2n} - a_{2n+1})$$

と書けば，$\{S_{2n}\}$ は単調増加数列であり，$\{S_{2n+1}\}$ は単調減少数列である。さらに，$S_{2n} \leq a_1$, $S_{2n+1} \geq a_1 - a_2$ であるから，$\{S_{2n}\}$ は上に有界であり, $\{S_{2n+1}\}$ は下に有界である。よって，定理 1.2 により，$\displaystyle\lim_{n\to\infty} S_{2n}$, $\displaystyle\lim_{n\to\infty} S_{2n+1}$ はそれぞれ収束する。また，$S_{2n+1} - S_{2n} = a_{2n+1} \to 0$ であ

---

*2　一般に，無限級数においては，有限和と異なり，項の順序を入れ替えるとその和が変わり，また和を持たないことがある。しかし，正項級数においてはそのようなことはない。

るから，その極限値は同一のものである。本節の冒頭にあげた級数 (3.2) は，交項級数であり収束の条件を満たしている。よって，(3.2) は収束する。

級数 $\sum_{n=1}^{\infty} a_n$ において，各項の絶対値を項とする級数 $\sum_{n=1}^{\infty} |a_n|$ が収束するとき，$\sum_{n=1}^{\infty} a_n$ は絶対収束するという。絶対収束に関して，次の定理が知られている [*3]。

定理 3.1　絶対収束する級数は収束する。また，絶対収束する級数は，その項の順序を入れ替えてもつねに絶対収束し，その和は変わらない。

収束する級数が，必ずしも絶対収束するとは限らない。冒頭にあげた級数 (3.1) を考察する。

級数 (3.1) の各項は，図 3.1 の区間 $[n-1, n]$, $n \geq 1$ の上に立つ長方形 R_n の面積である。これらをすべて積み重ねたものが，(3.1) であると考えることができる。各長方形 R_n は，x 軸，直線 $x = n - 1$, $x = n$, 曲線 $f(x) = 1/(x + 1)$ で囲む部分を含むから，(3.1) は，広義積分

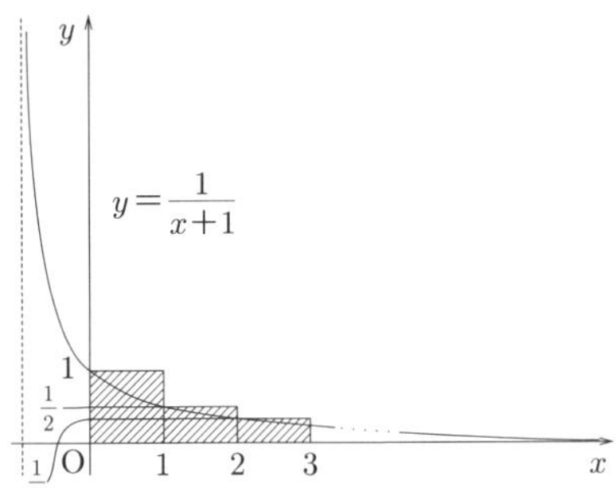

図 3.1　調和級数

*3　たとえば，[211, Pages 154–157], [224, Pages 39–49] などを参照のこと。

$$\int_0^\infty \frac{1}{x+1}\,dx = \lim_{T\to\infty}\left[\log|x+1|\right]_0^T = \infty$$

で下から評価される。ゆえに，(3.1) は有界ではなく，∞ に発散する。以上より，級数 (3.2) は収束するが，その絶対値を項とした級数 (3.1) は収束しないことが確かめられた。

3.2 収束判定法

この節では，級数の収束判定法について紹介する [*4]。まずは，比較判定法と呼ばれるものである。

定理 3.2 2 つの正項級数 $\sum_{n=1}^{\infty} a_n$, $\sum_{n=1}^{\infty} b_n$ の間に，ある番号 N から先のすべての n について，

$$a_n \leq K b_n$$

が成り立つとする。ここで，K は n に依存しない正定数である。このとき，

(1) $\sum_{n=1}^{\infty} b_n$ が収束すれば，$\sum_{n=1}^{\infty} a_n$ も収束する。

(2) $\sum_{n=1}^{\infty} a_n$ が発散すれば，$\sum_{n=1}^{\infty} b_n$ も発散する。

次の判定法は，ダランベール（d'Alembert [*5]）の判定法と呼ばれている。

定理 3.3 級数 $\sum_{n=1}^{\infty} a_n$ において，

$$\lim_{n\to\infty} \frac{|a_{n+1}|}{|a_n|} = \alpha, \quad 0 \leq \alpha \leq \infty \tag{3.5}$$

とする。このとき，

(1) $\alpha < 1$ ならば，絶対収束する。

---

*4 たとえば，[211, Pages 149–153]，[224, Pages 31–39] などを参照のこと。

*5 Jean Le Rond d'Alembert, 1717–1783，フランス

(2) $\alpha > 1$ ならば，発散する。

定理 3.3 において，$\alpha = 1$ の場合は収束する場合も，収束しない場合もある。また，(3.5) の極限が存在しない場合には，$\limsup_{n\to\infty} |a_{n+1}|/|a_n| < 1$ のときは絶対収束し，$\liminf_{n\to\infty} |a_{n+1}|/|a_n| > 1$ のときは，発散するという形で利用できる。

次の判定法は，コーシー-アダマール (Cauchy [*6]–Hadamard [*7]) の判定法と呼ばれている。

定理 3.4　級数 $\sum_{n=1}^{\infty} a_n$ において，

$$\limsup_{n\to\infty} \sqrt[n]{|a_n|} = \alpha, \quad 0 \leq \alpha \leq \infty \tag{3.6}$$

とする。このとき，

(1) $\alpha < 1$ ならば，絶対収束する。

(2) $\alpha > 1$ ならば，発散する。

ここで，級数

$$\sum_{n=1}^{\infty} \frac{1}{n^{\beta}}, \quad \beta > 0 \tag{3.7}$$

の収束・発散について考える。前述の定理 3.3，定理 3.4 の判定を与える極限値は，それぞれ，$\lim_{n\to\infty} |1/(n+1)^{\beta}|/|1/n^{\beta}| = 1$，$\lim_{n\to\infty} \sqrt[n]{|1/n^{\beta}|} = 1$ であるから，これらの判定法からは，直ちに収束判定はできない。級数 (3.7) は，一般調和級数と呼ばれているが，収束判定については，次の定理が知られている。

定理 3.5　級数 (3.7) において，$\beta > 1$ であれば収束し，$0 < \beta \leq 1$ であれば発散する。

学びの広場 3.1

級数

---

*6　Augustin-Louis Cauchy, 1789–1857, フランス

*7　Jacques Salomon Hadamard, 1865–1963, フランス

$$\sum_{n=1}^{\infty} \frac{1}{n^n} \tag{3.8}$$

の収束・発散について考える。定理 3.3 を用いると

$$\lim_{n\to\infty} \frac{|a_{n+1}|}{|a_n|} = \lim_{n\to\infty} \frac{n^n}{(n+1)^{n+1}} = \lim_{n\to\infty} \left(\frac{n}{n+1}\right)^n \frac{1}{n+1} = 0$$

であるから [*8](3.8) は収束する。

問題 3.1 級数 (3.8) が収束することを，コーシー-アダマールの判定法，すなわち，定理 3.4 を用いて証明せよ。

3.3 整級数

数列 $\{a_n\}_{n=0}^{\infty}$ [*9] と定点 a に対して $\sum_{n=0}^{\infty} a_n(x-a)^n$ を整級数，または，ベキ級数という。この節では，おもに，整級数の収束・発散についての結果を述べていく [*10]。以下では，$a=0$ として

$$\sum_{n=0}^{\infty} a_n x^n \tag{3.9}$$

について説明をするが，一般性が失われることはない。

定理 3.6 整級数 (3.9) について，

(1) $x = x_0$ で収束すれば，$|x| < |x_0|$ なるすべての x に対して，絶対収束する。

(2) $x = x_0$ で発散すれば，$|x| > |x_0|$ なるすべての x に対して，発散する。

整級数 (3.9) が収束するような x の上限 R を，(3.9) の収束半径という。すなわち，$0 < R < \infty$ ならば，$|x| < R$ で絶対収束し，$|x| > R$ で

---

*8 $\lim_{n\to\infty} (n/(n+1))^n = 1/e$ である。

*9 この節では，数列の番号 n は，0 から始めることにする。

*10 たとえば，[211, Pages 170–174]，[224, Pages 123–127] などを参照のこと。

発散する。また，$R = 0$ ならば $x = 0$ のみで収束し，$R = \infty$ ならば，すべての x で収束する。ただし，$|x| = R$ のところでは，収束する場合も発散する場合もあり，個々の評価が必要である。

定理 3.7　整級数 (3.9) について，極限

$$\lim_{n\to\infty}\left|\frac{a_{n+1}}{a_n}\right| \tag{3.10}$$

が存在するとする。この極限値の逆数は，(3.9) の収束半径と等しい [*11]。

定理 3.8　整級数 (3.9) について，

$$\limsup_{n\to\infty} \sqrt[n]{|a_n|} \tag{3.11}$$

の逆数は，(3.9) の収束半径と等しい。

例 3.1　整級数

$$\sum_{n=0}^{\infty}\frac{1}{n}\ x^n \tag{3.12}$$

について考える。$\displaystyle\lim_{n\to\infty} a_{n+1}/a_n = \lim_{n\to\infty} n/(n+1) = 1$ であるから，定理 3.7 より収束半径 R は，$R = 1$ である。では，$|x| = 1$ のところではどうなっているであろうか。$x = 1$ では，(3.12) は本節冒頭の (3.1) と等しい。よって，調和級数の説明のところで述べたように，発散する。一方，$x = -1$ では，(3.12) は (3.2) と等しい。交項級数で評価したように，(3.12) は収束する。

定理 3.9　整級数

$$f(x) = \sum_{n=0}^{\infty} a_n x^n \tag{3.13}$$

は，$f(x)$ の収束半径のなかで，何回でも項別微分可能である。

例 3.2　微分方程式

---

*11　整級数 (3.9) の収束半径を R とし，(3.10) の極限を α とすれば，$R = 1/\alpha$ ということであるが，$\alpha = 0$ のときは，$R = \infty$ とし，$\alpha = \infty$ のときは，$R = 0$ とする。定理 3.8 についても同様の取り扱いとする。

$$f'' - 2xf' - 2f = 0 \tag{3.14}$$

が整級数 (3.13) を解に持つとする。定理 3.9 から

$$f'(x) = \sum_{n=1}^{\infty} n a_n x^{n-1}, \quad f''(x) = \sum_{n=2}^{\infty} n(n-1) a_n x^{n-2} \tag{3.15}$$

であるから，(3.14) に代入すると

$$\begin{aligned}\sum_{n=2}^{\infty} n(n-1)a_n x^{n-2} - 2x\sum_{n=1}^{\infty} n a_n x^{n-1} - 2\sum_{n=0}^{\infty} a_n x^n \\ = \sum_{n=0}^{\infty} \left((n+2)(n+1)a_{n+2} - (2n+2)a_n\right) x^n = 0\end{aligned} \tag{3.16}$$

となる。(3.16) から，整級数の係数を与える数列 $\{a_n\}$ は漸化式

$$a_{n+2} = \frac{2}{n+2} a_n, \quad n \geq 0 \tag{3.17}$$

を満たすことが示される。(3.17) を用いて，$a_0 = 1$, $a_1 = 0$ とすれば，奇数番目をすべて 0 にとって，偶数番目を $a_{2m} = 1/m!$ とした整級数解が得られ，$a_0 = 0$, $a_1 = 1$ とすれば，偶数番目をすべて 0 にとって，奇数番目を $a_{2m+1} = 2^{2m} m!/(2m+1)!$ とした整級数解が得られる。すなわち，

$$y_1(x) = \sum_{m=0}^{\infty} \frac{1}{m!} x^{2m}, \quad y_2(x) = \sum_{m=0}^{\infty} \frac{2^{2m} m!}{(2m+1)!} x^{2m+1} \tag{3.18}$$

を得る [*12]。定理 3.7 を利用して，(3.18) の 2 つの整級数解 $y_1(x)$, $y_2(x)$ の収束半径は無限大であることが確かめられる。一次独立性は，ロンスキアンを計算することで確認され，$y_1(x)$, $y_2(x)$ は，(3.14) の基本解になる [*13 *14]。

---

*12　この時点では，(3.18) は形式整級数である。収束半径を確認することで関数としての微分方程式 (3.14) の解であることが確かめられる。

*13　$y'' - 2xy' + 2ny = 0$, $n \in \mathbb{Z}$ をエルミートの微分方程式という。例 3.2 の (3.14) は，$n = -1$ の場合である。n が自然数のときには，エルミート多項式と呼ばれる多項式解を持つことが知られている。たとえば，[83, Pages 230–232] などを参照のこと。

*14　Charles Hermite, 1822–1901, フランス

3.4　ポアンカレの方程式

第 2 章で紹介した線形差分方程式の性質を，さらに追い求めることにする。n を自然数とし，$a_0(x), a_1(x), \ldots, a_n(x)$ を既知の関数とする。未知関数を $y(x)$ として，線形同次差分方程式

$$a_n(x)y(x+n) + a_{n-1}(x)y(x+n-1) + \cdots + a_1(x)y(x+1) + a_0(x)y(x) = 0 \quad (3.19)$$

を考える。この節ではシフトを用いた表現を採用する。また，$a_0(x) \neq 0$, $a_n(x) \neq 0$ は仮定しておく。第 2 章で学習したように，一次独立な n 個の解が見つかれば，(3.19) の一般解はそれらの一次結合で表すことができる。

学びの抽斗 3.1

定数係数 n 階同次線形微分方程式

$$a_n y^{(n)}(x) + a_{n-1}y^{(n-1)}(x) + \cdots + a_1 y'(x) + a_0 y(x) = 0 \quad (3.20)$$

を考える。ここで，$a_0 \neq 0$, $a_n \neq 0$ とする。特性方程式

$$a_n\lambda^n + a_{n-1}\lambda^{n-1} + \cdots + a_1\lambda + a_0 = 0 \quad (3.21)$$

の解を $\lambda \in \mathbb{C}$ とすれば，指数関数 $y = e^{\lambda x}$ が微分方程式 (3.20) の解になることが知られている [*15]。特に，$n = 2$ のとき，すなわち

$$y'' + ay' + by = 0 \quad (3.22)$$

$a, b \in \mathbb{R}$, $b \neq 0$ については，特性方程式が 2 次方程式

$$\lambda^2 + a\lambda + b = 0 \quad (3.23)$$

となる。$D = a^2 - 4b$ として，以下の結果が成り立つ

(1)　$D > 0$ のとき，(3.23) は異なる 2 つの解 λ_1, λ_2 を持ち，(3.22) の一般解は

---

*15　たとえば，[223], [227] などを参照のこと。

$$C_1 e^{\lambda_1 x} + C_2 e^{\lambda_2 x}, \quad C_1, C_2 \text{ は任意定数}$$

(2) $D = 0$ のとき，(3.23) は重複解 λ を持ち，(3.22) の一般解は

$$C_1 e^{\lambda x} + C_2 x e^{\lambda x}, \quad C_1, C_2 \text{ は任意定数}$$

(3) $D < 0$ のとき，(3.23) は共役複素数解 *16 $\mu + \nu i$, $\mu - \nu i$, $\mu, \nu \in \mathbb{R}$, $\nu \neq 0$ を持ち，(3.22) の一般解は

$$C_1 e^{\mu x} \cos \nu x + C_2 e^{\mu x} \sin \nu x, \quad C_1, C_2 \text{ は任意定数}$$

となる。

はじめに，(3.19) において係数がすべて定数の場合，すなわち

$$\sum_{k=0}^{n} a_k y(x+k) = a_n y(x+n) + a_{n-1} y(x+n-1) + \cdots + a_1 y(x+1) + a_0 y(x) = 0 \quad (3.24)$$

を取り扱う。定数係数線形差分方程式 (3.24) に対して，特性方程式

$$\sum_{k=0}^{n} a_k \lambda^k = a_n \lambda^n + a_{n-1} \lambda^{n-1} + \cdots + a_1 \lambda + a_0 = 0 \quad (3.25)$$

を考える。これは，学びの抽斗 3.1 で紹介した定数係数線形同次微分方程式の特性方程式 (3.21) と同じである。(3.25) の解を $\lambda \in \mathbb{C}$ とする。$y(x) = \lambda^x$ とすれば，$y(x)$ は，(3.24) の解になる。実際，$y(x+k) = \lambda^{x+k} = \lambda^x \lambda^k$ を (3.24) の左辺に代入すれば，

$$\sum_{k=0}^{n} a_k y(x+k) = \sum_{k=0}^{n} a_k \lambda^x \lambda^k = \lambda^x \sum_{k=0}^{n} a_k \lambda^k$$

となり，(3.25) を用いて，上式の値が 0 になることがわかる。まず，特性方程式 (3.25) のすべての解 λ_k, $k = 1, 2, \ldots, n$ が互いに異なる場合を考える。このとき，(3.24) は，n 個の異なる解

*16　第 7 章を参照のこと。

$$\lambda_1^x, \lambda_2^x, \ldots, \lambda_n^x \tag{3.26}$$

を持つことになる。カゾラティアン $\mathfrak{C}(\lambda_1^x, \lambda_2^x, \ldots, \lambda_n^x)$ が 0 にならないことは，第 2 章 2.7 節の学びの抽斗 2.2 から理解される。よって，(3.26) は，一次独立な解の組になり，(3.24) の一般解は

$$y(x) = Q_1(x)\lambda_1^x + Q_2(x)\lambda_2^x + \cdots + Q_n(x)\lambda_n^x \tag{3.27}$$

と表せる。ここで，$Q_k(x),\ k = 1, 2, \ldots, n$ は任意の周期 1 の周期関数である。

特性方程式 (3.25) が重複解を持つ場合については，結果のみを述べておく。$\lambda_k,\ k = 1, 2, \ldots, m$ の重複度を $N_k,\ k = 1, 2, \ldots, m,\ \sum_{k=1}^{m} N_k = n$ と表しておく。このとき，

$$\lambda_k^x, x\lambda_k^x, \ldots, x^{N_k-1}\lambda_k^x$$

の N_k 個の関数が (3.24) の解となり，n 個の解の集合

$$\bigcup_{k=1}^{m} \{\lambda_k^x, x\lambda_k^x, \ldots, x^{N_k-1}\lambda_k^x\} \tag{3.28}$$

が基本解の組となる [*17]。ゆえに，一般解は，これらの n 個の関数の周期 1 の周期関数を係数とする一次結合で表される。

次に，(3.19) において，係数のなかに定数でないものが含まれる場合，すなわち，非定数係数線形差分方程式を取り扱う 1 つの方法を紹介する。差分方程式 (3.19) を，離散変数で考えれば，(3.19) は，n 階の数列の漸化式とみなすことができる。例 3.2 で紹介したように，微分方程式の存在を示す 1 つの方法として，形式解をある値 a のまわりでの整級数

$$f(x) = \sum_{j=0}^{\infty} \alpha(j)(x-a)^j \tag{3.29}$$

と表して，係数を与える数列 $\{\alpha(j)\}$ を評価し，形式解 (3.29) が，真の解となることを示すという方法がある。しばしば，用いられる方法には，ダ

---

*17　(3.28) で与えられる集合の各要素が一次独立になる。

ランベールの判定法や，コーシー-アダマールの判定法を用いて，(3.29) の収束半径が正であることを示す方法がある。実際には，それぞれ

$$\lim_{j\to\infty}\left|\frac{\alpha(j+1)}{\alpha(j)}\right|, \quad \limsup_{j\to\infty}\sqrt[j]{\alpha(j)} \tag{3.30}$$

を計算して，その値が 1 よりも小さい数列 $\{\alpha(j)\}$ が採択できるかを調べることである。たとえば，$\{\alpha(j)\}$ が定数係数差分方程式

$$\sum_{k=0}^{n} a_k\alpha(j+k) = a_n\alpha(j+n) + a_{n-1}\alpha(j+n-1) + \cdots$$
$$+ a_1\alpha(j+1) + a_0\alpha(j) = 0$$

を満たせば，上で述べたように，その特性方程式の解 $\lambda_k,\ k, = 1, 2, \ldots, n$ を用いて $\alpha(j)$ を表現することが可能である。特に，$|\lambda_k|$ がすべて異なれば，$\alpha(j)$ は，λ_k^j の一次結合で表されるから，そのなかに現れる項のなかで $|\lambda_k|$ が最大となる番号 k_0 を用いて

$$\lim_{j\to\infty}\left|\frac{\alpha(j+1)}{\alpha(j)}\right| = |\lambda_{k_0}| \tag{3.31}$$

と表される。もし，$|\lambda_k|$ のなかに同じものがあると，$\lim_{j\to\infty}|\alpha(j+1)/\alpha(j)|$ の評価は必ずしも容易ではない。しかし，$\limsup_{j\to\infty}\sqrt[j]{|\alpha(j)|}$ の方は機能する。たとえば，$|\lambda_1| = |\lambda_2| > \lambda_k,\ k = 3, \ldots, n$ であり，$\alpha(j)$ を表現する λ_k^j の一次結合中に λ_1^k が含まれていれば，$\limsup_{j\to\infty}\sqrt[j]{\alpha(j)} = |\lambda_1|$ となる。

非定数係数の微分方程式の場合であるが，例 3.2 の (3.14) は，整級数解の係数の満たす漸化式 (3.17) から，係数を具体的に求めることができた。しかしながら，一般には，求めることができるとは限らない。以下では，$\alpha(j+n)$ の係数を 1 とし，(3.19) を改めて

$$\sum_{k=0}^{n} a_k(j)\alpha(j+k) = \alpha(j+n) + a_{n-1}(j)\alpha(j+n-1) + \cdots$$
$$+ a_1(j)\alpha(j+1) + a_0(j)\alpha(j) = 0 \tag{3.32}$$

と書き換えて，離散変数の差分方程式とみなす。方程式 (3.32) の係数 $a_k(j)$ は定数とは限らないが，すべての k に対し $j \to \infty$ としたときの極限が存在する，すなわち，

$$\lim_{j\to\infty} a_k(j) = a_k, \quad k = 0, 1, \ldots, n \tag{3.33}$$

であるとき，(3.32) をポアンカレ（Poincaré *18）型の差分方程式，または単に，ポアンカレの方程式という。以下では，$\alpha(j)$ を具体的に求めることができなくとも (3.30) のいずれかを見いだす定理を紹介する。ポアンカレ型の差分方程式に対して，特性方程式を

$$\sum_{k=0}^{n} a_k \lambda^k = \lambda^n + a_{n-1}\lambda^{n-1} + \cdots + a_1\lambda + a_0 = 0 \tag{3.34}$$

と定義する。

19 世紀後半に，特性方程式 (3.34) の解がすべて異なれば，任意の (3.32) の解 $\alpha(j)$ に対して，ある k_0 が存在し，(3.31) が成り立つことが示されている。先に述べたように，微分方程式などへの応用を考えれば，(3.31) の右辺が 1 より小さい解の存在が期待される。これに関して，ポアンカレ-ペロン（Perron *19）の定理と呼ばれる結果がある *20。

定理 3.10 差分方程式 (3.32) において，特性方程式 (3.34) の解の絶対値がすべて異なれば，任意の (3.34) の解 λ_k に対して，

$$\lim_{j\to\infty} \left| \frac{\alpha(j+1)}{\alpha(j)} \right| = |\lambda_k|, \quad k = 0, 1, \ldots, n$$

を満たす解 $\alpha(j)$ が存在する。

特性方程式 (3.34) の解の絶対値の中に等しいものがある場合には，次の結果が有効である。

---

*18 Jules-Henri Poincaré, 1854–1912，フランス

*19 Oskar Perron, 1880–1975，ドイツ

*20 これらの結果は，20 世紀前半のペロンの研究成果 [135], [136]による。たとえば，[105, Pages 86–98], [132, Pages 300–313]などを参照のこと。

定理 3.11 差分方程式 (3.32) において，特性方程式 (3.34) の異なる解の絶対値を $\chi_1, \chi_2, \ldots, \chi_m,\ m \leq n$ とする。このとき，任意の χ_k に対して，

$$\limsup_{j\to\infty} \sqrt[j]{|\alpha(j)|} = \chi_k, \quad k = 1, 2, \ldots, m$$

を満たす解 $\alpha(j)$ が存在する。

3.5 ニュートン級数

3.4 節までの議論においては，関数方程式の解を整級数を使って形式的に表現し，整級数が収束する条件を求める方法を紹介してきた。ここでは，形式級数の表現を代えて，差分方程式を取り扱う方法を紹介する。2.5 節で説明したように，差分方程式においては，Δ 表示 (2.27) とシフト表示 (2.28) は，(2.21), (2.22) を利用して行き来させることができる。ここでは，Δ 表示を採用することにする。

具体的に，例 3.2 で用いた方法を思い出そう。基本的な事柄ではあるが，微分法における単項式の微分公式 $(x^n)' = nx^{n-1}$ を用いて形式整級数の各項を微分して，係数比較をしている。差分演算においては，第 2 章で学習した下降階乗ベキについての公式 (2.8)，すなわち $\Delta x^{\underline{n}} = nx^{\underline{n-1}}$ がある。そこで，形式級数を x^n から，$x^{\underline{n}}$ に置き換えて，形式解を求める方法が有効と考えられる。ブール（Boole [*21]）によれば，ニュートン（Newton[*22]）のプリンキピア [131]のなかでこの形式級数

$$F_a(z) = \sum_{n=0}^{\infty} \frac{\Delta^n f(a)}{n!}(z-a)^{\underline{n}} \tag{3.35}$$

の考え方が登場している。本書では，(3.35) をニュートン級数と呼ぶことにする。前にも述べたが，差分演算 Δ を使用しての計算が盛んになったのは，オイラー以降と考えられているので，(3.35) は関数の性質を導き出すための表現法を問題意識の 1 つとしていたと想像される。

---

*21 George Boole, 1815–1864, イギリス

*22 Isaac Newton, 1642–1726/27, イギリス

本章で学んできたように，形式級数は収束をしなければその価値が損なわれかねない。整級数については，いくつかの判定法を学習した。では，(3.35) の収束についての判定法にはどのようなものがあるのだろうか。本書では，第 8 章，第 9 章において，19 世紀以降に発展した複素関数論の知識を利用して説明を加えることにする。

◆◆◆ 学びの本箱 3.1 ◆◆◆

数列，級数については，柳原二郎 [224]を参考にした。この文献では，関数列，整級数，フーリエ級数，漸近展開などの関数方程式を取り扱うために必要な解析的な基本知識が丁寧に書かれている。また，具体例が多く示されており，内容の理解に大いに役立つ。3.2 節のなかで代表的な収束判定法を紹介したが，この文献のなかで述べられている収束判定法を，余白の許す限り，以下に書き留めることにする。

収束判定条件 3.1　クンマー（Kummer）

ある正項級数 $\displaystyle\sum_{n=1}^{\infty} b_n$ に対し，正項級数 $\displaystyle\sum_{n=1}^{\infty} a_n$ が，

$$\liminf_{n\to\infty}\left(\frac{a_n}{a_{n+1}}\cdot\frac{1}{b_n}-\frac{1}{b_{n+1}}\right)>0$$

を満たすならば，$\displaystyle\sum_{n=1}^{\infty} b_n$ の収束・発散に関係なく，$\displaystyle\sum_{n=1}^{\infty} a_n$ は収束する。

また，$\displaystyle\sum_{n=1}^{\infty} b_n$ が発散し

$$\limsup_{n\to\infty}\left(\frac{a_n}{a_{n+1}}\cdot\frac{1}{b_n}-\frac{1}{b_{n+1}}\right)<0$$

であれば，$\displaystyle\sum_{n=1}^{\infty} a_n$ は収束する。

収束判定条件 3.2　ラーベ（Raabe）

正項級数 $\displaystyle\sum_{n=1}^{\infty} a_n$ に対して

(1) $\displaystyle \liminf_{n\to\infty}\ n\left(\frac{a_n}{a_{n+1}}-1\right) > 1$ ならば，$\displaystyle \sum_{n=1}^{\infty} a_n$ は収束する。

(2) $\displaystyle \limsup_{n\to\infty}\ n\left(\frac{a_n}{a_{n+1}}-1\right) < 1$ ならば，$\displaystyle \sum_{n=1}^{\infty} a_n$ は発散する。

収束判定条件 3.3　ガウス（Gauss）

正項級数 $\displaystyle \sum_{n=1}^{\infty} a_n$ において

$$\frac{a_n}{a_{n+1}} = 1 + \frac{\mu}{n} + \frac{A_n}{n^{1+\delta}}$$

と表され，$|A_n| < M$ であるとする。ここで，$\mu, \delta > 0,\ M > 0$ はいずれも n に依存しない定数である。このとき，

(1) $\mu > 1$ ならば，$\displaystyle \sum_{n=1}^{\infty} a_n$ は収束する。

(2) $\mu \leq 1$ ならば，$\displaystyle \sum_{n=1}^{\infty} a_n$ は発散する。

収束判定条件 3.4　積分判定法

正項級数 $\displaystyle \sum_{n=1}^{\infty} a_n$ に対して，$x \leq 1$ で定義された単調減少連続関数 $f(x)$ があって，$a_n = f(n)$ であるとする。このとき，

(1) $\displaystyle \int_1^{\infty} f(x)\,dx$ が収束すれば，$\displaystyle \sum_{n=1}^{\infty} a_n$ も収束する。

(2) $\displaystyle \int_1^{\infty} f(x)\,dx$ が発散すれば，$\displaystyle \sum_{n=1}^{\infty} a_n$ も発散する。

4 和分法

石崎 克也

《目標&ポイント》 差分法の逆演算として和分法を学ぶ。微分積分学に現れる積分の性質との類似点と相違点の把握につとめる。特に，和分法で重要な役割を果たすガンマ関数，プサイ関数の性質を理解する。また，1 階線形微分方程式と比較しながら 1 階線形差分方程式の解法を説明する。

《キーワード》 和分公式，多項式の和分，ガンマ関数，プサイ関数，有理関数の和分，1 階線形差分方程式，定数変化法

4.1 和分公式

第 2 章において，差分演算の記号 Δ を $\Delta f(x) = f(x+1) - f(x)$ で定義した。さらに，高階差分については $\Delta^{n+1} f(x) = \Delta(\Delta^n f(x))$, $n = 1, 2, 3, \ldots$ とした。差分に対する逆演算としての和分の記号を S とする。すなわち，

$$\Delta(\mathsf{S} f(x)) = f(x) \tag{4.1}$$

である。この章では，微分と積分の関係と差分と和分の関係を対比しながら学習していく。(4.1) は，微分積分学基本定理 [*1]

$$\frac{d\left(\int_a^x f(t)\,dt\right)}{dx} = f(x)$$

に対応している。一方，微分をしてから積分すると，定数差ずれることを知っている。これは，定数は微分すると 0 になるという性質に関わりがある。差分法においては，周期 1 の周期関数が微分法の定数に対応することを第 2 章で学んだ。この章では，$Q(x)$ で任意の周期 1 の周期関数を表すものとする。実際，$\mathsf{S}(\Delta f(x)) = f(x) + Q(x)$ である。第 2 章で紹介した，(2.3)～(2.5) に対応する和分公式は，a を定数として

*1　1.4.3 の定理 1.6 を参照のこと。

$$\mathsf{S}a^x = \frac{a^x}{a-1} + Q(x), \quad a \neq 1 \tag{4.2}$$

$$\mathsf{S}\sin ax = -\frac{\cos a\left(x - \dfrac{1}{2}\right)}{2\sin\dfrac{a}{2}} + Q(x) \tag{4.3}$$

$$\mathsf{S}\cos ax = \frac{\sin a\left(x - \dfrac{1}{2}\right)}{2\sin\dfrac{a}{2}} + Q(x) \tag{4.4}$$

である。また，n を自然数として，(2.9), (2.10) に対する公式は

$$\mathsf{S}x^{\underline{n}} = \frac{1}{n+1}x^{\underline{n+1}} + Q(x) \tag{4.5}$$

$$\mathsf{S}\binom{x}{n} = \binom{x}{n+1} + Q(x) \tag{4.6}$$

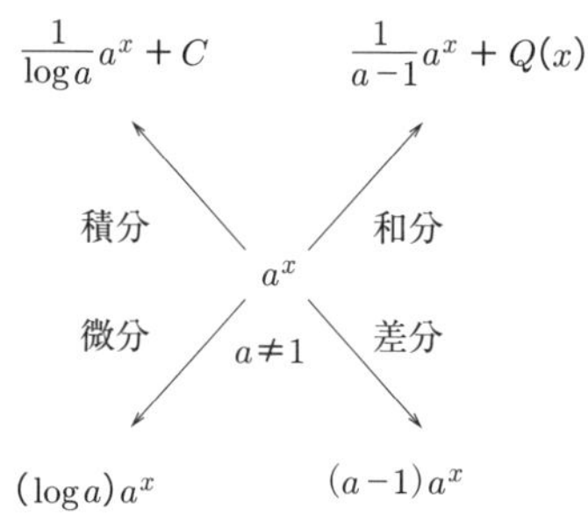

図 4.1　指数関数

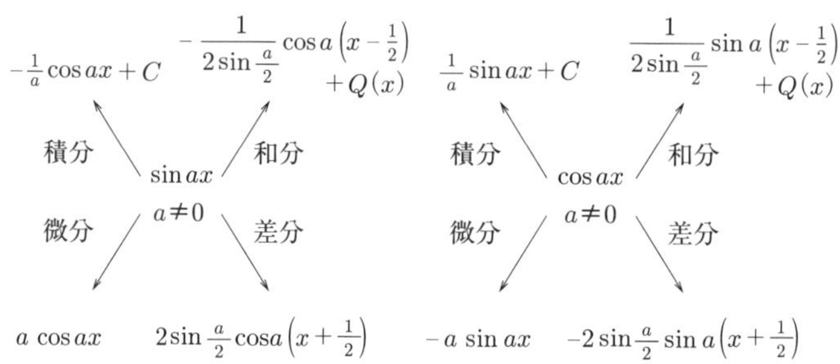

$-\frac{1}{a}\cos ax + C$
$-\frac{1}{2\sin\frac{a}{2}}\cos a\left(x-\frac{1}{2}\right) + Q(x)$
積分
和分
$\sin ax$
$a \neq 0$
微分
差分
$a\ \cos ax$
$2\sin\frac{a}{2}\cos a\left(x+\frac{1}{2}\right)$
$\frac{1}{a}\sin ax + C$
$\frac{1}{2\sin\frac{a}{2}}\sin a\left(x-\frac{1}{2}\right) + Q(x)$
積分
和分
$\cos ax$
$a \neq 0$
微分
差分
$-a\ \sin ax$
$-2\sin\frac{a}{2}\sin a\left(x+\frac{1}{2}\right)$

図 4.2　三角関数

である。部分積分に対応する和分公式は

$$\mathsf{S}(f(x)g(x)) = f(x)G(x) - \mathsf{S}((\Delta f(x))G(x+1)) \tag{4.7}$$

ここで，$G(x) = \mathsf{S}g(x)$ である [*2]。

例 4.1　$a \neq 0, 1$ とする。(4.7), (4.2) を用いて

$$\begin{aligned} \mathsf{S}(xa^x) &= x\frac{1}{a-1}a^x - \mathsf{S}\left(1 \cdot \frac{1}{a-1}a^{x+1}\right) \\ &= x\frac{1}{a-1}a^x - \frac{a}{a-1}\mathsf{S}a^x \\ &= \left(\frac{x}{a-1} - \frac{a}{(a-1)^2}\right)a^x + Q(x) \end{aligned}$$

例 4.2　(4.7), (4.6) を用いて

$$\begin{aligned} &\mathsf{S}\left(\binom{x}{5}\binom{x}{2}\right) \\ &= \binom{x}{6}\binom{x}{2} - \mathsf{S}\left(\binom{x+1}{6}\binom{x}{1}\right) \\ &= \binom{x}{6}\binom{x}{2} - \left(\binom{x+1}{7}\binom{x}{1} - \mathsf{S}\left(\binom{x+2}{7}\binom{x}{0}\right)\right) \\ &= \binom{x}{6}\binom{x}{2} - x\binom{x+1}{7} + \binom{x+2}{8} + Q(x) \end{aligned}$$

学びの広場 4.1

2.4 節で学んだ積の差分公式 (2.23) の第 2 式

$$\Delta(f(x)g(x)) = f(x)\Delta g(x) + (\Delta f(x))g(x+1)$$

を利用して (4.7) を導こう。この式で，便宜上 $g(x)$ を $G(x) = \mathsf{S}g(x)$ とすると，$\Delta G(x) = g(x)$ なので

$$\Delta(f(x)G(x)) = f(x)g(x) + (\Delta f(x))G(x+1)$$

---

*2　たとえば，[101, Pages 20–29]，[105, Pages 80–83] などを参照のこと。

となる。すなわち，

$$f(x)g(x) = \Delta(f(x)G(x)) - (\Delta f(x))G(x+1) \tag{4.8}$$

を得る。(4.8) の両辺を和分することで (4.7) が導かれる。

問題 4.1　例 4.1，例 4.2 にならって，(4.7) を用いて関数

$$f(x) = x^2 2^x$$

の和分を求めよ。

4.2　多項式の和分

積分法においては，多項式の積分は多項式になる。和分法においても同じことが成立するであろうか。先に述べたように，和分法においては，任意の周期 1 の周期関数が加えられる。定数以外の周期関数は超越的なので，一般には無理そうである。ここでは，周期関数の部分を除けば，多項式 $P(x)$ の和分は多項式になることを説明する。

$$P(x) = \sum_{j=0}^{p} a_j x^j = a_p x^p + a_{p-1}x^{p-1} + \cdots + a_1 x + a_0 \tag{4.9}$$

$a_p \neq 0$，と書いておく。各単項式 x^j，$j = 0, \ldots, p$ は，(2.16), (2.17) で保証されるように下降階乗ベキ $x^{\underline{0}}$, $x^{\underline{1}}$, …, $x^{\underline{j}}$ を用いて表現できる。実際，

$$\begin{aligned}
&x^0 = 1 = x^{\underline{0}}\\
&x^1 = x = x^{\underline{1}}\\
&x^2 = x(x-1) + x = x^{\underline{2}} + x^{\underline{1}}\\
&x^3 = x(x-1)(x-2) + 3x(x-1) + x = x^{\underline{3}} + 3x^{\underline{2}} + x^{\underline{1}}\\
&\quad\cdots \qquad\qquad\qquad \cdots \qquad\qquad\qquad \cdots
\end{aligned}$$

である。一般に，具体的に係数を求める場合は，学びの広場 2.2 で行ったように，(2.16), (2.17) を用いて，係数となるスターリング数を求める

ことになる。これで，(4.9) の多項式 $P(x)$ に対して，ある定数 $b_0, \ldots,$ b_p があって

$$P(x)=\sum_{j=0}^{p} b_j x^{\underline{j}} = b_p x^{\underline{p}} + b_{p-1}x^{\underline{p-1}} + \cdots + b_1 x^{\underline{1}} + b_0 \tag{4.10}$$

$b_p\ (=a_p) \neq 0$，と変形できることが示された。公式 (4.5) を用いれば

$$\mathsf{S}P(x)=\mathsf{S}\left(\sum_{j=0}^{p} b_j x^{\underline{j}}\right)=\sum_{j=0}^{p}\frac{b_j}{j+1}x^{\underline{j+1}}+Q(x) \tag{4.11}$$

となる。

4.3　ガンマ関数

ここでは，実数 $x>0$ に対して

$$\Gamma(x)=\int_0^\infty t^{x-1}e^{-t}\ dt \tag{4.12}$$

によって，ガンマ（Gamma）関数を定義する *3。ガンマ関数は，差分方程式

$$\Delta\Gamma(x)=(x-1)\Gamma(x) \tag{4.13}$$

を満足する。実際，部分積分することによって

$$\begin{aligned}\Gamma(x+1)&=\int_0^\infty t^{x}e^{-t}\ dt=\left[t^x(-e^{-t})\right]_{t=0}^{t=\infty}-\int_0^\infty xt^{x-1}(-e^{-t})\ dt\\&=x\int_0^\infty t^{x-1}e^{-t}\ dt\end{aligned}$$

すなわち，

$$\Gamma(x+1)=x\Gamma(x) \tag{4.14}$$

を得る。この式から，(4.13) は直ちに従う *4。定義式 (4.12) から，実際に積分をして $\Gamma(1)=1$ が求まる。次に，(4.14) を用いれば，$\Gamma(2)=$

---

*3　ガンマ関数の定義式 (4.12) は広義積分である。1.4.2 などを参照のこと。

*4　任意の x に対して，$0 \le \lim_{t\to\infty} t^x e^{-t} \le \lim_{t\to\infty} t^N e^{-t}$ なる自然数 N がある。ロピタルの定理を用いれば，$\lim_{t\to\infty} t^N e^{-t}=0$ である。学びの抽斗 6.1 を参照のこと。

$1\cdot\Gamma(1)=1$ である。同様に，$\Gamma(3)=2\cdot\Gamma(2)=2$, $\Gamma(4)=3\cdot\Gamma(3)=3\cdot 2$ となる。一般に，n を自然数として，

$$\Gamma(n+1)=n\Gamma(n)=n(n-1)\Gamma(n-1)=\cdots=n! \tag{4.15}$$

である。また，(4.14) から，

$$\begin{aligned}\Gamma(x+1)&=x\Gamma(x)=x(x-1)\Gamma(x-1)=\cdots\\&=x(x-1)\cdots(x-n+1)\Gamma(x-n+1)\end{aligned}$$

なので，ガンマ関数を用いて，下降階乗ベキ $x^{\underline{n}}$ は，

$$x^{\underline{n}}=\frac{\Gamma(x+1)}{\Gamma(x-n+1)} \tag{4.16}$$

と書くこともできる。対数関数 $\log x$ に対して，

$$(\log x)'=\frac{1}{x},\quad \int\log x\ dx=x\log x-x+C$$

であり，

$$\Delta\log x=\log\left(1+\frac{1}{x}\right)$$

であることを知っている。和分についてはガンマ関数を用いることで

$$\mathsf{S}\log x=\log\Gamma(x)+Q(x) \tag{4.17}$$

と表される。実際，(4.14) を用いれば

$$\Delta\log\Gamma(x)=\log\Gamma(x+1)-\log\Gamma(x)=\log\frac{\Gamma(x+1)}{\Gamma(x)}=\log x$$

である。また，$\log(1+h)$ は，h が小さいところでは

$$\log(1+h)=h-\frac{1}{2}h^2+\frac{1}{3}h^3-\frac{1}{4}h^4+\cdots$$

と展開されるので，x が十分大きい所では

$$\Delta\log x=\log\left(1+\frac{1}{x}\right)=\frac{1}{x}-\frac{1}{2}\cdot\frac{1}{x^2}+\frac{1}{3}\cdot\frac{1}{x^3}-\frac{1}{4}\cdot\frac{1}{x^4}+\cdots \tag{4.18}$$

と書ける。(4.18) は，$\log x$ の微分（導関数）と差分が x の大きい所では漸近的に近いこと，すなわち $(\log x)'\sim\Delta\log x$ を物語っている。

学びの抽斗 4.1

ガンマ関数の漸近展開 *5 などの考察から，

$$\Gamma(x+1) \sim \sqrt{2\pi}\, e^{-x} x^{x+1/2} \left(1 + \frac{1}{12x} + \frac{1}{288x^2} + \cdots\right) \tag{4.19}$$

が成り立つことが知られている。関係式 (4.19) はスターリングの公式 *6 と呼ばれている。この式と (4.15) から，$n!$ を評価するときに用いられる

$$n! \sim \sqrt{2\pi n}\, e^{-n} n^n \tag{4.20}$$

が導かれる。

次に，$\int \log x \, dx = x \log x - x$ と $\mathsf{S} \log x = \log \Gamma(x)$ の関係について考えてみよう。ここでは，積分と和分に伴う任意定数と周期 1 の関数は考慮せず説明する。スターリングの公式 (4.19) で，$x+1$ を x で置き換えると，

$$\log \Gamma(x) \sim x \log x - x - \frac{1}{2} \log x + O(1), \quad x \to \infty \tag{4.21}$$

となる。上式の右辺は，$(x \log x - x)(1 + o(1))$, $x \to \infty$ とも表現でき

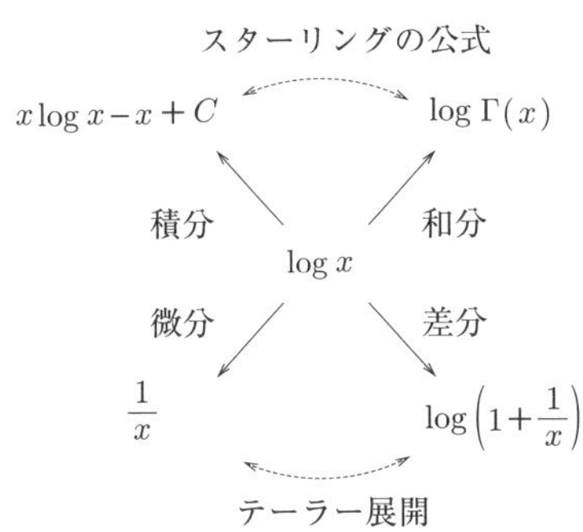

図 4.3　対数関数

---

*5　ここでは，漸近展開についての詳細は述べないが，興味のある読者は[105, Pages 40–43]，[224, Pages 217–230]などを参考にされたい。

*6　たとえば，[168, Pages 57–58]，[224, Pages 242–243]などを参照のこと。

ることから，$\displaystyle\int \log x\, dx$ と $\mathsf{S} \log x$ が漸近的に近いことが理解される。

4.4 プサイ関数

差分方程式 (4.14) の両辺の対数微分を考えると

$$\frac{\Gamma'(x+1)}{\Gamma(x+1)} = \frac{1}{x} + \frac{\Gamma'(x)}{\Gamma(x)} \tag{4.22}$$

となる。ここで，(4.22) において，$\Gamma'(x)/\Gamma(x) = \Psi(x)$ とおけば

$$\Delta(\Psi(x)) = \Psi(x+1) - \Psi(x) = \frac{1}{x} \tag{4.23}$$

を得る。$\Psi(x)$ はプサイ関数，またはディガンマ関数と呼ばれている。(4.23) において，$\Psi(x)$ を n 回微分したプサイ関数 $\Psi^{(n)}(x)$ は差分方程式

$$\Delta(\Psi^{(n)}(x)) = \Psi^{(n)}(x+1) - \Psi^{(n)}(x) = (-1)^n \frac{n!}{x^{n+1}} \tag{4.24}$$

を満たすことがわかるので，n を自然数として，和分公式

$$\mathsf{S}\left(\frac{1}{x^n}\right) = \frac{(-1)^{n-1}}{(n-1)!}\Psi^{(n-1)}(x) + Q(x) \tag{4.25}$$

が得られる。和分公式 (4.25) は，λ を任意の定数（複素数でもよい）として x を $x-\lambda$ に置き換えても成立する。

ガンマ関数は，第 10 章において複素平面上の超越的有理型関数として再び登場することになる。

4.5 有理関数の和分

積分法の定理のひとつに，「任意の有理関数 $R(x)$ は積分できる」がある。ここで “積分できる” と主張しているのは，具体的に $R(x)$ が与えられれば初等的な変形で原始関数（不定積分）を求めることができるという意味である [*7]。和分法についてもこれに対応することが成り立つであろうか。ここでは，多項式の因数分解を複素数の範囲まで広げて議論することを許すことにする。次の定理は，代数学基本定理と呼ばれている。

---

*7　たとえば，[211, Pages 102–106]，[215, Pages 51–55] などを参照のこと。

次数 n の多項式 $U(x) = a_n x^n + \cdots + a_1 x + a_0$ は，互いに異なる複素数 $\lambda_1, \ldots, \lambda_m$ と自然数 $k_1, \ldots, k_m$, $k_1 + \cdots + k_m = n$ があって

$$U(x) = a_n (x - \lambda_1)^{k_1} \cdots (x - \lambda_m)^{k_m} \tag{4.26}$$

と一意的に因数分解される。

有理関数を $V(x)/U(x)$ と表して，$V(x)/U(x)$ を部分分数展開（部分分数分解）する公式を紹介する。ここで，$V(x)$, $U(x)$ は既約な多項式である。分母の多項式 $U(x)$ は (4.26) のように因数分解できるとしておく。多項式 $V(x)$ の次数が，$U(x)$ の次数よりも小さいならば，ある複素定数 $A_{11}, \ldots, A_{mk_m}$ があって

$$\begin{aligned}\frac{V(x)}{U(x)} &= \sum_{j=1}^{m} \left(\frac{A_{j1}}{x - \lambda_j} + \frac{A_{j2}}{(x - \lambda_j)^2} + \cdots + \frac{A_{jk_j}}{(x - \lambda_j)^{k_j}} \right) \\ &= \sum_{j=1}^{m} \sum_{i=1}^{k_j} \frac{A_{ji}}{(x - \lambda_j)^i} \end{aligned} \tag{4.27}$$

と部分分数展開できる。

任意に有理関数 $R(x)$ が与えられたとする。このままでは，部分分数展開できるとは限らない。そこで，分子の次数が分母の次数よりも小さくない場合は，多項式の割り算を行って

$$R(x) = P(x) + \frac{V_1(x)}{U(x)}$$

と変形しておく。ここで，多項式 $V_1(x)$ の次数は $U(x)$ の次数より小さい。さらに，(4.10), (4.27) を用いて

$$R(x) = \sum_{j=0}^{p} b_j x^{\underline{j}} + \sum_{j=1}^{m} \sum_{i=1}^{k_j} \frac{A_{ji}}{(x - \lambda_j)^i} \tag{4.28}$$

と表すことで，次の和分公式を得る。

$$\mathsf{S} R(x) = \sum_{j=0}^{p} \frac{b_j}{j+1} x^{\underline{j+1}}$$

$$+\sum_{j=1}^{m}\sum_{i=1}^{k_j}\frac{(-1)^{i-1}A_{ji}}{(i-1)!}\Psi^{(i-1)}(x-\lambda_j)+Q(x) \quad (4.29)$$

学びの広場 4.2

公式 (4.29) を利用して，有理関数

$$R(x)=\frac{x^4+x^3-2x^2+3x+3}{x^2+x-2}$$

の和分を求めることを考える。分子の次数が分母の次数より高いので，まず割り算をして，さらに部分分数展開をすれば

$$R(x)=x^2+\frac{2}{x-1}+\frac{1}{x+2}$$

と表すことができる。さらに，多項式部分を $x^2=x^{\underline{2}}+x^{\underline{1}}$ とみれば

$$\mathsf{S}R(x)=\frac{x^{\underline{3}}}{3}+\frac{x^{\underline{2}}}{2}+2\Psi(x-1)+\Psi(x+2)+Q(x)$$

を得る。

問題 4.2　有理関数

$$R(x)=\frac{-2x^2+5x+1}{(x-1)^2(x+3)}$$

の和分を求めよ。

4.6　1 階線形差分方程式

この節では，1 階線形差分方程式

$$\Delta f(x)+a(x)f(x)=b(x) \quad (4.30)$$

の解法を学習する。ここで，関数 $a(x)$, $b(x)$ は，与えられた関数とする。

まず，(4.30) に随伴する同次差分方程式

$$\Delta f(x)+a(x)f(x)=0 \quad (4.31)$$

を考える。α を複素定数として，(4.31) 式で x に $x-\alpha$ を代入することで $f(x)$ が (4.31) の解であれば，$f(x-\alpha)$ は，差分方程式 $\Delta f(x)+a(x-\alpha)f(x)=0$ の解であることがわかる。たとえば，Γ 関数の性質 $\Delta\Gamma(x)-(x-1)\Gamma(x)=0$ から，$\Gamma(x-\alpha)$ は，差分方程式 $\Delta f(x)-(x-\alpha-1)f(x)=0$ の解であることがわかる。

同次差分方程式 (4.31) において $a(x)$ が有理関数の場合の公式を紹介するため，(4.31) をシフト表示しておく。

$$f(x+1)=R(x)f(x) \tag{4.32}$$

ここで，$R(x)=1-a(x)$ もまた有理関数である。もし，$R(x)$ が定数 ρ であれば，ρ^x は (4.32) の解である。2 つの (4.32) の型の方程式 $f(x+1)=R_j(x)f(x), j=1,2$ を考え，$f_1(x), f_2(x)$ をそれぞれの解とする。このとき，積 $f_1(x)f_2(x)$ は，差分方程式 $f(x+1)=R_1(x)R_2(x)f(x)$ の解である。このことは，$R_1(x), R_2(x)$ が有理関数に限らず成立する。特に，$R_2(x)\equiv 1$ であれば周期 1 の周期関数 $Q(x)$ が $f_2(x)$ になるので，(4.32) の一般解は $Q(x)f(x)$ と表せる。

上に述べた Γ 関数についての性質をシフト表現すれば，$\Gamma(x-\alpha)$ は，$f(x+1)=(x-\alpha)f(x)$ の解であることになる。さらに，$1/\Gamma(x)$ の満たす差分方程式を考えると，$f(x+1)=(1/(x-\beta))\,f(x)$ は $1/\Gamma(x-\beta)$ を解に持つことがわかる。和分公式 (4.29) を導出するときには，有理関数 $R(x)$ を (4.28) のように部分分数展開をしたが，(4.32) から和分する際には，

$$R(x)=\rho\,\frac{\displaystyle\prod_{j=1}^{m}(x-\alpha_j)}{\displaystyle\prod_{k=1}^{n}(x-\beta_k)} \tag{4.33}$$

と因数分解する。ここでは，複素数の範囲まで広げて因数分解している。また，$\alpha_j,\ j=1,\ldots,m$ のなかに同じものが含まれていてもかまわないとする。$\beta_k,\ k=1,\ldots,n$ についても同様である。このとき，(4.32) の

解は

$$f(x) = Q(x)\rho^x \frac{\displaystyle\prod_{j=1}^{m} \Gamma(x - \alpha_j)}{\displaystyle\prod_{k=1}^{n} \Gamma(x - \beta_k)} \tag{4.34}$$

で与えられる。

ちなみに，2つの (4.31) の型の方程式 $\Delta f(x) + a_j(x)f(x) = 0$, $j = 1, 2$ を考え，$f_1(x)$, $f_2(x)$ をそれぞれの解とする。このとき，積 $f_1(x)f_2(x)$ は，差分方程式 $\Delta f(x) + (a_1(x) + a_2(x) - a_1(x)a_2(x))f(x) = 0$ の解である。

話を (4.30) に戻すことにする。同次方程式 (4.31) の1つの解を $u(x)$ とし，(4.30) の解を $f(x) = u(x)v(x)$ とおく。積の差分公式 (2.23) を用いれば，(4.30) から，

$$\begin{aligned} v(x)\Delta u(x) &+ u(x)\Delta v(x) + \Delta u(x)\Delta v(x) + a(x)u(x)v(x) \\ &= \Delta v(x)(u(x) + \Delta u(x)) + v(x)(\Delta u(x) + a(x)u(x)) \\ &= \Delta v(x)u(x+1) = b(x) \end{aligned}$$

を得る。したがって，$v(x) = \mathsf{S}(b(x)/u(x+1))$ である。$b(x)/u(x+1)$ の和分の1つを $U(x)$ と書けば，(4.30) の解は

$$f(x) = u(x)(U(x) + Q(x)) \tag{4.35}$$

と表される。さらに，(4.35) の右辺は，$Q(x)u(x) + u(x)U(x)$ と表すことができる。このことは，$b(x) \not\equiv 0$ の場合は1階線形非同次差分方程式 (4.30) の一般解は，随伴方程式 (4.31) の一般解 $Q(x)u(x)$ に (4.30) の特殊解 $u(x)U(x)$ を加えたもので表されることを示している。

この方法は，次の学びの抽斗 4.2 で紹介するように，常微分方程式の解法で登場する定数変化法と類似の方法である。

学びの抽斗 4.2

1階線形微分方程式

$$f' + p(x)f = q(x) \tag{4.36}$$

を考える。ここで，$p(x)$，$q(x)$ は与えられた関数である。微分方程式 (4.36) の一般解は，C を任意定数として

$$\begin{aligned} f(x) &= u(x)(U(x) + C) \\ &= e^{\int(-p(x))\,dx}\left(\int q(x)e^{\int p(x)\ dx}\ dx + C\right) \end{aligned} \tag{4.37}$$

と表される *8。ここで，$u(x)$ は (4.36) の随伴方程式

$$f'(x) + p(x)f(x) = 0$$

の解で，$U(x)$ は $q(x)/u(x)$ の原始関数である。

公式 (4.37) は複雑そうにみえる。具体的に与えられた 1 階線形微分方程式の解法についての手順を以下の (1)〜(3) にまとめておく。(1) 与えられた微分方程式を (4.36) の形に書いて，$p(x)$ と $q(x)$ が何であるかを確認する。(2) 関数 $p(x)$ の原始関数の 1 つ $\int(-p(x))\,dx$ を計算し，随伴微分方程式の解 $e^{\int(-p(x))\ dx}$ を求めておく。このとき，$e^{\int p(x)\ dx}$，$e^{\int(-p(x))\ dx}$ をできるだけ簡単な形に変形しておく。(3) 関数 $e^{\int p(x)\ dx}q(x)$ の原始関数のひとつ $\int e^{\int p(x)\ dx}q(x)\ dx$ を求め，(4.37) に代入する。

具体的に与えられた 1 階線形差分方程式の解法についても学びの抽斗 4.2 で紹介した 1 階線形微分方程式の解法に準じて行うとよい。以下に，具体的な例を紹介しておく。

例 4.3　n を自然数とする。1 階線形差分方程式

$$\Delta f(x) + \left(\frac{n+1}{x+1}\right)f(x) = \frac{1}{x+1} \tag{4.38}$$

を解くために，まず，随伴する同次差分方程式

$$u(x+1) = \left(1 - \frac{n+1}{x+1}\right)u(x) = \left(\frac{x-n}{x+1}\right)u(x) \tag{4.39}$$

*8　たとえば，[197, Pages 49–53], [227, Pages 14–15] などを参照のこと。

の解の1つを求めると，(4.34), (4.16) より

$$u(x)=\frac{\Gamma(x-n)}{\Gamma(x+1)}=\frac{1}{x^{\underline{n+1}}}$$

したがって，

$$\begin{aligned}U(x)&=\mathsf{S}\left(\frac{1}{x+1}\frac{1}{u(x+1)}\right)=\mathsf{S}\left(\frac{(x+1)^{\underline{n+1}}}{x+1}\right)\\&=\mathsf{S}x^{\underline{n}}=\frac{x^{\underline{n+1}}}{n+1}\end{aligned}$$

である。(4.35) より，(4.38) の一般解は

$$f(x)=\frac{1}{x^{\underline{n+1}}}\left(\frac{x^{\underline{n+1}}}{n+1}+Q(x)\right)=\frac{1}{n+1}+\frac{Q(x)}{x^{\underline{n+1}}}$$

となる。

次の例を紹介する前に, 和分についての公式を1つ紹介する。公式 (2.11) より，

$$\mathsf{S}\left(-\frac{n}{(x+1)^{\underline{n+1}}}\right)=\frac{1}{x^{\underline{n}}},\quad n\geq 1$$

であるから，$n\geq 2$ なる自然数に対して

$$\mathsf{S}\left(\frac{1}{x^{\underline{n}}}\right)=\frac{-1}{n-1}\cdot\frac{1}{(x-1)^{\underline{n-1}}}\tag{4.40}$$

ちなみに，$n=1$ のときは，(4.23) からわかるように，$\dfrac{1}{x^{\underline{1}}}=\dfrac{1}{x}$ の和分は $\Psi(x)$ である。

例 4.4　$n\geq 2$ を自然数とする。1階線形差分方程式

$$\Delta f(x)-\left(\frac{n}{x-n+1}\right)f(x)=-n+1\tag{4.41}$$

について考える。まず，随伴する同次差分方程式

$$u(x+1)=\left(1+\frac{n}{x-n+1}\right)u(x)=\left(\frac{x+1}{x-n+1}\right)u(x)\tag{4.42}$$

の解のひとつを求める。(4.34), (4.16) より

$$u(x)=\frac{\Gamma(x+1)}{\Gamma(x-n+1)}=x^{\underline{n}}$$

となる。ゆえに，(4.40) を利用して

$$U(x) = \mathsf{S}\left(-\frac{n-1}{u(x+1)}\right) = \mathsf{S}\left(-\frac{n-1}{(x+1)^{\underline{n}}}\right) = \frac{1}{x^{\underline{n-1}}}$$

となる。したがって，(4.41) の一般解は

$$f(x) = x^{\underline{n}}\left(\frac{1}{x^{\underline{n-1}}} + Q(x)\right) = x - n + 1 + Q(x)x^{\underline{n}}$$

である。

学びの本箱 4.1

独立変数を連続変数とした未知関数についての差分方程式を取り扱った書籍として，Kohno [105]をあげておきたい。本のタイトルは，「Global analysis in linear differential equations」とあるが，微分方程式だけの内容ではなく，およそ半分は複素領域での差分方程式の内容である。基本的な差分演算，和分演算について丁寧にまとめられていて，微分方程式と比較しながら議論が展開されているので，微分方程式論，複素関数論を学んでいれば，学部学生から大学院生まで学習できる本である。本書の第 3 章で取り上げたポアンカレ–ペロンの定理などについても詳しい解説がなされている。

5 離散変数の数理モデル

石崎 克也

《目標＆ポイント》 離散変数関数（数列）を解に持つ差分方程式で記述される数理モデルを取り扱う。平衡値や安定性などを学習し，解の大域的性質を特徴づける方法を学ぶ。たとえば，種の単一モデルなどはその典型的なものである。種を取り巻く環境変数などを調節することで，安定した状況を作り出せることを学ぶ。また，人口の増加・減少を記述するモデルや，景気循環のモデルも紹介する。

《キーワード》 平衡値，安定性，人口モデル，繁殖モデル，景気循環モデル

5.1 漸近安定性

離散変数 n の k 階差分方程式が

$$f(n+k) = \Omega(f(n), f(n+1), \ldots, f(n+k-1)) \tag{5.1}$$

と与えられているとする。2.4 節で学んだ (2.22) を用いて，(5.1) は，差分作用素 Δ を用いて

$$\Delta^k f(n) = \tilde{\Omega}(f(n), \Delta f(n), \ldots, \Delta^{k-1} f(n))$$

とも表されるが，この章では，おもに (5.1) のシフトによる表現を採用することとし，係数は n に無関係な実数としておく。(5.1) の解は，初期条件 $f(0) = \alpha_0$, $f(1) = \alpha_1$, …, $f(k-1) = \alpha_{k-1}$ を与えれば離散変数の差分方程式の解として，帰納的に $f(n)$ を定めることができる。

方程式

$$\mu = \Omega(\mu, \mu, \ldots, \mu) \tag{5.2}$$

を満たす μ を，ここでは，(5.1) の平衡値と呼ぶ *1。一般に，μ はひとつとは限らないし，Ω の係数によっては，(5.2) の解は，実数の範囲で求

*1 変数 n が十分大きいところで状態が変化しない状況をイメージするとよい。ここでは，$f(n) = f(n+1) = \cdots = f(n+k)$ として平衡値を定義した。

められないこともある。いくつか，例を紹介しておく。

例 5.1　差分方程式

$$f(n+1) = \frac{f(n)-4}{1-f(n)} \tag{5.3}$$

の平衡値 μ は，(5.2) より

$$\mu = \frac{\mu-4}{1-\mu}$$

を解いて，$\mu=-2, \mu=2$ である。

学びの抽斗 5.1

線形非同次微分方程式

$$\frac{d^n y}{dx^n} + a_{n-1}(x)\frac{d^{n-1}y}{dx^{n-1}} + \cdots + a_1(x)\frac{dy}{dx} + a_0(x)y = F(x) \tag{5.4}$$

を取り扱う場合には，(5.4) の右辺で $F(x) \equiv 0$ とおいた随伴方程式とあわせて考察することが有効であった。実際，次の定理が成立する [*2]。

定理 5.1　線形非同次微分方程式 (5.4) が特殊解を持つとする。このとき，任意の (5.4) の解は，随伴方程式の基本解の 1 次結合と特殊解の和で表される。

線形非同次差分方程式も同じように取り扱うことが可能である。手順としては，非同次項を 0 とおいた随伴方程式の一般解を求めて，これにもとの方程式の特殊解を加えればよい。たとえば，2 階線形非同次差分方程式

$$f(n+2) - 4f(n+1) + 4f(n) = 2^{n+1}, \quad n = 1, 2, 3, \ldots \tag{5.5}$$

を考える。随伴方程式は，

$$f(n+2) - 4f(n+1) + 4f(n) = 0, \quad n = 1, 2, 3, \ldots \tag{5.6}$$

である。(5.6) の特性方程式は，$\lambda^2-4\lambda+4=(\lambda-2)^2=0$ であるから，解は $\lambda=2$（重複解）である。したがって，(5.6) の一般解は，$C_1 2^n + C_2 n 2^n$

*2　たとえば，[197]，[223]，[226] などを参照のこと。

である[*3]。ここで，C_1, C_2 は定数である[*4]。次に，(5.5) の特殊解を求める。一般解に含まれない (5.5) の 1 つが見つかれば特殊解になるのだが，一般に，特殊解を求める方法は様々ある。ここでは，未定係数法を採用する。求める特殊解を，p を非負の整数として $g_p(n) = An^p 2^n$ とおく。$p = 0, p = 1$ の場合は，一般解に含まれてしまうので，$p = 2$ から調べることにする。$g_2(n) = An^2 2^n$ を (5.5) に代入すると

$$A(n+2)^2 2^{n+2} - 4A(n+1)^2 2^{n+1} + 4An^2 2^n = 2^{n+1}$$

となる。これを解いて，$A = 1/4$ を得るから，特殊解として，$(1/4)n^2 2^n = n^2 2^{n-2}$ が見つかった。したがって，(5.5) の一般解は，$C_1 2^n + C_2 n 2^n + n^2 2^{n-2}$ と求まった。

例 5.2　線形非同次差分方程式

$$2f(n+2) + f(n+1) - f(n) = 6 \tag{5.7}$$

の平衡値 μ は，(5.2) より，$2\mu + \mu - \mu = 6$ となり，$\mu = 3$ である。ここでは，3.4 節で学習した特性方程式を利用して解を求めていく。実際，(5.7) の特性方程式は

$$2\lambda^2 + \lambda - 1 = 0$$

であり，特性方程式の解は，$\lambda_1 = 1/2, \lambda_2 = -1$ である。平衡値 $\mu = 3$ は，(5.7) の随伴方程式の特殊解でもあるから，(5.7) の一般解は，

$$f(n) = A\left(\frac{1}{2}\right)^n + B(-1)^n + 3 \tag{5.8}$$

である。初期条件 $f(1) = 1, f(2) = 2$ を与える。(5.8) の A, B が定数の場合を考えれば，連立方程式

*3　3.4 節を参照のこと。

*4　ここでは，実数体上での 1 次結合で表現した。

$$\begin{cases} A\left(\dfrac{1}{2}\right)+B(-1)+3=1 \\ A\left(\dfrac{1}{2}\right)^2+B(-1)^2+3=2 \end{cases}$$

を解いて，$A=-4$, $B=0$ である。したがって，初期条件 $f(1)=1$, $f(2)=2$ を持つ解は

$$f(n)=-\left(\frac{1}{2}\right)^{n-2}+3$$

である。n を大きくしたときの極限を考えると，$\lim_{n\to\infty} f(n)=3$ である。

初期条件 $f(1)=1$, $f(2)=3$ を与えれば，連立方程式

$$\begin{cases} A\left(\dfrac{1}{2}\right)+B(-1)+3=1 \\ A\left(\dfrac{1}{2}\right)^2+B(-1)^2+3=3 \end{cases}$$

を解いて，$A=-8/3$, $B=2/3$ である。したがって，初期条件 $f(1)=1$, $f(2)=3$ を持つ解は

$$f(n)=-\frac{1}{3}\left(\frac{1}{2}\right)^{n-3}+\frac{2}{3}(-1)^n+3$$

である。n を大きくするときの振る舞いを調べると，図 5.1 のように振動する。

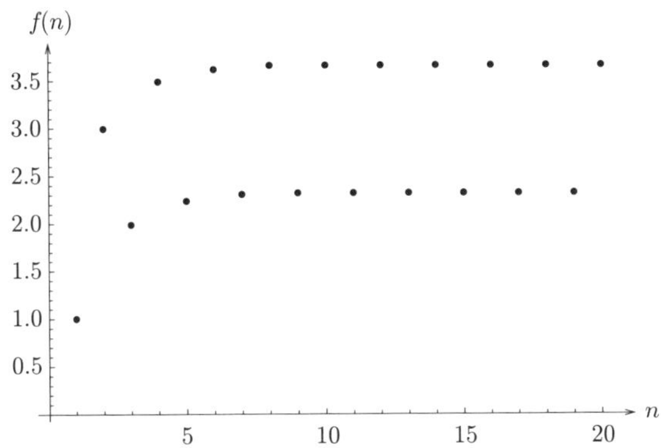

図 5.1　平衡値と初期条件

n を大きくするときの解の振る舞いは，初期条件を与えるごとに変わってくる。初期条件がある特定の範囲で，

$$\lim_{n\to\infty} f(n) = \mu \tag{5.9}$$

が成り立つとき，平衡値 μ は漸近安定といい，任意の初期条件に対して (5.9) が成り立つとき，大域的漸近安定という [*5]。

例 5.3　$a, b, c, 1+a+b \neq 0$ を定数として，線形非同次差分方程式

$$f(n+2) + af(n+1) + bf(n) = c \tag{5.10}$$

の平衡値の大域的漸近安定性を調べる。(5.10) の平衡値 μ は，$\mu + a\mu + b\mu = c$ より，$\mu = c/(1+a+b)$ である。(5.10) の随伴方程式の特性方程式は

$$\lambda^2 + a\lambda + b = 0 \tag{5.11}$$

であり，特性方程式 (5.11) の解は，

$$\lambda_1 = \frac{-a+\sqrt{a^2-4b}}{2},\ \lambda_2 = \frac{-a-\sqrt{a^2-4b}}{2}$$

である。μ が大域的漸近安定になる条件は，$|\lambda_j| < 1,\ j = 1,2$ である。$\lambda_j,\ j = 1,2$ が異なる実数ならば，

$$b < \frac{a^2}{4}, \quad b > -a-1, \quad b > a-1, \quad -2 < a < 2 \tag{5.12}$$

が同時に成り立つことであり，$\lambda_j,\ j = 1,2$ が共役な複素数ならば，$|\lambda_j| = \sqrt{b}$ なので

$$b > \frac{a^2}{4}, \quad b < 1 \tag{5.13}$$

が同時に成り立つことである。特性方程式 (5.11) が重複解 λ を持つ場合は，$\lambda = -\dfrac{a}{2}$ であるから

$$b = \frac{a^2}{4}, \quad -2 < a < 2 \tag{5.14}$$

となる。これらの (5.12), (5.13), (5.14) を可視化すると，次の図 5.2 のようになる。

---

*5　たとえば，[199, Pages 104–113]などを参照のこと。

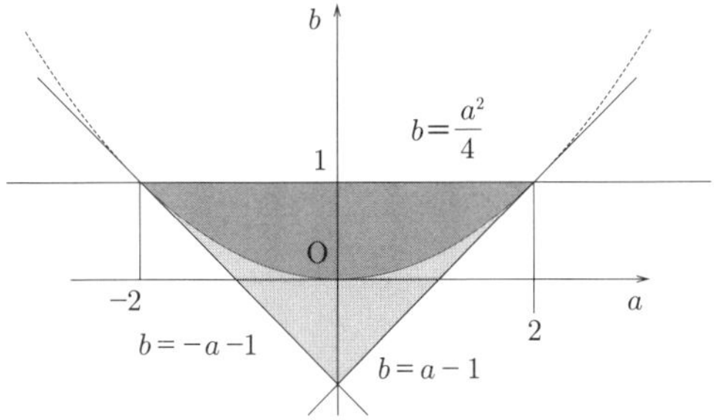

図 5.2　平衡値の漸近安定性

◇◇◇ 学びの広場 5.1 ◇◇◇

離散変数の 1 階差分方程式

$$f(n+1) = F(f(n)) \tag{5.15}$$

を考察する。ここで，$F(x)$ は微分可能な関数とする。このとき，次の定理が成り立つ

定理 5.2　μ が (5.15) の平衡値であるとき，$|F'(\mu)| < 1$ ならば，μ は漸近安定である。また，$|F'(\mu)| > 1$ ならば，μ は，漸近安定ではない *6。

差分方程式

$$f(n+1) = \frac{1}{4}(f(n)^2 + 3)f(n) \tag{5.16}$$

の平衡値は，$4\mu = \mu^3 + 3\mu$ を解いて，$\mu = -1, \mu = 0, \mu = 1$ である。$F(x) = (x^2+3)x/4$ とおけば，$F'(x) = 3(x^2+1)/4$ であるから，定理 5.2 より，漸近安定な平衡値は 0 のみである。

問題 5.1　離散差分方程式

$$f(n+1) = f(n)^2 + \frac{1}{6} \tag{5.17}$$

の平衡値を求め，安定性を判定せよ。

◇◇◇

*6　証明は[51]などを参照のこと。

5.2 グラフ解析

関数 $y=f(x)$ は，実数 $\mathbb{R}$ 上で定義された関数とする。実数 x_0 を 1 つ与える。$f(x_0)=x_1$, $f(x_1)=x_2$, ..., $f(x_{n-1})=x_n$ と定義する。このようにして定められる数列 $\{x_n\}=\{x_n\}_{n=0}^{\infty}$ を考察する。様々な可能性が思い浮かぶであろう。たとえば，n が大きくなれば x_n もどんどん大きくなっていく場合，n が大きくなると x_n はある実数に限りなく近づく場合などである。また，x_n はある値を周期的にとることも考えられる。関数 $f(x)$ の固定点とは，$f(x)=x$ を満たす実数である。もし，ある n_0 で x_{n_0} が $f(x)$ の固定点になることがあれば，すべての $n \geq n_0$ に対して，$x_n=x_{n_0}$ となる。よって，$\{x_n\}$ の振る舞いを調べるにあたり，$f(x)$ の固定点が重要な役割を果たすことはいうまでもない。

この節では，関数 $f(x)$ と初期値 x_0 によって決められる数列 $\{x_n\}$ の振る舞いを $y=f(x)$ のグラフを利用して調べる方法を紹介する。まず，$f(x)$ の固定点は xy 平面上に表された $y=f(x)$ のグラフと直線 $y=x$ の交点の x 座標として与えられる。図 5.3 のグラフの考察から，$y=x^2+1$ は 1 つの固定点も持たないし，図 5.4 のグラフの考察から，$y=x+\sin x$ は無限個の固定点を持つ。

もし，x_0 が $f(x)$ の固定点ならば，すべての n に対して，$x_n=x_0$ となってしまうので，この場合は除外しておく。すなわち，xy 平面上に

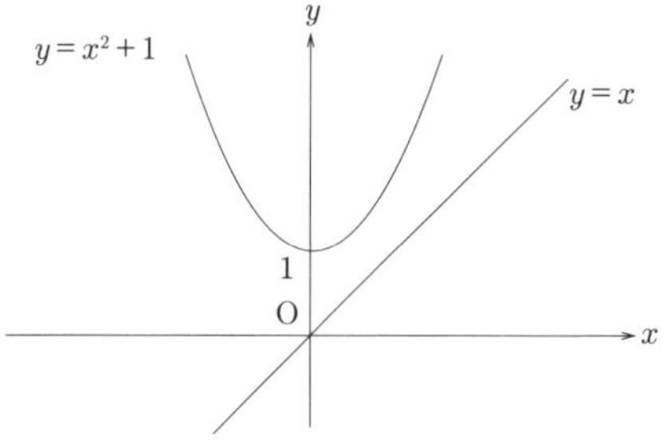

図 5.3　固定点 1

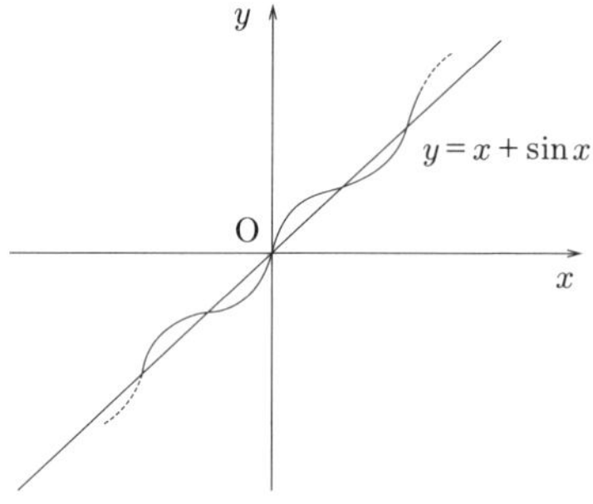

図 5.4　固定点 2

$y=f(x)$ のグラフと直線 $y=x$ のグラフにおいて $(x_0, f(x_0))$ は交点ではないとしておく。

図 5.5 にあるように $(x_0, f(x_0)) = (x_0, x_1)$ から水平線を引いていくと $y=x$ と出合う。この点は，$(f(x_0), f(x_0)) = (x_1, x_1)$ である。ここから垂直線を引いて，$y=f(x)$ と出合った点は $(x_1, f(x_1)) = (x_1, x_2)$ である。先ほどと同様に，水平線を引いて (x_2, x_2) へ至る。このようにして，$\{x_n\}$ を見つけることができる。

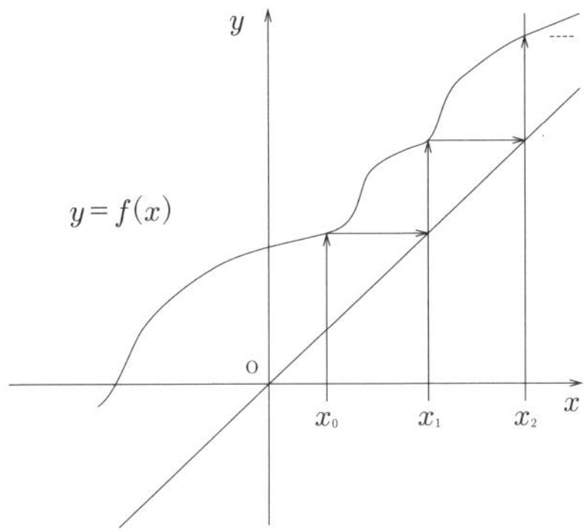

図 5.5　グラフ解析

たとえば，学びの広場 5.1 の (5.16) の例では，以下のようになる。

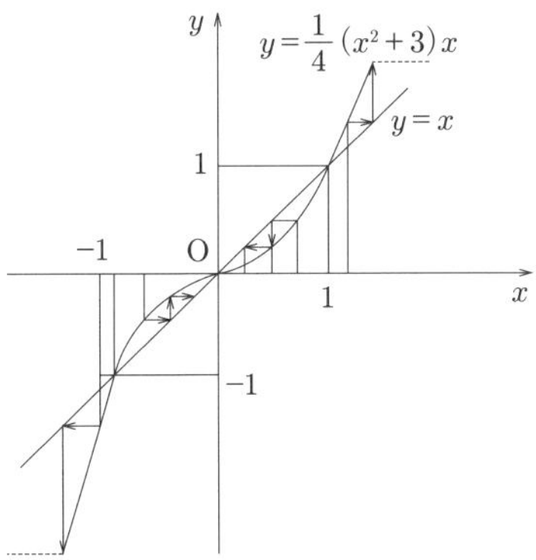

図 5.6　グラフ解析（例）

学びの抽斗 5.2

ニュートンの方法と呼ばれる関数 $f(x)$ の零点，すなわち $f(x)=0$ の解の近似方法を紹介する。ここでは，$f(x)$ は微分可能としておく。xy 平面上に表された $y=f(x)$ のグラフから，$f(x)=0$ の解の近くに点 x_0 をとる。このとき，$f'(x_0)=0$ とならないように注意する。xy 平面上の点 $(x_0, f(x_0))$ における接線を引いて，x 軸との交点の x 座標を x_1 とする。実際，接線の方程式は，$y=f'(x_0)(x-x_0)+f(x_0)$ なので，$x_1=x_0-f(x_0)/f'(x_0)$ である。次に，$(x_1, f(x_1))$ における接線を引いて，x_2 を x 軸との交点の x 座標で定める。以下，この操作を繰り返して $\{x_n\}$ を定義すれば，x_n は，$f(x)=0$ の解の 1 つに近づくことが期待される [*7]。

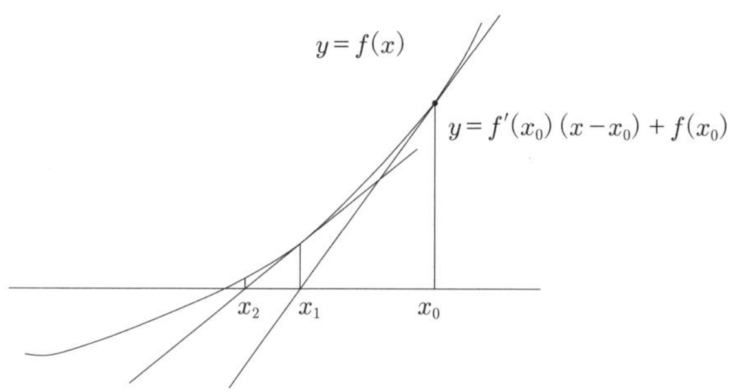

図 5.7　ニュートンの方法

5.3　人口モデル

ある世代の人口は，前の世代の人口に依存すると考える。このモデルでは，年または月を“期”として変数とするので，微分方程式よりも差分方程式を用いて人口の推移を表現した方が現実的である。ここでは，単一種モデル [*8] を学習する。第 n 期の人口を $N(n)$ として，人口の推移

*7　たとえば，[225, Pages 53–55] などを参照のこと。
*8　たとえば，[199], [210] などを参照のこと。

は，離散変数の差分方程式

$$N(n+1) = N(n)e^{r\left(1-\frac{N(n)}{K}\right)} \tag{5.18}$$

に従うことにする。ここで，$r > 0, K > 0$ は定数である。定数 K よりも $N(n)$ が大きくなると，右辺の指数部分は負になり，$N(n+1) < N(n)$ となるように制御されているモデルである。この定数 K は，環境収容力とも呼ばれている。差分方程式 (5.18) において，$f(n) = \dfrac{N(n)}{K}$ とし，さらに $F(x) = xe^{r(1-x)}$ とおけば，

$$f(n+1) = F(f(n)) = f(n)e^{r(1-f(n))} \tag{5.19}$$

と書き換えられる。(5.19) の平衡値は $\mu = 1$ である。さらに，$F'(x) = (1-rx)e^{r(1-x)}$ であり，$F'(\mu) = F'(1) = 1 - r$ なので，定理 5.2 より，$0 < r < 2$ であれば，漸近安定になる [*9]。図 5.8，図 5.9 はそれぞれ，$r = 4/5$, $r = 3/2$ の場合を表したグラフである。5.2 節で学んだグラフ解析を使って，平衡点の近くでの振る舞いを調べてみるとよい。

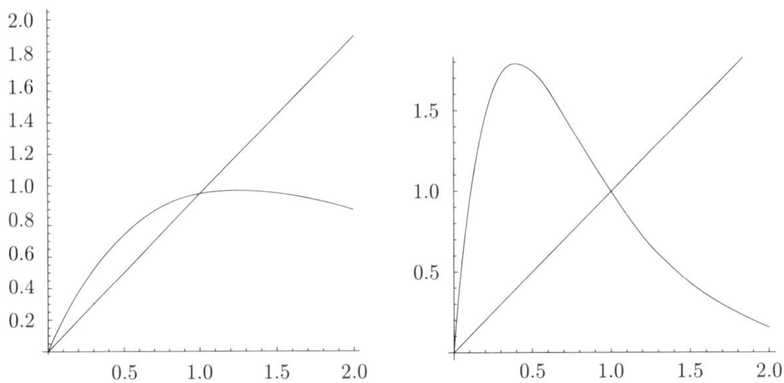

図 5.8　人口モデル $r = \frac{4}{5}$　　**図 5.9　人口モデル $r = \frac{3}{2}$**

*9　実際には，$r = 2$ の場合も漸近安定になるが，別途，評価が必要である。

5.4 繁殖モデル

この節では，2 階の離散変数の差分方程式（漸化式）の応用として，夏になると，花を咲かせ，種子をつけて繁殖をする植物のモデルを考える。モデル化をするために，いくつかの仮定と記号を準備する。この植物の名前をＰとする。植物Ｐは，4 月には発芽して，成長し花をつける。8 月に種子をなし，秋には枯れてしまう。種子は次の年に発芽するものと，その次の年に発芽するものがあるとする。ただし，すべての種子が冬を越せるとは限らない。

変数 n は年（世代）を表すものとし，$T(n)$ で第 n 年に存在する植物Ｐの個体数を表すものとする。植物Ｐの 1 つの個体が 8 月になす種子の個数を $\gamma \geq 1$ とすると，第 n 年で得られる種子の総数は $\gamma T(n)$ 個である。冬を越すことのできる種子の割合を $0 \leq \sigma \leq 1$ とすると，第 $n+1$ 年の 4 月以前の種子の個数で第 n 年につくられたものは，$\sigma\gamma T(n)$ 個である。ここで，冬を越した種子が 1 年で発芽する割合を $0 \leq \alpha \leq 1$，もう一年冬を越して発芽する割合を $0 \leq \beta \leq 1$ とする。$s_1(n)$, $s_2(n)$ をそれぞれ，第 n 年に発芽する 1 年冬を越した種子の数と，第 n 年に発芽する 2 年冬を越した種子の数とする。このとき，定義から

$$s_1(n+1) = \alpha\sigma\gamma T(n) \tag{5.20}$$

が導かれる。第 n 年につくられ，その冬を越し，第 $n+1$ 年で発芽しない種子の個数 $\tilde{s}_1(n+1)$ は，$(1-\alpha)\sigma\gamma T(n)$ である。この $\tilde{s}_1(n+1)$ が冬を越して，2 年目で発芽する個数 $s_2(n+2)$ は $\beta\sigma\tilde{s}_1(n+1)$ である。このことから，第 $n+1$ 年に発芽する 2 年冬を越した種子の個数 $s_2(n+1)$ は，第 $n-1$ 年度に花を咲かせた個体数 $T(n-1)$ を用いて表すと

$$s_2(n+1) = \beta\sigma(1-\alpha)\sigma\gamma T(n-1) = \beta(1-\alpha)\sigma^2\gamma T(n-1) \tag{5.21}$$

となる。

以上より，$T(n+1)$ は，$s_1(n+1)$ と $s_2(n+1)$ の和で表されるから，$T(n)$ についての 2 階の差分方程式

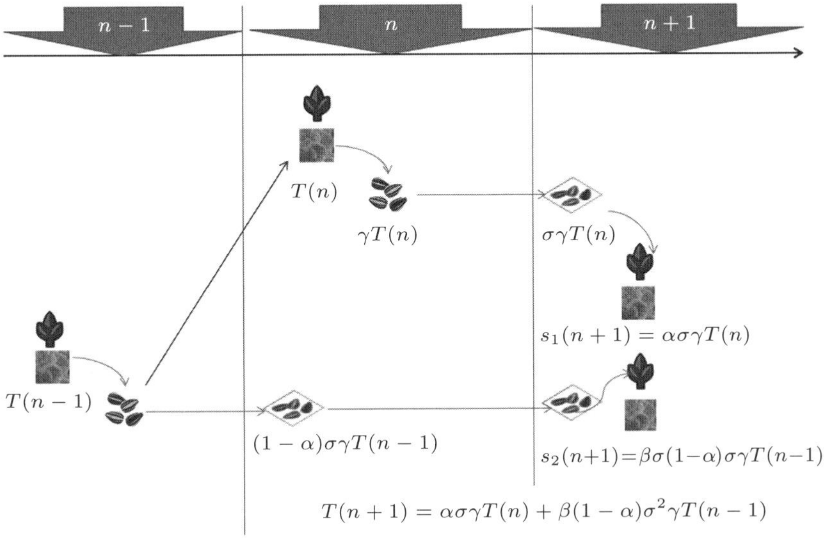

図 5.10　繁殖モデル 1

$$T(n+1) = \alpha\sigma\gamma T(n) + \beta(1-\alpha)\sigma^2\gamma T(n-1) \tag{5.22}$$

を得る。ここで注意しておきたいことには，年を越すことのできる割合 σ は，1 年目の種子に対しても，2 年目の種子に対しても同じであると仮定したことである。また，σ だけではなく，1 つの個体が生み出す種子の個数 γ，1 年目で発芽する割合 α，2 年目の種子が発芽する割合 β はそれぞれ年 n には依存しない定数であると仮定したことである。さらに，最も重い条件に，このモデルでは，2 年経って発芽しない種子は，永久に発芽しないと仮定したことがあげられる。この仮定が，差分方程式の階数を決定している。もし，3 年目以降でも発芽する可能性を考えていけば，差分方程式は 3 階以上の方程式になる。

繁殖モデル (5.22) は，定数係数 2 階同次差分方程式

$$T(n+1) - \alpha\sigma\gamma T(n) - \beta(1-\alpha)\sigma^2\gamma T(n-1) = 0, \quad n \geq 1 \tag{5.23}$$

と書き改められる。(5.23) の特性方程式は

$$\lambda^2 - \alpha\sigma\gamma\lambda - \beta(1-\alpha)\sigma^2\gamma = 0 \tag{5.24}$$

であるから，これを解いて

$$\lambda_1 = \frac{\alpha\sigma\gamma + \sigma\sqrt{\alpha^2\gamma^2 + 4\beta\gamma(1-\alpha)}}{2}$$
$$\lambda_2 = \frac{\alpha\sigma\gamma - \sigma\sqrt{\alpha^2\gamma^2 + 4\beta\gamma(1-\alpha)}}{2}$$

を得る。(5.24) の定数項がマイナスであるから，$\lambda_1 > 0$ かつ $\lambda_2 < 0$ である。

上記の環境の条件を満たす土地に，植物 P の苗 (発芽したもの) を K 本植えて，n 年後の個体数 $T(n)$ を求めることにする。第 3 章で学んだように，(5.23) の一般項は，A, B を定数として

$$T(n) = A\lambda_1^n + B\lambda_2^n \tag{5.25}$$

と表すことができる。苗を植えた年を 0 年とすると，仮定から

$$T(0) = A + B = K \tag{5.26}$$

であり，1 年目は，1 年冬を越した種子のみを考えればよいから

$$T(1) = A\lambda_1 + B\lambda_2 = \alpha\gamma\sigma K \tag{5.27}$$

となる。ここでは，A, B が定数の場合を考える。(5.26), (5.27) を連立させて (5.25) の A, B を求めることができる。具体的に，$K = 1$, $\alpha = 1/2$, $\beta = 1/4$, $\gamma = 10$ を与えて，越年の割合 σ を変えて考察をした。

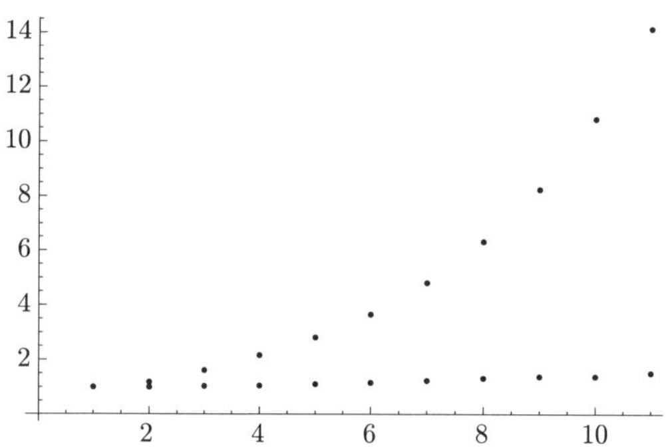

図 5.11　繁殖モデル 2

図 5.11 において，繁殖の激しい方は $\sigma = 1/4$ の場合であり，繁殖の緩やかな方は $\sigma = 1/5$ の場合である。図 5.11 から，冬の越し方しだいで，繁殖にかなりの差が生じることが読み取れる。

5.5　景気循環モデル

ある企業 A の第 n 期の収入を $Y(n)$ として，景気循環のモデルを考えることにする。ここで n は離散変数であり，本節では “期” という表現を用いるが，年または月をイメージしてもよい。収入 $Y(n)$ は，消費される分 $C(n)$，貯蓄される分 $D(n)$，投資に回される分 $I(n)$ に分けられると仮定する。すなわち

$$Y(n) = C(n) + D(n) + I(n) \tag{5.28}$$

とする。以下では企業 A での規則に基づいて仮定を設定していく。各期ごとに必ず決まった額を蓄える約束があり，$D > 0$ は定数とする。消費に使用できる分は，前期の収入に比例して決まるとして

$$C(n) = \alpha Y(n-1) \tag{5.29}$$

である。ここで定数 α は，$0 < \alpha < 1$ の範囲と設定した。

さて，どの程度，投資に回せるかが問題であるが，ここでは消費の増加分に関連して決まるとしておく。すなわち

$$I(n) = \beta(n)\Delta C(n-1) = \beta(n)(C(n) - C(n-1)) \tag{5.30}$$

である。このモデルでは，$\beta(n)$ が定数 $\beta > 0$ として各期のバランスがとれているという仮定のもとに考察をしていくことにする。上記の (5.28), (5.29), (5.30) より，

$$\begin{aligned}
Y(n+2) &= C(n+2) + I(n+2) + D \\
&= C(n+2) + \beta(C(n+2) - C(n+1)) + D \\
&= (1+\beta)C(n+2) - \beta C(n+1) + D \\
&= (1+\beta)\alpha Y(n+1) - \beta\alpha Y(n) + D
\end{aligned}$$

を得る．すなわち，$Y(n)$ は 2 階の非同次線形差分方程式

$$Y(n+2) - \alpha(1+\beta)Y(n+1) + \alpha\beta Y(n) = D \tag{5.31}$$

を満たす。

方程式 (5.31) の平衡値は，$\mu(1-\alpha(1+\beta)+\alpha\beta) = D$ より

$$\mu = \frac{D}{1-\alpha}$$

である。企業 A が収入の面で安定している条件を，ここでは平衡値 μ が大域的漸近安定であるとし，その条件を見つけたい。例 5.3 で求めた条件に $a = -\alpha(1+\beta)$, $b = \alpha\beta$ を代入すればよい。ただし，α, β の条件から，(5.12) の第 2，第 3 の不等式は成立する。(5.12) の第 1 式は

$$\alpha > \frac{4\beta}{(1+\beta)^2} \tag{5.32}$$

である。(5.13) の第 1 式は，(5.32) の不等号の向きを変えたものであるから，求める (β, α) を可視化すると，図 5.12 のようになる。

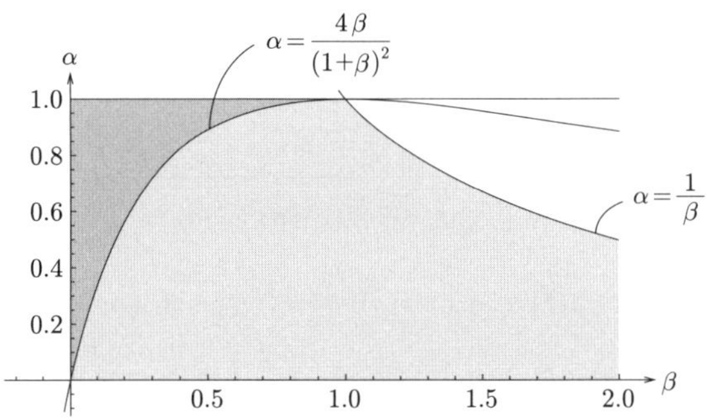

図 5.12　景気循環モデル

◆◆◆ 学びの本箱 5.1 ◆◆◆◆◆◆◆◆◆◆◆◆◆◆◆◆◆◆◆◆◆◆◆◆◆◆◆◆◆◆

離散変数の差分方程式についての書籍としてエライディ (Saber Elaydi) [51]を紹介したい。第 1 章に離散変数の差分方程式（漸化式）についての基本事項が要領よくまとめられている。平衡値，周期点，グラフ解析などがそれぞれ含まれている。線形差分方程式の解法や例題が多く与え

られていて，独学も可能である。発展的な内容に，安定性，振動，漸近挙動などの章がある。本書でも参考にした，様々な離散的な数理モデルも紹介されている。

6 連続変数の差分方程式

石崎 克也

《目標&ポイント》 微分方程式と差分方程式の関係を考察する。それぞれの方程式の性質を損なわないように，他方の方程式を導き出すことを問題意識におく。ゲージ変換を用いて，リッカチ方程式から差分リッカチ方程式を導き出す方法を紹介する。また，連続極限法を用いて，差分パンルヴェ方程式からパンルヴェ方程式を導く操作を学習する。

《キーワード》 微分方程式の差分化，ゲージ変換，リッカチ方程式，パンルヴェ方程式，ランダウの記号，除外集合，連続極限

6.1 微分方程式から差分方程式

差分方程式が与えられて，解の存在や性質を調べる研究は，現在では盛んに行われている。差分方程式中には，微分方程式の解にはない数学的な特徴を与えてくれるものもあり，さらなる発展が期待できる。しかしながら，出発点として研究対象の差分方程式を設定する際に，単に微分作用素 $\dfrac{d}{dx}$ を差分作用素やシフトに置き換えるだけでよいのであろうか。微分方程式の特色を失わないように，差分方程式を生み出すことが求められる。

6.1.1 ゲージ変換

ここでは，関数方程式のゲージ不変性について紹介し，この性質をもとに，微分方程式から差分方程式を導き出すことを考える。$f(x)$, $g(x)$ についての関数方程式

$$F(x, f(x), g(x)) = 0 \tag{6.1}$$

において，任意の関数 $h(x) \neq 0$ を $f(x)$, $g(x)$ にかけた関数が再び (6.1) を満たすとき，F は，ゲージ不変であるという。すなわち

$$F(x, h(x)f(x), h(x)g(x)) = 0 \tag{6.2}$$

が成り立つことである。(6.1) は，一般の関数方程式で，微分方程式や差分方程式も含んだ表現である。ここでは，$f(x)$ に $h(x)f(x)$ を，$g(x)$ に $h(x)g(x)$ を置き換える操作をゲージ変換と呼ぶことにする [*1]。

独立変数を x, 未知関数を w とする。k 階の微分方程式

$$\Omega(x, w, w', \ldots, w^{(k)}) = 0 \tag{6.3}$$

から始めることにする。

$$w(x) = \frac{f(x)}{g(x)} \tag{6.4}$$

として，$f(x)$ と $g(x)$ についての微分方程式

$$\tilde{\Omega}(x, f, g, f', g', \ldots, f^{(k)}, g^{(k)}) = 0 \tag{6.5}$$

に書き換える。一般に，微分方程式 (6.3) から作られる $f(x)$ と $g(x)$ についての微分方程式 (6.5) は，ゲージ不変な関数方程式になる。

6.1.2　リッカチ方程式

非線形微分方程式の代表的な方程式にリッカチ（Riccati [*2]）方程式がある。

$$w'(x) = a_2(x)w(x)^2 + a_1(x)w(x) + a_0(x) \tag{6.6}$$

ここで，$a_0(x)$, $a_1(x)$, $a_2(x) \neq 0$ は与えられた関数で，$w(x)$ が未知関数である。特徴的な点は，右辺が未知関数 $w(x)$ の 2 次式であることである。しかし，ある置き換えによって，2 階線形微分方程式に変換できる。また，ある条件のもとに 1 階線形微分方程式に帰着させることもできる。たとえば，数理モデルとしてしばしば登場するロジスティック方程式

$$w'(x) = \alpha w(x)(1 - \lambda w(x)) \tag{6.7}$$

は，リッカチ方程式の特別な場合である。ここで，α, λ は与えられた定数

*1　たとえば，[220]などを参照のこと。

*2　Jacopo Francesco Riccati，1676–1754，イタリア

である。(6.7) において，$w(x) = \dfrac{1}{u(x)}$ とおけば，$u(x)$ についての 1 階線形微分方程式

$$u'(x) = -\alpha(u(x) - \lambda) \tag{6.8}$$

に変換できる。

この節では，リッカチ方程式からゲージ不変な差分方程式を導くことを問題意識とする。まず，(6.6) を取り扱いやすい形に変換する。

$$w(x) = \frac{1}{a_2(x)}u(x) - \frac{a_1(x)}{2a_2(x)} - \frac{a_2'(x)}{2a_2(x)^2} \tag{6.9}$$

とおくと，(6.6) は

$$u'(x) = u(x)^2 + A(x) \tag{6.10}$$

となる。ここで，

$$\begin{aligned} A(x) = a_0(x)a_2(x) - \frac{a_1(x)^2}{4} + \frac{a_1'(x)}{2} \\ - \frac{3}{4}\left(\frac{a_2'(x)}{a_2(x)}\right)^2 - \frac{a_1(x)a_2'(x)}{2a_2(x)} + \frac{a_2''(x)}{2a_2(x)} \end{aligned}$$

である。(6.10) において，$u(x) = \dfrac{f(x)}{g(x)}$ とおくと

$$f'(x)g(x) - f(x)g'(x) = f(x)^2 + A(x)g(x)^2 \tag{6.11}$$

と表せる。6.1.1 で述べたように，(6.11) はゲージ不変である。実際，(6.11) において $h(x) \not\equiv 0$ とし，$f(x)$ を $f(x)h(x)$ に，$g(x)$ を $g(x)h(x)$ に置き換えると，左辺は

$$\begin{aligned} (f(x)h(x))'g(x)h(x) - f(x)h(x)(h(x)g(x))' \\ = (f'(x)g(x) - f(x)g'(x))h(x)^2 \end{aligned}$$

であり，右辺は $(f(x)^2 + A(x)g(x)^2)h(x)^2$ となることから，$h(x)^2$ で両辺を割ることで，ゲージ不変であることが確かめられる。

微分方程式 (6.11) において，微分作用素 $' = \dfrac{d}{dx}$ を差分作用素 Δ に置き換えた差分方程式

$$(\Delta f(x))g(x) - f(x)\Delta g(x) = f(x)^2 + A(x)g(x)^2 \tag{6.12}$$

を考える。(6.12) においてゲージ変換を行うと，積の差分公式 (2.23) を適用して，

$$\begin{aligned}&((\Delta f(x))(\Delta h(x)) + (\Delta f(x))h(x) + f(x)\Delta h(x))\, h(x)g(x)\\&\quad - h(x)f(x)((\Delta g(x))(\Delta h(x)) + (\Delta g(x))h(x) + g(x)\Delta h(x))\\&= (h(x)f(x))^2 + A(x)(h(x)g(x))^2\end{aligned}$$

さらに，$h(x) + \Delta h(x) = h(x+1)$ を用いれば，

$$\begin{aligned}&((\Delta f(x))g(x) - f(x)\Delta g(x))h(x)h(x+1)\\&\qquad = (f(x)^2 + A(x)g(x)^2)h(x)^2\end{aligned} \tag{6.13}$$

となる。(6.13) の左辺において，$h(x+1)$ のところが，$h(x)$ であれば，(6.12) はゲージ不変になるが，このままではゲージ不変ではない。このことは，微分作用素 $' = \dfrac{d}{dx}$ を差分作用 Δ に置き換えて得られる差分方程式は必ずしもゲージ不変になるとは限らないことを示している。第 2 章で学んだように，差分演算において，差分演算子 Δ を用いた表現とシフトによる表現とは，本質的には違いはない。しかし，微分演算との類似性を考えるときには，これらの表現を使い分けることも有用であることも学んできた。

$$(\Delta f(x))g(x) - f(x)\Delta g(x) = f(x+1)g(x) - f(x)g(x+1)$$

に注意して，(6.13) を書き改めれば，

$$\begin{aligned}&(f(x+1)g(x) - f(x)g(x+1))h(x)h(x+1)\\&\qquad = (f(x)^2 + A(x)g(x)^2)h(x)^2\end{aligned} \tag{6.14}$$

である。(6.14) の右辺が $h(x)h(x+1)$ を持つように，(6.12) を

$$\begin{aligned}&f(x+1)g(x) - f(x)g(x+1)\\&\qquad = f(x)f(x+1) + A(x)g(x)g(x+1)\end{aligned} \tag{6.15}$$

に入れ替えれば，(6.15) はゲージ不変になる。ゲージ不変となる (6.11) に対応する差分方程式は (6.15) だけとは限らない。実際，(6.15) の右辺の各項を定数倍したものは，すべてゲージ不変となる。

ここでは, (6.15) をさらに考察する。(6.15) の両辺を $g(x)g(x+1)$ で割って, $v(x) = f(x)/g(x)$ とおけば, $v(x+1) - v(x) = v(x+1)v(x) + A(x)$ となる。すなわち

$$v(x+1) = \frac{v(x) + A(x)}{1 - v(x)} \tag{6.16}$$

を得る。(6.16) は，Δ を用いれば

$$\Delta(v(x)) = \frac{v(x)^2 + A(x)}{1 - v(x)} \tag{6.17}$$

と表される。(6.17) または (6.16) を，差分リッカチ方程式と呼ぶことにする。

ゲージ不変性の応用として，(6.11) から得られるいくつかの微分方程式を紹介しておく。まず，(6.11) の両辺を $f(x)g(x)$ で割ると

$$\frac{f'(x)}{f(x)} - A(x)\frac{g(x)}{f(x)} = \frac{f(x)}{g(x)} + \frac{g'(x)}{g(x)}$$

となるから，この式の両辺を $b(x)$ とおいて，連立微分方程式を作ると

$$\begin{cases} f'(x) - A(x)g(x) = b(x)f(x) \\ g'(x) + f(x) = b(x)g(x) \end{cases} \tag{6.18}$$

$b(x)$ の原始関数の 1 つを $B(x)$ として，$h(x) = e^{B(x)}$ を用いて，ゲージ変換を行うと，(6.18) は,

$$\begin{cases} f'(x) - A(x)g(x) = 0 \\ g'(x) + f(x) = 0 \end{cases} \tag{6.19}$$

となる。(6.19) の 2 つの式から $f(x)$ を消去することで，$g(x)$ は，2 階線形同次微分方程式

$$y'' + A(x)y = 0 \tag{6.20}$$

を満たすことがわかる。また，(6.20) の非自明解 $y(x)$ に対して，$u(x) = -y'(x)/y(x)$ がリッカチ方程式 (6.10) を満たすことがわかる。

リッカチ方程式 (6.10) と差分リッカチ方程式 (6.16) の類似性については第 11 章において詳しく学習する。

学びの扉 6.1

以下にあげる 6 つの微分方程式はパンルヴェ（Painevé [*3]）方程式といわれている。

$$w'' = 6w^2 + z \tag{6.21}$$

$$w'' = 2w^3 + zw + \alpha \tag{6.22}$$

$$w'' = \frac{(w')^2}{w} - \frac{w'}{z} + \frac{1}{z}(\alpha w^2 + \beta) + \gamma w^3 + \frac{\delta}{w} \tag{6.23}$$

$$w'' = \frac{(w')^2}{2w} + \frac{3}{2}w^3 + 4zw^2 + 2(z^2 - \alpha)w + \frac{\beta}{w} \tag{6.24}$$

$$\begin{aligned} w'' = &\left(\frac{1}{2w} + \frac{1}{w-1}\right)(w')^2 - \frac{w'}{z} \\ &+ \frac{(w-1)^2}{z^2}\left(\alpha w + \frac{\beta}{w}\right) + \frac{\gamma w}{z} + \frac{\delta w(w+1)}{w-1} \end{aligned} \tag{6.25}$$

$$\begin{aligned} w'' = &\frac{1}{2}\left(\frac{1}{w} + \frac{1}{w-1} + \frac{1}{w-z}\right)(w')^2 \\ &- \left(\frac{1}{z} + \frac{1}{z-1} + \frac{1}{w-z}\right)w' \\ &+ \frac{w(w-1)(w-z)}{z^2(z-1)^2}\left(\alpha + \frac{\beta z}{w^2} + \frac{\gamma(z-1)}{(w-1)^2} + \frac{\delta z(z-1)}{(w-z)^2}\right) \end{aligned} \tag{6.26}$$

ここで，$\alpha, \beta, \gamma, \delta$ は定数である。複素変数の関数は，第 7 章以降で説明するが，ここでは，発展的な内容として紹介しておく [*4]。複素平面上で，解の動く特異点が極のみであるという性質（パンルヴェ性）を満たす代数的微分方程式はどのような形であろうか，という問題を設定する。$R(z, X, Y)$ を z の解析関数を係数とする X, Y の有理関数として

*3　Paul Painlevé 1863–1933，フランス
*4　興味のある読者は，[200]，[64]，[209] などを参照のこと。

$$w'' = R(z, w, w') \tag{6.27}$$

を考える。(6.27) がパンルヴェ性を持つときは，上記の (6.21) から (6.26) までの 6 つの方程式に帰着される。ここでは，(6.27) が，線形方程式，リッカチ方程式，楕円関数の満たす方程式，求積可能な方程式に帰着される場合は除いてある。パンルヴェ方程式は，数学，数理物理学などで，広く研究されている。

6.2 差分方程式から微分方程式

この節では，6.2.1 および 6.2.2 において，関数の増大度や漸近的振る舞いを調べるときに有用なランダウの記号や除外集合について学習する。6.2.3 では，連続極限法を用いて，ある種の差分方程式は，パンルヴェ方程式と深い関係があることを紹介する。ここでの目標は，1 つの数学的なアイデアを紹介するにとどめる [*5]。

6.2.1 ランダウの記号

点 a の近くで定義された 2 つの正値実数値関数，$\varphi(x)$, $\psi(x)$ に対して，記号 $\varphi(x) \sim \psi(x)$ は，$\varphi(x)/\psi(x) \to 1,\ x \to a$ を意味し，記号 $\varphi(x) = o(\psi(x))$ は $\varphi(x)/\psi(x) \to 0,\ x \to a$ を意味する。また，正の数 K があって，$\varphi(x)/\psi(x) \leqq K,\ x \to a$ のとき $\varphi(x) = O(\psi(x))$ と書く。$o(\cdot)$, $O(\cdot)$ はランダウ（Landau [*6]）の記号と呼ばれている。$\varphi(x)$, $\psi(x)$ が $x \geqq x_0$ で定義されていれば，$x \to a$ のところを $x \to \infty$ とすることも可能である [*7]。

たとえば，$f(x)$ が a の近くで，何回も微分可能であるとすると，$f(x)$ はテイラー展開可能で，

---

*5　たとえば，[155], [156], [64] などを参照のこと。

*6　Edmund Georg Hermann Landau, 1877–1938，ドイツ

*7　本書では，$\varphi(x) = O(\psi(x))$ かつ $\psi(x) = O(\varphi(x))$ のとき，$\varphi(x) \sim \psi(x)$ と表すこともある。

$$f(x) = f(a) + f'(a)(x-a) + \frac{f''(a)}{2!}(x-a)^2 + \cdots + \frac{f^{(n)}(a)}{n!}(x-a)^n + \cdots \quad (6.28)$$

と表される。$k > j$ ならば，$x \to a$ とすると，$(x-a)^k$ は $(x-a)^j$ よりも速く 0 に収束するので，$\varphi(x) = O((x-a)^k)$ ならば $\varphi(x) = O((x-a)^j)$ である。そこで，ランダウの記号を用いて，(6.28) は，任意の n に対して

$$f(x) = f(a) + f'(a)(x-a) + \frac{f''(a)}{2!}(x-a)^2 + \cdots + \frac{f^{(n-1)}(a)}{(n-1)!}(x-a)^{n-1} + O((x-a)^n), \quad x \to a$$

と表すこともできる。

学びの抽斗 6.1

点 a の近くで微分可能な 2 つの関数 $f(x)$，$g(x)$ が，$\lim_{x\to a} f(x) = 0$，$\lim_{x\to a} g(x) = 0$ を満たすとする。このとき，$\lim_{x\to a} f(x)/g(x)$ は一般には 0/0 の不定形である。ロピタル（l′Hospital [*8]）の定理によれば，極限

$$\lim_{x\to a} \frac{f'(x)}{g'(x)}$$

が存在すれば，$\lim_{x\to a} f(x)/g(x)$ も存在して，2 つの極限値は一致する。この定理では，$x \to a$ を $x \to \infty$ に置き換えることもできるし，∞/∞ の不定形においても適用可能である。

たとえば，3 つの関数 $f_1(x) = e^x$, $f_2(x) = x^n$, $f_3(x) = \log x$ を考える。ここで，$n \in \mathbb{N}$ である。明らかに，$\lim_{x\to\infty} f_j(x) = \infty$, $j = 1, 2, 3$ である。ロピタルの定理を用いて，$\lim_{x\to\infty} f_2(x)/f_1(x) = 0$，$\lim_{x\to\infty} f_3(x)/f_1(x) = 0$ である。ランダウの記号を用いると，$f_2(x) = o(f_1(x))$, $f_3(x) = o(f_1(x))$, $x \to \infty$ と評価できる。ここでのランダウの記号は増大度を評価している記号であるから，$f_2(x) + f_3(x) = 2o(f_1(x))$ とは通常は表さず，$f_2(x) + f_3(x) = o(f_1(x))$ と表記するのである。これは，

---

*8　Guillaume de l′Hospital, 1661–1704, フランス

$$\lim_{x\to\infty}\frac{x^n+\log x}{e^x}=0$$

からも理解できるであろう *9。

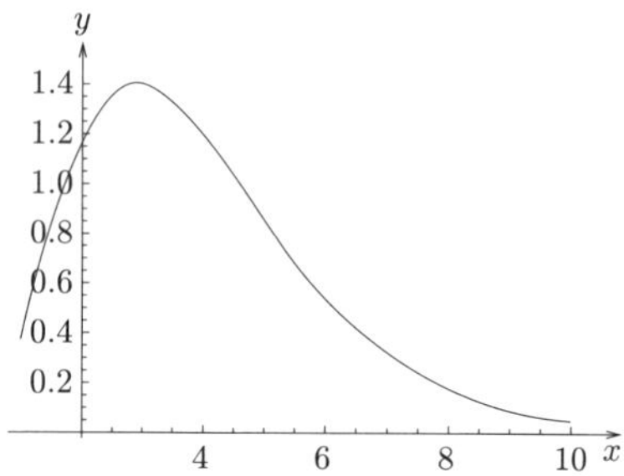

図 6.1 $y=\dfrac{x^n+\log x}{e^x}$ **のグラフ**

6.2.2 除外集合

前項で学んだランダウの記号 $\varphi(x)=o(\psi(x)),\ x\to\infty$ は，定義から，どのように x を大きくしても $\varphi(x)/\psi(x)$ が 0 に近づくことを意味していた。設定された問題によっては，$[x_0,\infty)$ のすべての x ではなく，ある集合 $E\subset[x_0,\infty)$ を除いて x を大きくしたときに $\varphi(x)/\psi(x)$ が 0 に近づくことを示すことを目標にすることがある。以下では，$[x_0,\infty)\setminus E$ に含まれる x に関して $\varphi(x)/\psi(x)$ を考察する際の手法を紹介する。このような集合を，除外集合，または除外区間という。たとえば 8.3 節では，除外集合として，線形測度 $\displaystyle\int_E dr$ や対数測度 $\displaystyle\int_E \frac{1}{r}\,dr$ が有限な集合がおもに登場する。簡単な例を紹介しておく。集合 E が区間 $[a,b]$ であるとする。このとき，線形測度は，$|b-a|$ であり，対数測度は，$\log b-\log a=\log(b/a)$ となる。

解析的な考察をするうえで，できれば除外集合はないか，または取り除けることが望ましい。たとえば，十分大きな X_0 が見つかって，区間 $[X_0,\infty)$

*9　図 6.1 は $n=3$ の場合で描いている。

には除外集合がないことが示されればありがたい。この問題意識に沿った補題を以下に紹介する。ここで登場する $\varphi(x)$, $\psi(x)$ は, $\mathbb{R}^+ = (0, \infty)$ で定義された正値単調増加関数としておく [*10]。

補題 6.1　集合 E を線形測度有限な $\mathbb{R}^+$ の部分集合とする。集合 $\mathbb{R}^+ \setminus E$ 上で $\varphi(x) \le \psi(x)$ であれば, 任意の $\alpha > 1$ に対して, ある $X_0 \in \mathbb{R}^+$ があって, $\varphi(x) \le \psi(\alpha x)$, $x \in [X_0, \infty)$ とできる。

補題 6.2　集合 E を対数測度有限な $\mathbb{R}^+$ の部分集合とする。集合 $\mathbb{R}^+ \setminus E$ 上で $\varphi(x) \le \psi(x)$ であれば, 任意の $\alpha > 1$ に対して, ある $X_0 \in \mathbb{R}^+$ があって, $\varphi(x) \le \psi(x^\alpha)$, $x \in [X_0, \infty)$ とできる。

除外集合の外での評価が等式で得られている場合には, 次の補題が有効である [*11]。

補題 6.3　集合 $E \subset \mathbb{R}^+$ 上で $\varphi(x)$ が単調増加であるとし, ある定数 $C > 0$, $\alpha > 0$ に対して, E の外で

$$\varphi(x) = Cx^\alpha(1 + o(1)), \quad x \to \infty \tag{6.29}$$

が成り立つとする。このとき, 集合 E の対数測度が有限であれば, (6.29) は, すべての x に対して成り立つ。

学びの抽斗 6.2

区間 $\mathbb{R}^+ = (0, \infty)$ で与えられた正値単調増加関数 $T(x)$ に対して, $T(x)$ の位数 $\rho(T)$ を

$$\rho(T) = \limsup_{x \to \infty} \frac{\log T(x)}{\log x} \tag{6.30}$$

と定義する [*12]。2 つの関数 $\varphi(x)$, $\psi(x)$ が集合 $\mathbb{R}^+ \setminus E$ 上で $\varphi(x) \le \psi(x)$ であるとき, $\rho(\varphi) \le \rho(\psi)$ といえるであろうか。位数の定義式 (6.30) が

---

*10　たとえば, [108, Pages 1–2] などを参照のこと。
*11　たとえば, [67], [80] などを参照のこと。
*12　たとえば, [130, Pages 214–215] などを参照のこと。

lim sup [*13] で与えられているので，除外集合 E をうまく取り扱わないと結果は得られなそうである。ここでは，除外集合 E が線形測度有限と仮定する。このとき，$\alpha > 1$ として補題 6.1 を利用すると

$$\begin{aligned}\rho(\varphi) &= \limsup_{x\to\infty} \frac{\log\varphi(x)}{\log x} \leq \limsup_{x\to\infty} \frac{\log\psi(\alpha x)}{\log x} \\ &= \limsup_{x\to\infty} \frac{\log\psi(\alpha x)}{\log\alpha x - \log\alpha} = \limsup_{\alpha x\to\infty} \frac{\log\psi(\alpha x)}{\left(1 - \frac{\log\alpha}{\log\alpha x}\right)\log\alpha x} = \rho(\psi)\end{aligned}$$

と評価できる。定義式 (6.30) は，第 8 章において整関数や有理形関数の増大の位数を定義するときに用いられる。

与えられた $\mathbb{R}^+$ の部分集合の条件によっては，線形測度や対数測度を評価することは必ずしも容易ではない。次に紹介する定理は，ボレル (Borel [*14]) [39]によって得られた結果である。

定理 6.1 区間 $\mathbb{R}^+ = (0, \infty)$ で与えられた，任意の連続で単調増加関数 $T(x)$ (> 1) に対して，ある除外集合 E の外で

$$T\left(x + \frac{1}{T(x)}\right) < 2T(x)$$

が成り立つ。ここで，E の線形測度は上から 2 で評価することができる [*15]。

6.2.3 連続極限

離散的関数方程式が連続変数で解析的な解を持つかどうかを問題意識とするときに，まずは候補となる関数方程式を必要条件から絞っていく作業が求められる。これらの，探査法には，目的や関数方程式にあわせていくつかの方法が知られている [*16]。ここでは，そのなかから，差分方

---

*13 1.4.1 を参照のこと。

*14 Félix Édouard Justin Émile Borel, 1871–1956, フランス

*15 たとえば，[76, Pages 38–39]，[97, Pages 67–68]などを参照のこと。

*16 たとえば，[1]，[63]，[68]，[71]などを参照のこと。

程式から微分方程式を関連づける，連続極限法を紹介することにする。k を自然数として差分方程式

$$\Omega_0(x, f(x), f(x+1), \ldots, f(x+k)) = 0 \tag{6.31}$$

から始める。ε を独立変数には無関係な数として，2 つの関係式

$$\mu(x, t, \varepsilon) = 0, \quad \nu(f(x), u(t, \varepsilon), \varepsilon) = 0 \tag{6.32}$$

を考える。まず，(6.32) を用いて，(6.31) を書き換える

$$\Omega_1(t, u(t, \varepsilon), u(t+\varepsilon, \varepsilon), \ldots, u(t+k\varepsilon, \varepsilon)) = 0 \tag{6.33}$$

ここで，(6.33) の Ω_1 の係数には，ある条件を設定する。次に，(6.33) において，$\varepsilon \to 0$ として，微分方程式

$$\Omega_2(t, u(t, 0), u'(t, 0), \ldots, u^{(k)}(t, 0)) = 0 \tag{6.34}$$

を導く。この操作は，Ω_1 の係数に加える条件により異なる結果を生み出す形式的な作業である [*17]。

例 6.1　2 階の差分方程式

$$f(x+1) + f(x-1) = \frac{(\alpha x + \beta) f(x) + \gamma}{1 - f(x)^2} \tag{6.35}$$

を考える。この方程式に連続極限法を用いることで，パンルヴェ方程式の (6.22) を導き出す方法を紹介する。まず，

$$t = \varepsilon x, \quad f(x) = \varepsilon u(t) \tag{6.36}$$

とおく。(6.36) より，$f(x) = \varepsilon u(\varepsilon x)$ であるから，

$$f(x+1) = \varepsilon u(\varepsilon(x+1)) = \varepsilon u(t+\varepsilon) \tag{6.37}$$

---

*17　離散的関数方程式の解析的な解を持つ可能性を見いだす方法として有意ではあるが，Ω_1 の係数に設定する条件によっては数学的な厳密さを欠く面もある。方程式によっては，係数に設定する条件を分類する試み [89], [90] も行われている。

となる。$u(t+\varepsilon)$ を ε の関数とみて，$\varepsilon=0$ の近くでテイラー展開をすると，

$$u(t+\varepsilon)=u(t)+u'(t)\varepsilon+\frac{1}{2!}u''(t)\varepsilon^2+O(\varepsilon^3) \tag{6.38}$$

であり，同様に $f(x-1)$ についても

$$u(t-\varepsilon)=u(t)-u'(t)\varepsilon+\frac{1}{2!}u''(t)\varepsilon^2+O(\varepsilon^3) \tag{6.39}$$

を得る。この節で使用するランダウの記号 $O(\varepsilon)$, $O(\varepsilon^3)$ などは，$\varepsilon\to 0$ のときの評価である。(6.38), (6.39) を用いれば，(6.35) の左辺は

$$f(x+1)+f(x-1)=2\varepsilon u(t)+u''(t)\varepsilon^3+O(\varepsilon^4) \tag{6.40}$$

と表せる。次に，

$$\alpha=\varepsilon^3,\quad \beta=2,\quad \gamma=a\varepsilon^3 \tag{6.41}$$

とおけば，(6.35) の右辺は

$$\frac{(\alpha x+\beta)f(x)+\gamma}{1-f(x)^2}=\frac{(\varepsilon^2 t+2)\varepsilon u(t)+a\varepsilon^3}{1-\varepsilon^2 u(t)^2} \tag{6.42}$$

(6.35) に (6.40), (6.42) を代入して整理すれば

$$u''(t)=2u(t)^3+tu(t)+a+O(\varepsilon)$$

を得る。(6.1) で $\varepsilon\to 0$ とすれば，(6.22) に到達する。

◇◇◇ 学びの広場 6.1 ◇◇◇

2 階の差分方程式

$$f(x+1)+f(x-1)=\alpha'+\frac{\beta' x+\gamma'}{f(x)}-f(x) \tag{6.43}$$

において，

$$t=\varepsilon x,\quad f(x)=-\frac{1}{2}+\varepsilon^2 u(t) \tag{6.44}$$

とおく。例 6.1 と同様に，$t=\varepsilon x$ であるから，(6.38), (6.39) を得る。ここでも，使用するランダウの記号は，$\varepsilon\to 0$ のときの評価である。(6.43) の左辺は

$$f(x+1)+f(x-1) = -1+\varepsilon^2(2u(t)+u''(t)\varepsilon^2+O(\varepsilon^3)) \tag{6.45}$$

と表せる。次に，

$$\alpha' = -3, \quad \beta' = -\frac{\varepsilon^5}{2}, \quad \gamma' = -\frac{3}{4} \tag{6.46}$$

とおけば，(6.43) の右辺については

$$\alpha' + \frac{\beta' x + \gamma'}{f(x)} - f(x) = \frac{2\varepsilon^4 u(t)^2 + 4\varepsilon^2 u(t) + \varepsilon^4 t - 1}{1-2\varepsilon^2 u(t)} \tag{6.47}$$

を得る。

問題 6.1　差分方程式 (6.43) に (6.45), (6.47) を代入して整理をし，$\varepsilon \to 0$ としたとき導かれる $u(t)$ についての方程式は，(6.21) から (6.26) までのどの方程式かを調べよ。

学びの扉 6.2

関数方程式に微分演算と差分演算 *18 を含んだ方程式に対して，連続極限法を適用した[143]にある例を紹介しておく。著者達は (6.32) に加え，関数方程式を含む条件を課している。関数 $f(x)$ に対して $\Xi(f(x))$ は，$f(x)$ に，ある演算を作用させたものとする。たとえば，差分を含んだ演算をさせたもので，$\Xi_0(f(x)) = f(x+1) - f(x-1)$ などでもよい。関数方程式

$$af(x) - cf'(x) = f(x)\Xi(f(x)) \tag{6.48}$$

を考える。ここで，$a \neq 0, c \neq 0$ は定数である。上式 (6.48) の $\Xi(f(x))$ のところに $\Xi_0(f)$ を採用すれば，(6.48) は微分–差分方程式になる。m を自然数として，(6.48) に以下の条件

$$f(x) = 1+\varepsilon^2 u(x), \quad \Xi(f(x)) = 2\varepsilon^2 \sum_{k=0}^{m} \frac{\varepsilon^{2k+1} u^{(2k+1)}}{(2k+1)!}$$

$$a = \varepsilon^5 A, \quad c = -2\varepsilon$$

*18　微分–差分方程式と呼ばれている。ちなみに，パンタグラフ方程式 $f'(z) + f(qz) = \beta f(z)$ は，微分–q–差分方程式と呼ばれている。

による変換を試みると，

$$\varepsilon^5 A(1+\varepsilon^2 u(x)) = 2\varepsilon^5 u'(x)u(x) + \frac{\varepsilon^5}{3}u'''(x) + O(\varepsilon^7) \tag{6.49}$$

となる。(6.49) の両辺を ε^5 で割って，ε を 0 に近づけることで，

$$A = 2u'(x)u(x) + \frac{1}{3}u'''(x)$$

を得る。さらに，両辺を積分して，

$$u''(x) = -3u(x)^2 + 3Ax + 3C \tag{6.50}$$

に到達する。ここで，積分定数を C としている。(6.50) において，$\xi = \alpha x$, $y(\xi) = u(x)$, $\alpha = i/\sqrt{2}$, $A = -\sqrt{2}\,i/3$, $C = 0$ とすると，$y(\xi)$ はパンルヴェ方程式の (6.21) を満たすことがわかる。

◆◆◆ 学びの本箱 6.1 ◆◆◆

2 階の非線形微分方程式の代表的存在であるパンルヴェ方程式を取り扱った書籍として Gromak, Laine, Shimomura [64]をあげておく。パンルヴェ方程式の専門書は，この本以前はあまり登場していなかったと著者は記憶している。この本のなかでは，6 つの方程式それぞれについて詳しく述べられている。本書との関わりのある離散パンルヴェ方程式の部分はあまり多くはないが，興味ある読者にはお勧めしたい本である。パンルヴェ方程式論に限らず，大学講究録やセミナーノートのシリーズには啓蒙的で問題発見のきっかけとなる文献が多い。この章との関係であれば，[200], [209]などがある。

7 複素関数論からの準備

石崎 克也

《目標＆ポイント》 離散方程式の解の性質，関数の反復合成による軌道の振る舞いを調べるために，複素関数論からの準備を行う。複素平面上での関数の微分積分，ベキ級数やローラン展開による関数の表現や，孤立特異点の分類や解析接続を学習する。

《キーワード》 複素数，複素平面，極座標，正則関数，複素積分，積分定理，関数の展開，孤立特異点，ローラン展開，解析接続

7.1 複素数と複素平面

2 乗して負になる実数ではない想像上の数を考える。

$$i^2 = -1, \quad i = \sqrt{-1}$$

とし，i を虚数単位という。2 つの実数 a, b に対して

$$\alpha = a + bi$$

なる形の数を考え，これを複素数という。複素数の全体を $\mathbb{C}$ と表す。実数 a, b をそれぞれ α の実部，虚部といって，$a = \Re\alpha$, $b = \Im\alpha$ と書く。虚部 $\Im\alpha = 0$ であれば，α は実数であり，$\Re\alpha = 0$ かつ $\Im\alpha \neq 0$ であるとき α を純虚数という。

2 つの複素数 $\alpha = a + bi$, $\beta = c + di$, $a, b, c, d \in \mathbb{R}$ に対して，$\alpha = \beta$ となるのは，$a = c$ かつ $b = d$ であるときに限る。特に，$\alpha = 0$ となるのは $a = b = 0$ のときに限る。実数と異なり，複素数の場合は大小関係は定義できない。四則演算については，実数の演算と同様に代数計算を行い，$i^2 = -1$ を代入する。

$$\alpha \pm \beta = (a + bi) \pm (c + di) = (a \pm c) + (b \pm d)i$$
$$\alpha\beta = (a + bi)(c + di) = (ac - bd) + (ad + bc)i$$

$$\frac{\alpha}{\beta} = \frac{a+bi}{c+di} = \frac{ac+bd}{c^2+d^2} + \frac{bc-ad}{c^2+d^2}i$$

複素数 $\alpha = a + bi$ に対して，複素数 $\overline{\alpha} = a - bi$ を α の共役複素数という。共役複素数に関して，以下の性質が成り立つ。

$$\overline{\overline{\alpha}} = \alpha, \quad \overline{\alpha+\beta} = \overline{\alpha} + \overline{\beta}, \quad \overline{\alpha\beta} = \overline{\alpha}\overline{\beta}, \quad \overline{\left(\frac{\alpha}{\beta}\right)} = \frac{\overline{\alpha}}{\overline{\beta}}, \quad \beta \neq 0,$$

$$\Re\alpha = \frac{\alpha + \overline{\alpha}}{2}, \quad \Im\alpha = \frac{\alpha - \overline{\alpha}}{2i}$$

実数は数直線に表すことができる。直線上に 0 を表す原点 O と 1 を表す点 E を定めることで，実数と数直線が 1 対 1 に対応する。複素数 $z = x + yi,\ x, y \in \mathbb{R}$ に対して，座標平面上の点 (x, y) を対応させる。このように，その点が複素数を表している平面を複素平面あるいはガウス平面という。座標平面の x 軸に対応するものを実軸，y 軸に対応するものを虚軸という。

複素平面上で $z = x + yi$ と原点との距離は $\sqrt{x^2 + y^2}$ である。この長さを複素数 z の絶対値と呼び $|z|$ で表す。また，複素平面上で $z = x + yi$ と原点を結ぶ直線と実軸正の向きのつくる角を θ とし，$r = |z|$ とおけば

$$x = r\cos\theta, \quad y = r\sin\theta$$

であり，

$$z = r(\cos\theta + i\sin\theta)$$

と表される。この形を z の極形式と呼び，θ は z の偏角といって $\theta = \arg z$ と表す。θ は一般角で測られる。絶対値と偏角については以下の性質が成り立つ。

$$|\alpha\beta| = |\alpha||\beta|, \quad \left|\frac{\alpha}{\beta}\right| = \frac{|\alpha|}{|\beta|}$$

$$||\alpha| - |\beta|| \leq |\alpha + \beta| \leq |\alpha| + |\beta|$$

$$\arg(\alpha\beta) = \arg\alpha + \arg\beta$$

$$\arg\frac{\alpha}{\beta} = \arg\alpha - \arg\beta$$

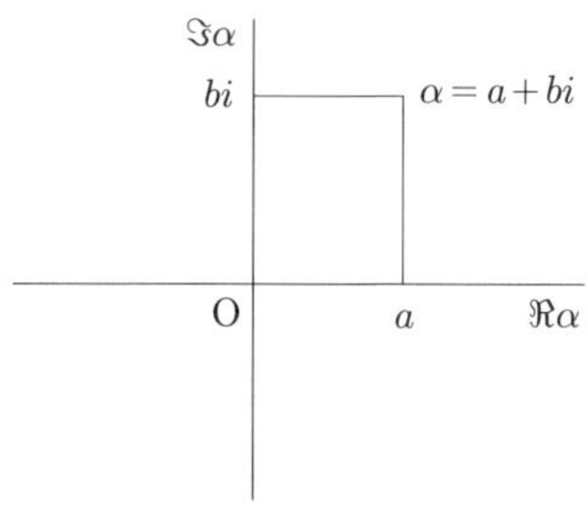

図 7.1　複素平面

オイラー（Euler[*1]）の公式

$$e^{i\theta} = \cos\theta + i\sin\theta \qquad (7.1)$$

を用いれば，極形式は

$$z = re^{i\theta}$$

と表される。

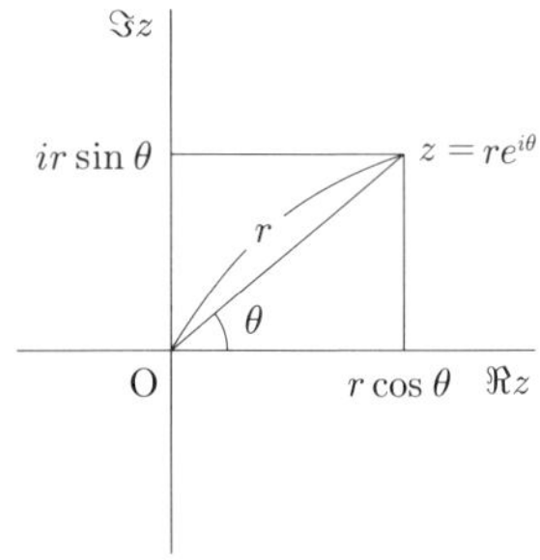

図 7.2　極座標

7.2　複素平面上の関数

複素平面上の領域 D に含まれる複素数 z に複素数 w を対応させる関数

$$w = f(z)$$

を複素関数という。このとき，D を複素関数 f の定義域という。ここで，領域とは複素平面上の開集合で，集合に含まれる任意の 2 点が集合内の連続曲線で結ばれるものをいう。複素数 $z = x + yi$ に対して $w = f(z) = u + vi$ のように実部と虚部を使って表せば，v, v はそれぞれ x, y の 2 変数関数

$$u = u(x, y), \quad v = v(x, y)$$

になる。それぞれのグラフが曲面となるので，実 1 変数の関数のように 2 次元の曲線では表すことができない。複素関数を理解するための補助手段としてのグラフの定まった形はない。そこで z 平面および w 平面上の図形を対応させることになる[*2]。

複素関数 $w = f(z)$ において，$z \to a$ のとき，$f(z) \to b$ ならば，z が a に近づくとき，$f(z)$ は極限値 b を持つといい，

---

*1　Leonhard Euler, 1707–1783，スイス

*2　図7.3は，$w = f(z) = z^2$ の様子を表したものである。扇形 $D = \{z = re^{i\theta} \mid 0 < r < 2, 0 < \theta < \pi/3\}$ が扇形 $f(D) = \{w = \rho e^{i\varphi} \mid 0 < \rho < 4, 0 < \varphi < 2\pi/3\}$ へ移る様子を表している。

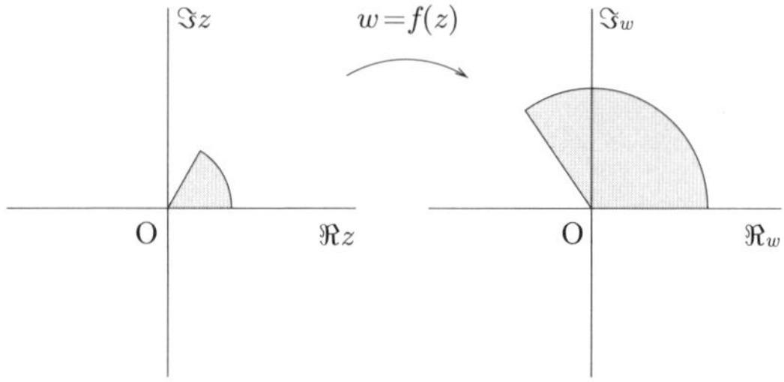

図 7.3　複素関数のグラフ

$$\lim_{z \to a} f(z) = b, \quad \text{または} \quad f(z) \to b,\ z \to a$$

と表す。複素変数 z が a に近づくということは，複素平面上での z と a との距離 $|z-a|$ が 0 に近づくことである。z が a に近づく経路は無数にあるが，$f(z) \to b,\ z \to a$ であるとは，近づき方によらず，z が a に近づけば，$f(z)$ の値は b に近づくことである。$z \to a$ のとき，$|f(z)|$ の値が限りなく大きくなるとき，

$$\lim_{z \to a} f(z) = \infty, \quad \text{または} \quad f(z) \to \infty,\ z \to a$$

と表す。また，$|z|$ が限りなく大きくなるとき，$f(z) \to b$ ならば，

$$\lim_{z \to \infty} f(z) = b, \quad \text{または} \quad f(z) \to b,\ z \to \infty$$

と書く。

7.3　微分可能性と正則性

複素関数 $w = f(z)$ に対して，極限値

$$\lim_{z \to a} \frac{f(z) - f(a)}{z - a} \tag{7.2}$$

が存在するとき，$f(z)$ は $z = a$ で微分可能といい，この極限値を a における微分係数といって $f'(a)$ と表す。ある領域 D 内のすべての点で $f(z)$ が微分可能であるとき，$f(z)$ は，D で正則であるという。微分可能性は各点ごとの性質である。$f(z)$ が a で正則という表現は，a を含むある領域で $f(z)$ が正則の場合にこの表現を用いる。D のすべての点で微分可

能という表現と，D のすべての点で正則という表現は同じことである。このとき，D の各点で微分係数 $f'(z)$ を考えることによって，$w=f(z)$ の導関数が得られる。記号として

$$f'(z),\quad \frac{dw}{dz},\quad \frac{df(z)}{dz}$$

などが用いられる。実変数関数の場合と同様に，$f(z)$, $g(z)$ が微分可能ならば，$f\pm g$, fg, f/g $(g\neq 0)$, $f(g(z))$ は微分可能であって

$$(f\pm g)'=f'\pm g',\quad (fg)'=f'g+fg',\quad \left(\frac{f}{g}\right)'=\frac{f'g-fg'}{g^2},$$
$$(f(g(z)))'=f'(g(z))g'(z)$$

が成り立つ。

最大値の原理　非定数複素関数 $f(z)$ は領域 D で正則とする。このとき，$|f(z)|$ は D の内部で最大値をとることはない [*3]。

学びの広場 7.1

領域において複素関数の正則性判定を行うために，すべての点で (7.2) を調べることは必ずしも容易ではない。ここでは，コーシー-リーマン (Cauchy–Riemann [*4]) の方程式を紹介する。ある領域 D で定義された複素関数

$$f(z)=u(x,y)+v(x,y)i,\quad z=x+iy$$

について，x, y の 2 変数関数として，$u(x,y)$, $v(x,y)$ が連続な偏導関数を持つとする。このとき，$f(z)$ が D で正則であるための同値な条件は，以下の 2 つの方程式

$$\frac{\partial u}{\partial x}=\frac{\partial v}{\partial y},\quad \frac{\partial u}{\partial y}=-\frac{\partial v}{\partial x} \tag{7.3}$$

が同時に成り立つことである。

たとえば，$f(z)=z^2$ であれば，

---

*3　$f(z)$ が境界まで含めて正則であれば，最大値は境界でとる。

*4　Bernhard Riemann, 1826–1866, ドイツ

$$f(z) = (x + yi)^2 = x^2 - y^2 + 2xyi$$

であるから，$u(x, y) = x^2 - y^2$, $v(x, y) = 2xy$ である。4 つの偏導関数を求めれば，

$$\frac{\partial u}{\partial x} = 2x, \quad \frac{\partial v}{\partial y} = 2x, \quad \frac{\partial u}{\partial y} = -2y, \quad \frac{\partial v}{\partial x} = 2y$$

となるから，(7.3) を満たしている。以上より，$f(z) = z^2$ は複素平面全体で正則である。

問題 7.1　コーシー-リーマンの方程式を用いて，$f(z) = z^3 - z$ の正則性を判定せよ。

7.4　複素積分

区間 $[a, b]$ で定義された実変数関数が複素数値をとり，$z(t) = x(t) + iy(t)$, $a \leq t \leq b$ と表されるとする。$x(t)$, $y(t)$ が連続関数であるとき，複素平面上で像 $\{z \mid z = z(t),\ a \leq t \leq b\}$ は曲線を描く。$z(a)$, $z(b)$ をそれぞれ始点，終点といい，始点と終点が一致しているとき閉曲線という。また，始点と終点以外で自分自身と交わらない曲線を単一曲線という。$z(t)$ が微分可能で，$z'(t)$ が連続で，$z'(t) = 0$ となることがないとき，曲線は滑らかということにする。曲線が有限個の滑らかな曲線をつなぎ合わせたものであるときに，区分的に滑らかな曲線という。ここ

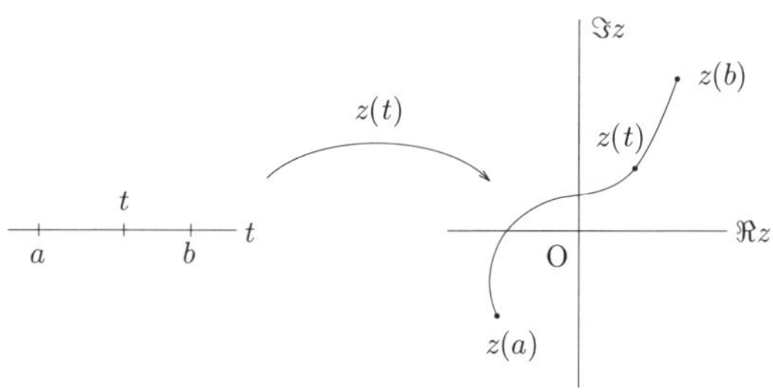

図 7.4　積分路

では特に断らない限り，区分的に滑らかな曲線 $C\colon z(t) = x(t) + iy(t)$, $a \leq t \leq b$ に沿った線積分を考える。

複素関数 $f(z)$ は C を含んだ領域で連続であるとする。C 上に分点

$$z(a) = z_0, z_1, \ldots, z_{k-1}, z_k, \ldots, z_n = z(b)$$

をとり，C を分割する。曲線上の z_{k-1} と z_k の間に ζ_k をとる。ここで

$$S = \sum_{k=1}^{n} f(\zeta_k)(z_k - z_{k-1})$$

をつくる。区分的に滑らかな曲線 C と連続関数 $f(z)$ に対して，分割を細かくしたときの S の極限が存在することが知られている。この値を積分路 C に沿った $f(z)$ の線積分といって

$$\int_C f(z)\ dz$$

と表す。積分路に関して，以下の性質が成り立つ。

1. $-C$ で C と向きが逆な積分路を表すとすれば，

$$\int_{-C} f(z)\ dz = -\int_C f(z)\ dz$$

　である。

2. C_1 の終点と C_2 の始点が一致していれば，

$$\int_{C_1+C_2} f(z)\ dz = \int_{C_1} f(z)\ dz + \int_{C_2} f(z)\ dz$$

　である。

具体的に，$C\colon z(t) = x(t) + iy(t)$, $a \leq t \leq b$ と $f(z)$ が与えられたときに，複素積分 $\int_C f(z)\ dz$ を計算するには，次の公式を適用する。$z(t) = x(t) + iy(t)$ が t の関数として微分可能であれば

$$\int_C f(z)\ dz = \int_a^b f(z(t))z'(t)\,dt \tag{7.4}$$

が成り立つ。2 つの異なる曲線 C_1 と C_2 を考える。ただし，C_1 の始点と C_2 の始点は等しく，C_1 の終点と C_2 の終点も等しいとする。一般に

は，C_1 と C_2 の始点と終点がそれぞれ等しくとも 2 つの線積分の値が等しいとは限らない。それでは，どのような条件の下に

$$\int_{C_1} f(z)\,dz = \int_{C_2} f(z)\,dz \tag{7.5}$$

が成立するであろうか。

例 7.1　図 7.5 のような 3 つの積分路を考える。$f(z) = z$ であれば，(7.4) を用いて

$$\int_{C_1} z\,dz = i, \quad \int_{C_2} z\,dz = \frac{1}{2}, \quad \int_{C_3} z\,dz = i - \frac{1}{2}$$

となり，

$$\int_{C_1} z\,dz = \int_{C_2+C_3} z\,dz$$

が成り立つ。

一方，$f(z) = \overline{z}$ とすれば，

$$\int_{C_1} \overline{z}\,dz = 1, \quad \int_{C_2} \overline{z}\,dz = \frac{1}{2}, \quad \int_{C_3} \overline{z}\,dz = i + \frac{1}{2}$$

となり，$\int_{C_1} \overline{z}\,dz = 1$ と $\int_{C_2+C_3} \overline{z}\,dz = 1 + i$ は一致しない。

実際には，C_1, C_2 を含む領域で $f(z)$ が正則ならば (7.5) が成立することが知られている。このことは，次の定理から保証される。

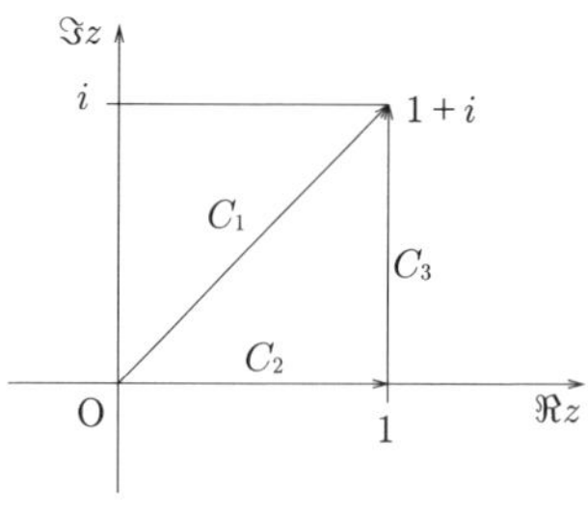

$C_1 : t + ti, 0 \leq t \leq 1$
$C_2 : t, 0 \leq t \leq 1$
$C_3 : 1 + ti, 0 \leq t \leq 1$

図 7.5　複素積分

定理 7.1 (コーシーの積分定理)　関数 $f(z)$ は単一閉曲線 C 上および C で囲まれる領域で正則とする。このとき,

$$\int_C f(z)\, dz = 0$$

が成り立つ。

この定理から次の公式が導かれる。

定理 7.2 (コーシーの積分公式)　関数 $f(z)$ は領域 D で正則とする。単一閉曲線 C および C の内部は D に含まれるとする。このとき, 点 a が C の内部にあれば, 任意の $n = 0, 1, 2, \ldots$ に対して

$$f^{(n)}(a) = \frac{n!}{2\pi i} \int_C \frac{f(\zeta)}{(\zeta - a)^{n+1}}\, d\zeta$$

が成り立つ。

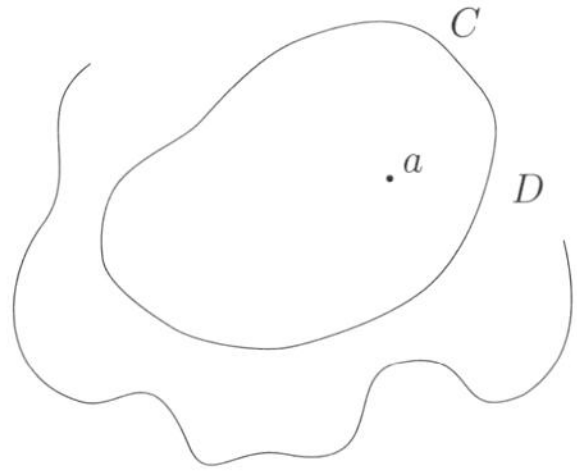

図 7.6　積分公式

コーシーの積分公式は, $f^{(n)}(z)$ の C の内部の点における値が C 上の情報で与えられることを示している。

コーシーの積分公式の応用として, 次の評価式が得られる。

定理 7.3 (コーシーの評価式)　関数 $f(z)$ は領域 D で正則とする。D 内の点 a に対して, a を中心とする半径 r の円 C を, C およびその内部が D に含まれるようにとる。このとき, M を C 上での $|f(z)|$ の最大値とすれば,

$$|f^{(n)}(a)| \leq \frac{n!M}{r^n}, \quad n = 0, 1, 2, \ldots$$

が成り立つ。

7.5　関数の展開

複素数列 $\{z_n\}$ において $n \to \infty$ のとき $z_n \to \alpha$ ならば, $\{z_n\}$ は極限値 α を持つ, または α に収束するといい, $\lim_{n\to\infty} z_n = \alpha$ と表す。極限値

が存在しないとき，数列は発散するという。複素数列を項とする級数

$$\sum_{n=0}^{\infty} z_n = z_0 + z_1 + z_2 + \cdots$$

が収束するとは，部分和 $S_n = \sum_{k=0}^{n} z_k$ を考えて，数列 $\{S_n\}$ が収束することである。級数 $\sum_{n=0}^{\infty} z_n$ に対して，$\sum_{n=0}^{\infty} |z_n|$ が収束するとき，もとの級数は絶対収束するという。絶対収束する級数は収束し，その項の順序を任意に入れ換えてできた級数も同じ値に絶対収束することが知られている。

複素平面内の集合 D で定義された関数の集合 $\{f_n(z)\}$ について考える。すべての $z \in D$ に対して $\lim_{n\to\infty} f_n(z)$ が収束するとき，これを $f(z) = \sum_{n=0}^{\infty} f_n(z)$ と表し，ここでは極限関数と呼ぶ。この収束が z によらないとき，一様収束するという。一般に，$f_n(z)$ が連続であっても $f(z)$ が連続とは限らないが，一様収束していれば，$f(z)$ もまた連続になる。D に含まれる任意の有界閉集合上で一様収束するとき，広義一様収束するという。

数列 $\{a_n\}$, $n = 0, 1, 2, \ldots$ を係数として

$$\sum_{n=0}^{\infty} a_n(z-z_0)^n = a_0 + a_1(z-z_0) + a_2(z-z_0)^2 + \cdots + a_n(z-z_0)^n + \cdots$$

を z_0 を中心とする整級数，または，ベキ級数という。多項式も整級数の特別な場合である。整級数はすべての z に対して収束するとは限らない。整級数の収束は $f_n(z) = \sum_{k=0}^{n} a_k(z-z_0)^k$ とみたときの関数列の収束とみなすことができる。

整級数の収束・発散に関しては，ある $0 \leq r \leq \infty$ が存在して，z_0 を中心とする半径 r の円の内部の z に対しては収束し，円の外部では発散することが知られている。この r を収束半径といい，z_0 を中心とする半

径 r の円を収束円という。$r=\infty$ は複素平面全体で収束することを意味している。収束半径は

$$r=\lim_{n\to\infty}\left|\frac{a_n}{a_{n+1}}\right|,\quad r=\limsup_{n\to\infty}\frac{1}{\sqrt[n]{|a_n|}}$$

で与えられる。収束半径 $r>0$ の整級数を考える。$|z-z_0|<r$ の z に対して極限値を対応させることにより，$|z-z_0|<r$ を定義域とする関数

$$f(z)=\sum_{n=0}^{\infty}a_n(z-z_0)^n \tag{7.6}$$

$$=a_0+a_1(z-z_0)+a_2(z-z_0)^2+\cdots+a_n(z-z_0)^n+\cdots \tag{7.7}$$

が得られる。逆に，与えられた関数を整級数に表すことを整級数展開という。整級数は収束円の内部で項別微分および項別積分が可能である。関数 $f(z)$ が a の近くで正則であれば，その導関数もまた正則である。すなわち，何度でも微分することが可能である。開円板 $D(a,r)$ があって，そこで $f(z)$ が正則という意味である。

定理 7.4 (テイラー展開)　関数 $f(z)$ は a で正則とする。このとき，a の近くの点 z で

$$f(z)=\sum_{n=0}^{\infty}a_n(z-a)^n$$

と展開できる。ここで，C は a を内部に含む単一閉曲線とし，

$$a_n=\frac{f^{(n)}(a)}{n!}=\frac{1}{2\pi i}\int_C\frac{f(z)}{(z-a)^{n+1}}\,dz,\quad n=0,1,2,\ldots$$

と表せる。

複素平面全体で正則な関数を整関数という。多項式，指数関数，三角関数などは整関数である。整関数については第 8 章で詳しく学ぶ。

7.6　孤立特異点

$f(z)$ が $z=a$ で正則でないとき，a を $f(z)$ の特異点という。特に，a の近くでは a 以外の点がすべて正則であるとき，a を孤立特異点と呼ぶ。たとえば，$f(z)=1/(z-a)$ については，$z=a$ は孤立特異点であるが，

$$f(z)=\frac{1}{\sin\dfrac{1}{z-a}} \tag{7.8}$$

に関しては，$z=a$ は特異点ではあるが孤立特異点ではない。実際，任意の 0 以外の整数 n に対して，$z=a+1/(n\pi)$ はすべて，(7.8) の $f(z)$ の特異点であって $z=a$ の近くに無数に存在する。

定理 7.5 (ローラン展開)　関数 $f(z)$ は孤立特異点 a を持つとする。このとき，a 以外の a の近くの点 z で

$$f(z)=\sum_{n=-\infty}^{\infty} b_n(z-a)^n$$

ここで，C は a を内部に含む単一閉曲線とし，

$$b_n=\frac{1}{2\pi i}\int_C \frac{f(z)}{(z-a)^{n+1}}\,dz,\quad n=0,\pm1,\pm2,\ldots$$

と表せる。

孤立特異点はローラン展開の負ベキの項の形から，以下のように分類される。(A) b_{-n}, $n\geq 1$ がすべて 0 であるとき，a を $f(z)$ の除去可能特異点という。このとき，$f(a)=b_0$ と定義をし直せば，$z=a$ でも正則になる。(B) b_{-n}, $n\geq 1$ のなかで 0 でないものが有限個存在するとき，a を $f(z)$ の極といい，$b_{-n}\neq 0$ なる最大の n を極 a の位数という。$z=a$ での極の位数が $k\geq 1$ であるとする。このとき，負ベキの項からなる分数式

$$P(z)=\sum_{n=-k}^{-1} b_n(z-a)^n=\frac{b_{-k}}{(z-a)^k}+\cdots+\frac{b_{-1}}{z-a} \tag{7.9}$$

を $f(z)$ の a における極の主要部という。(C) $b_{-n}, n \geq 1$ のなかに 0 でないものが無限個存在するとき，a を $f(z)$ の真性特異点という。

$f(z)$ が a で正則であるか，極であるとき，$f(z)$ は a で有理形であるという。領域 D の各点で有理形であるとき，$f(z)$ は D で有理形であるという。有理形関数 $f(z)$ は，共通零点を持たない 2 つの整関数 $f_1(z)$, $f_2(z)$ の割り算 $f(z) = f_1(z)/f_2(z)$ で表される。$f_1(z)$, $f_2(z)$ がともに多項式であれば，$f(z)$ は有理関数になる。$f_1(z)$, $f_2(z)$ の少なくとも一方が超越整関数であるとき，$f(z)$ を超越的有理形関数という。たとえば，$f(z) = (z^2 + e^z)/\sin z$ は，超越的有理形関数である。

◇◇◇ 学びの広場 7.2 ◇◇◇

孤立特異点について，具体例を紹介する。以下の 3 つの関数

$$f_1(z) = \frac{\cos z - 1}{z^2}, \quad f_2(z) = \frac{z}{z^2 - 2z + 1}, \quad f_3(z) = z^3 \sin\frac{1}{z}$$

の孤立特異点はどのように分類されるであろうか [*5]。まず，$f_1(z)$ の $z = 0$ でのローラン展開は

$$\begin{aligned} f_1(z) &= \frac{1}{z^2}\left(-\frac{1}{2!}z^2 + \frac{1}{4!}z^4 - \frac{1}{6!}z^6 + \cdots\right) \\ &= -\frac{1}{2!} + \frac{1}{4!}z^2 - \frac{1}{6!}z^4 + \cdots \end{aligned}$$

であるから，$f_1(0) = -1/2$ と定義をし直せば，$z = 0$ でも正則になる。したがって，$z = 0$ は $f_1(z)$ の除去可能特異点である。関数，$f_2(z)$ は有理関数である。変形して

$$f_2(z) = \frac{1 + (z-1)}{(z-1)^2} = \frac{1}{(z-1)^2} + \frac{1}{z-1}$$

と表せるので，$z = 1$ が 2 位の極である。$f_3(z)$ の $z = 0$ におけるローラン展開は

---

*5　ここでは，$\cos z$, $\sin z$ のテイラー展開を利用する。

$$\cos z = 1 - \frac{1}{2!}z^2 + \frac{1}{4!}z^4 - \frac{1}{6!}z^6 + \cdots, \quad \sin z = z - \frac{1}{3!}z^3 + \frac{1}{5!}z^5 - \frac{1}{7!}z^7 + \cdots$$

$$f_3(z) = z^3\left(\frac{1}{z} - \frac{1}{3!}\left(\frac{1}{z}\right)^3 + \frac{1}{5!}\left(\frac{1}{z}\right)^5 - \frac{1}{7!}\left(\frac{1}{z}\right)^7 + \cdots\right)$$
$$= z^2 - \frac{1}{3!} + \frac{1}{5!}\left(\frac{1}{z}\right)^2 - \frac{1}{7!}\left(\frac{1}{z}\right)^4 + \cdots$$

となり，ローラン展開のなかに負ベキの項が無限個存在する。したがって，$z = 0$ は $f_3(z)$ の真性特異点である。

問題 7.2　関数 $f(z) = (e^z - 1)/z^2$ は孤立特異点 $z = 0$ を持つ。この特異点を分類せよ。

7.7 解析接続

区間 $[-1, 1]$ で定義された，実一変数関数，

$$y(x) = \begin{cases} y_1(x) = x + 1, & x \in I_1 = [-1, 0] \\ y_2(x) = -x + 1, & x \in I_2 = [0, 1] \end{cases}$$

のグラフは，図 7.7 のようになり，2 つの区間 I_1, I_2 の共通部分 $I_1 \cap I_2 = \{0\}$ では，$y_1(0) = y_2(0) = 1$ で一致している。関数 $y(x)$ は $[-1, 1] = I_1 \cup I_2$ で定義された連続関数になっている。

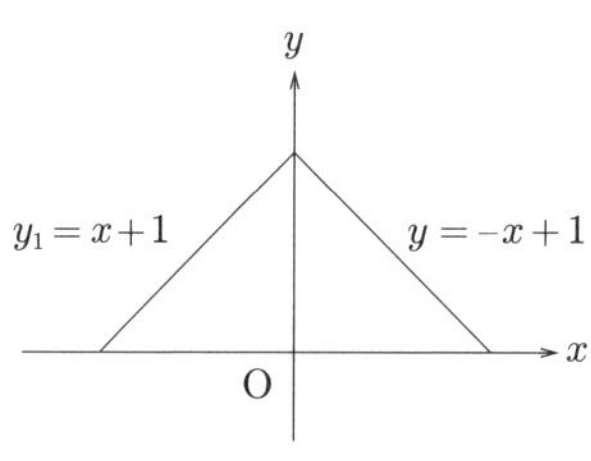

図 7.7　$y(x)$ のグラフ

複素平面内の 2 つの領域 D_1, D_2 が条件 $D_1 \cap D_2 \neq \emptyset$ を満たすとする。関数 $f_1(z)$, $f_2(z)$ はそれぞれ D_1, D_2 で定義され正則で，D_1, D_2 の共通部分 $D_1 \cap D_2$ で一致しているとする。すなわち，

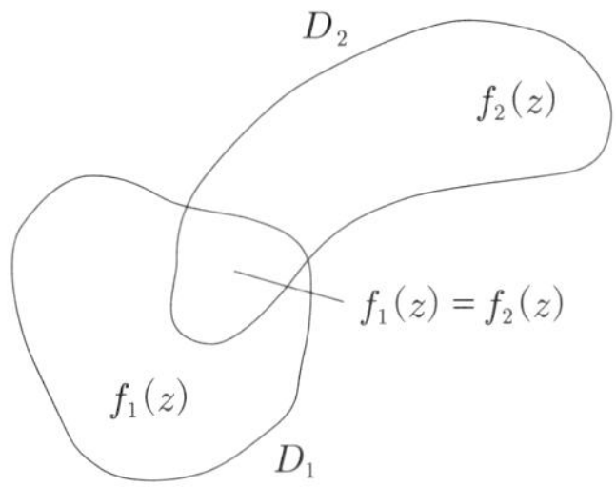

図 7.8　解析接続

$$f_1(z) = f_2(z) \quad z \in D_1 \cap D_2 \tag{7.10}$$

である。

このとき，$D_2 \setminus D_1 \neq \emptyset$ ならば，$f_2(z)$ は $f_1(z)$ の D_1 から D_2 への解析接続という。このようにして，もとの D_1 で定義された正則関数 $f_1(z)$ をもっと広い領域で定義された関数に拡張することができる。実際には，$f_2(z)$ が $f_1(z)$ の D_1 から D_2 への拡張であるとき，関数 $F(z)$ を

$$F(z) = \begin{cases} f_1(z), & z \in D_1 \\ f_2(z), & z \in D_2 \end{cases} \tag{7.11}$$

と定義すれば，$F(z)$ は領域 $D_1 \cup D_2$ で定義された正則な関数である。

現実に，具体的に与えられた関数に対して (7.10) を示すことは，必ずしも容易ではない。そこで，次の定理は有効である。

一致の定理　領域 D において 2 つの関数 $f_1(z)$ および $f_2(z)$ は正則とする。D 内の点に収束する D 内の点列の上で $f_1(z)$ と $f_2(z)$ が一致すれば，D 内のすべての点について $f_1(z)$ と $f_2(z)$ は一致する。すなわち，ある点列 $\{z_n\} \subset D$ があって

$$\lim_{n\to\infty} z_n = \alpha \in D \quad \text{かつ} \quad f_1(z_n) = f_2(z_n)$$

ならば，D において $f_1(z) = f_2(z)$ である。

例 7.2　2 つの整級数で表現される関数を考える。

$$
\begin{aligned}
f_1(z) &= \frac{4}{3} + \left(\frac{4}{3}\right)^2 \left(z - \frac{1}{4}\right) + \left(\frac{4}{3}\right)^3 \left(z - \frac{1}{4}\right)^2 + \cdots \\
&= \sum_{n=1}^{\infty} \left(\frac{4}{3}\right)^n \left(z - \frac{1}{4}\right)^{n-1}
\end{aligned}
$$

は収束円 $D_1 = \{|z - 1/4| < 3/4\}$ で正則であり，

$$
\begin{aligned}
f_2(z) &= \frac{2}{3} + \left(\frac{2}{3}\right)^2 \left(z + \frac{1}{2}\right) + \left(\frac{2}{3}\right)^3 \left(z + \frac{1}{2}\right)^2 + \cdots \\
&= \sum_{n=1}^{\infty} \left(\frac{2}{3}\right)^n \left(z + \frac{1}{2}\right)^{n-1}
\end{aligned}
$$

は収束円 $D_1 = \{|z + 1/2| < 3/2\}$ で正則である。$D_2 \setminus D_1 \neq \emptyset$ であり，$D_1 \cap D_2$ 内の点列 $\{i/(3k)\}$, $k = 1, 2, 3, \ldots$ を考えれば，

$$
\lim_{k \to \infty} \frac{i}{3k} = 0 \in D_1 \cap D_2
$$

かつ

$$
f_1\left(\frac{i}{3k}\right) = f_2\left(\frac{i}{3k}\right) = \frac{3k}{3k - i}
$$

が成り立つ。ゆえに，$f_2(z)$ は $f_1(z)$ の D_1 から $D_2(z)$ への解析接続となっている。実際，この操作は，収束域を広げる接続になっている。

◆◆◆ 学びの本箱 7.1 ◆◆◆◆◆◆◆◆◆◆◆◆◆◆◆◆◆◆◆◆◆◆◆◆◆◆◆◆◆◆

大学生用の複素関数論の教科書は数多くあるが，ここでは辻正次 [216] を紹介しておく。複素数，正則関数，積分定理などの基本的なところからはじまり，調和関数，正規族，単葉関数，等角写像，ディリクレ (Dirichet *6) 問題，整関数論，有理型関数論などが記載されている。現代の教科書のような例題や練習問題などはないが，粛々と語りかけるような説明がしみ通る本である。この章では，他に，[195], [203], [207], [217], [227] などを参考にした。

◆◆◆◆◆◆◆◆◆◆◆◆◆◆◆◆◆◆◆◆◆◆◆◆◆◆◆◆◆◆◆◆◆◆◆◆

*6　Johann Peter Gustav Lejeune Dirichlet, 1805–1859, ドイツ

8 関数の近似と増大度

石崎 克也

《目標＆ポイント》 超越整関数の表現にベキ級数展開があり，ある点の近くで，多項式で超越整関数が近似できる。微分方程式では，整級数（ベキ級数）を利用することは，解の構成の有力な手段の1つである。差分方程式の取り扱いに有効な展開として，2項級数を学ぶ。古典的なヴィーマン-バリロン理論を再構築し，差分方程式に適用できるように試みる。複素平面での関数のとりうる値を記述したネバンリンナ理論を学習し，差分作用素に対応した形への理論構築も学習する。

《キーワード》 整関数，ヴィーマン-バリロン理論，中心指数，2項級数，整関数の表現，有理形関数，ネバンリンナ理論

8.1 整関数論

第7章で複素平面全体で正則な関数として整関数を紹介した。原点を中心とし，半径 r の円板を考える。$f(z)$ を整関数とする。最大値の原理によって，$|f(z)|$ は周 $|z|=r$ 上のある点で最大値 $M(r,f) := \max_{0\leq\theta\leq 2\pi} |f(re^{i\theta})|$ をとる。現在の多くの書籍では，この $M(r,f)$ を用いて関数の増大度を測るようになってきた。

歴史をさかのぼってみる。リウヴィル（Liouville [*1]）[117]は，記号 $M(x,y)$，$z=x+yi$ を用いて関数 $f(z)$ の“大きさ”を複素平面内の長方形において考察し，リウヴィルの定理 [*2] を示したといわれている。これは，19世紀中頃のことである。この関係でいうと，20世紀初めのリンデレーフ（Lindelöf [*3]），フラグマン（Phragmén [*4]），ヴィーマン

---

*1 Joseph Liouville, 1809–1882, フランス

*2 定理の主張は「有界な整関数は定数関数に限る」である。[216, Page 129], [168, Page 85]などを参照のこと。

*3 Ernst Leonard Lindelöf, 1870–1946, フィンランド

*4 Lars Edvard Phragmén, 1863–1937, スウェーデン

（Wiman [*5]）達は，この時期の論文のなかでは $M(r)$ という記号を使っている [*6]。

多項式 $P(z) = b_n z^n + b_{n-1} z^{n-1} + \cdots + b_0,\ b_n \neq 0$ については，

$$|P(z)| = |b_n||z|^n \left| 1 + \frac{b_{n-1}}{b_n z} + \cdots + \frac{b_0}{b_n z^n} \right| \tag{8.1}$$

により，$|z| = r$ を大きくしたときの増大は，r^n によって支配されることがわかる。すなわち，多項式の場合は，次数で判断できる。超越整関数の場合は，(8.1) のような変形は機能しない。そこで，$M(r, f)$ を利用して整関数 $f(z)$ の位数を

$$\rho(f) = \limsup_{r \to \infty} \frac{\log \log M(r, f)}{\log r} \tag{8.2}$$

で定義する。ちなみに，$\rho(P) = 0$ であり $\rho(e^z) = 1$ である。位数 $\rho(f)$ の定義 (8.2) を言い換えると，「任意の正数 ε に対して，十分大きな r について $\log M(r, f) < r^{\rho + \varepsilon}$ が成り立ち，無限に多くの r について $\log M(r, f) > r^{\rho - \varepsilon}$ が成り立つ」となる [*7]。ネバンリンナ（Nevanlinna [*8]）[129, Page 30]によれば，整関数の増大の位数 $\rho(f)$ を初めて導入したのは，ボレル（Borel）[39, Page 362]である。20 世紀の前半は，lim sup [*9] を使わない表現が用いられていた [*10]。増大の位数 ρ が有限のとき，整関数の形 $\tau = \tau(f)$ を

$$\tau = \limsup_{r \to \infty} \frac{\log M(r, f)}{r^\rho}, \quad 0 \leq \tau \leq \infty \tag{8.3}$$

で定義する [*11]。

次に，複素数列 $\{a_n\}$, $|a_n| \leq |a_{n+1}|$, $n = 1, 2, \ldots$ が与えられていて，$\{a_n\}$ においてのみ零点を持つ整関数を構成することを考える。ただし，

---

*5　Anders Wiman, 1865–1959, スウェーデン
*6　たとえば，[116], [137], [178]などを参照のこと。
*7　たとえば，[202, Pages 2–3]などを参照のこと。
*8　Rolf Herman Nevanlinna, 1895–1980, フィンランド
*9　1.4.1 を参照のこと。
*10　たとえば，[142, Pages 260–263], [116, Pages 373–374]などを参照のこと。
*11　たとえば，[35, Pages 8–9], [113, Page 4]などを参照のこと。

$k \geq 2$ の自然数に対して，k 重の零点を考える場合には，同じものが k 個並んでいると解釈する。もし，$\{a_n\}$ が項数 N の有限数列であれば，多項式

$$z^p \prod_{n=p+1}^{N} \left(1 - \frac{z}{a_n}\right) \tag{8.4}$$

を考えればよい。ここで，$0 \leq p \leq N$ は原点での零の重複度である。数列 $\{a_n\}$ が，無限数列の場合には，一致の定理 *12 により，$\lim_{n\to\infty} a_n = \infty$ を仮定してよい。一般に，(8.4) において，$N \to \infty$ としたのでは，この無限乗積は収束するとは限らない。そこで適当な補正関数をかけることで，$\{a_n\}$ においてのみ零点を持つ整関数を構成することができる *13。

定理 8.1　p を非負の整数とする。複素数列 $\{a_n\}$, $|a_n| \leq |a_{n+1}|$, $a_{p+1} \neq 0$ を零点に持つ整関数 $f(z)$ に対して，ある整関数 $g(z)$，整数列 $\{\lambda_n\}$, $n = 1, 2, \ldots$ があり，

$$f(z) = e^{g(z)} z^p \prod_{n=p+1}^{\infty} \left(1 - \frac{z}{a_n}\right) e^{\frac{z}{a_n} + \frac{1}{2}\left(\frac{z}{a_n}\right)^2 + \cdots + \frac{1}{\lambda_n}\left(\frac{z}{a_n}\right)^{\lambda_n}} \tag{8.5}$$

この定理 8.1 は，ワイエルシュトラスによって証明され，因数分解定理と呼ばれている。後に，アダマールによって，位数 ρ の整関数については，(8.5) の $g(z)$ が高々 ρ 次の多項式でとれることが示された。

8.2　ヴィーマン-バリロン理論と差分作用素

整関数 $f(z)$ を原点においてテイラー展開 *14 する。

$$f(z) = \sum_{n=0}^{\infty} b_n z^n \tag{8.6}$$

---

*12　c を複素定数とする。$f(z) = c$ となる z を $f(z)$ の c-点という。複素平面内の領域 D において正則な関数 $f(z)$ の c-点が，D 内のある点に収束するならば $f(z)$ は D において $f(z) \equiv c$ である。たとえば，[214], [216] などを参照のこと。

*13　たとえば，[214, Pages 114–117], [81, Pages 225–229], [216, Pages 176–178] などを参照のこと。

*14　1.4.2 の定理 7.4 を参照のこと。

ここで，収束半径は無限大である。ある番号 n_0 があって，$b_n = 0,\ n \geq n_0$ であれば，$f(z)$ は多項式である。次に，(8.6) の右辺に無限個の項が現れる場合を考える。このような整関数を超越整関数という。任意の $r > 0$ に対して，$\displaystyle\sum_{n=0}^{\infty} |b_n| r^n < \infty$ であるから $\displaystyle\lim_{n\to\infty} |b_n| r^n = 0$ である。よって，$\displaystyle\max_{n\geq 0} |b_n| r^n$ が存在する。この値を

$$\mu(r, f) = \max_{n\geq 0} |b_n| r^n \tag{8.7}$$

と書く。$\mu(r, f)$ を与える項は無限個現れないので，$\nu(r, f)$ を，$\mu(r, f)$ を与える最大の整数として定義して，中心指数という。すなわち

$$\nu(r, f) = \max\bigl\{m \bigm| |b_m| r^m = \mu(r, f)\bigr\} \tag{8.8}$$

である。$\mu(r, f)$ は連続で十分大きな r に対して，単調増加で，$\mu(r, f) \to \infty,\ r \to \infty$ である。$\nu(r, f)$ は整数値関数である。右側連続で単調増加

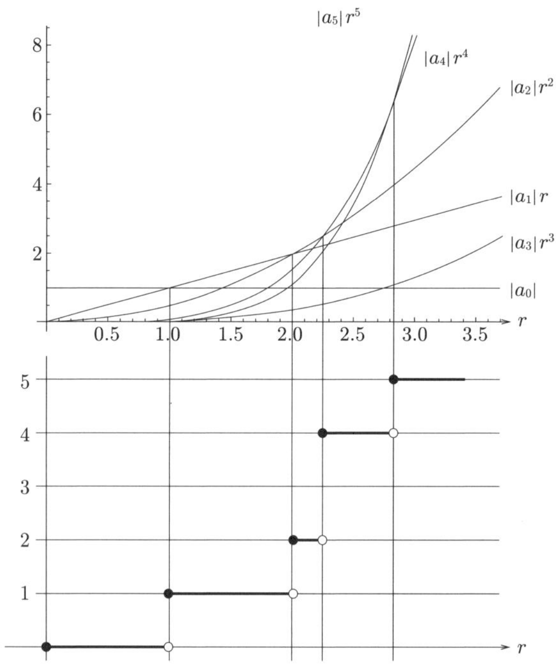

図 8.1　中心指数

であり，$\nu(r,f)\to\infty$, $r\to\infty$ である。

位数 $\rho(f)$ は，$\mu(r,f)$，中心指数 $\nu(r,f)$ からも求められることが知られている。

$$\rho(f)=\limsup_{r\to\infty}\frac{\log\log\mu(r,f)}{\log r},\quad \rho(f)=\limsup_{r\to\infty}\frac{\log\nu(r,f)}{\log r} \tag{8.9}$$

である [*15]。この章では，6.2 節の 6.2.1 と 6.2.2 において学習したランダウ [*16] の記号や除外集合の概念を用いる。先に述べた $M(r,f)$ と $\mu(r,f)$ には

$$\log M(r,f)=\log\mu(r,f)(1+o(1)) \tag{8.10}$$

の関係があることが知られている [*17]。

古典的なヴィーマン-バリロン（Wiman–Valiron [*18]）理論の代表的な結果 [*19] には，超越整関数 $f(z)$ の場合も，ある範囲の r に対して，中心指数を中心に項を選んだ多項式と近い増大の振る舞いをすることと，$|z|=r$ 上の最大値を与える点 z において

$$\left|\frac{f^{(n)}(z)}{f(z)}\right|=\left(\frac{\nu(r,f)}{r}\right)^n(1+o(1)),\quad n=1,2,\ldots \tag{8.11}$$

が対数測度有限な除外集合の外で成り立つことが含まれている。評価式 (8.11) は，複素平面上での線形微分方程式の解の振動 [*20] を調べる研究や，複素力学系におけるジュリア集合の研究に重要な役割を果たした [*21]。

ここでは，位数の小さい関数に対して，ヴィーマン-バリロン理論の差分についての類似結果を 2 つ紹介する。1 つの方法は，テイラー展開のかわりに 2 項級数を用いて，中心指数などを書き換える方法である。もう 1 つは，$\Delta f(z)$ と $f'(z)$ を比較して，既存のヴィーマン-バリロン理論に結びつける方法である。

---

*15　たとえば，[97, Page 36]，[169]などを参照のこと。
*16　この章では，ランダウの記号は $r\to\infty$ にともなうものとする。
*17　たとえば，[97, Page 38]，[169]などを参照のこと。
*18　Georges Jean Marie Valiron, 1884–1955，フランス
*19　[169, 170, 171], [177, 178, 179]などを参照のこと。
*20　たとえば，[19], [20], [21], [108, Pages 50–75]などを参照のこと。
*21　たとえば，[24], [30], [53], [104]などを参照のこと。

8.2.1 2 項級数

テイラー展開のかわりに，$z^{\underline{n}} = z(z-1)\cdots(z-n+1)$ から構成されたニュートン級数 (3.35) が，差分演算を利用して関数を表現するには有効であることを 3.5 節で述べた。ここでは，(3.35) を一般化して，形式級数

$$f(z) = \sum_{n=0}^{\infty} a_n z^{\underline{n}} \tag{8.12}$$

を考察する [*22]。

学びの抽斗 8.1

ガンマ関数の性質

$$\Gamma(z) = \lim_{n\to\infty} \frac{(n-1)!\, n^z}{z(z+1)\cdots(z+n-1)} \tag{8.13}$$

を利用した下降階乗ベキ $z^{\underline{n}}$ に関する増大の評価式を紹介する [*23]。上式 (8.13) において z を $-z$ と置き換えると

$$\begin{aligned} z^{\underline{n}} &= \frac{(-1)^n (n-1)!\, n^{-z}}{\Gamma(-z)}(1+o(1)) \\ &= \frac{(-1)^n\, n!}{\Gamma(-z) n^{1+z}}(1+o(1)), \quad n\to\infty \end{aligned} \tag{8.14}$$

となる。複素平面上の自然数でない複素数 z を固定する。このとき，ガンマ関数は複素平面上で零点を持たないから，(8.14) より

$$|z^{\underline{n}}| \sim \frac{n!}{n^{1+\Re z}}, \quad n\to\infty \tag{8.15}$$

が導かれる。

3.5 節でもふれたように，一般には (8.12) は収束するとは限らない。整関数 $f(z) = \sum_{n=0}^{\infty} b_n z^n$ が (8.12) の形に表現されると仮定する。このと

---

*22 この項では，コバリ-ヘイマン（Kövari-Hayman）の方法の 2 項級数への移植を紹介する。おもに，[93]および[107]，[77]に基づいている。また，一般の整関数論については，たとえば[35]などを参照のこと。

*23 たとえば，[121, Page 257]，[176, Page 237]などを参照のこと。

き，$a_n, b_n \in \mathbb{C}$ は，2.3 節で定義したスターリング数を用いて関係式

$$a_n = \sum_{k=n}^{\infty} b_k \widetilde{\eta}_{n,k}, \quad b_n = \sum_{k=n}^{\infty} a_k \eta_{n,k}$$

で結ばれている。形式級数 (8.12) は，ニュートン級数 (3.35) を包含しているが，ここでは，ヒレ (Hille [*24]) に従って，2 項級数と呼ぶことにする [*25]。実際，(8.12) は，研究者によって様々な呼び名があり，階乗ベキ級数や一般ニュートン級数と呼ばれることもある [*26]。また，2 項級数 (8.12) に対して，$a_n^* = \sum_{k=n}^{\infty} |b_k| \widetilde{\eta}_{n,k}$ として，上昇階乗ベキを用いて

$$\mu^*(r, f) = \sup_{0 \le n < \infty} \left(\sup_{|z|=r} |a_n^* z^{\overline{n}}| \right)$$

$$\nu^*(r, f) = \max\left\{ n \;\middle|\; |a_n^*| r^{\overline{n}} = \mu^*(r, f) \right\}$$

と定義する。整関数 $f(z)$ の 2 項級数表現に関するヴィーマン-バリロン理論を紹介する。簡単のため $\nu^*(r, f) = N$ と書くことにする。

まず，線形差分方程式の超越整関数の位数を調べるために有効な定理を述べる。

定理 8.2　整関数 $f(z)$ は 位数 1/2 未満で [*27] (8.12) のように表されているとする。n は自然数とし，z は，$|z| = r$ 上の最大値を与える点とする。このとき，対数測度有限な除外集合の外で，

$$\left| \frac{\Delta^n f(z)}{f(z)} \right| = \left(\frac{N}{r} \right)^n (1 + o(1)), \quad |z| = r \tag{8.16}$$

が成立する。

---

*24　Carl Einar Hille, 1894–1980, スウェーデン，アメリカ

*25　たとえば，[81, Page 198], [93]などを参照のこと。

*26　たとえば，[38, Page 11], [99, Pages 357–368], [132, Page 15, (35)], [121, Pages 57–60]などを参照のこと。

*27　位数が 1/2 未満という条件は，(8.12) の 2 項級数の収束を保証するものである。注意すべき点は，位数が 1/2 以上の関数ではすべて，2 項級数が収束しないといっているわけではないこと。[93, Pages 79–80]を参照のこと。

学びの扉 8.1

ヴィーマン-バリロン理論では，多項式と超越整関数の類似点が示されている。実際，先にも述べたように，ある範囲の r に対して，超越整関数は中心指数を中心に項を選んだ多項式と近い増大の振る舞いをする。これに対する 2 項級数における類似について述べておく [*28]。

定理 8.3　整関数 $f(z)$ は，位数 1/2 未満で (8.6) のように表されているとする。このとき，対数測度有限な除外集合の外で，以下の評価式が成立する。

$$\begin{cases} \dfrac{|a_{N+k}|r^{*(N+k)}}{\mu^*(r,f)} \leq \exp\left(-\dfrac{1}{2}b(k+N)k^2\right), & k \in \mathbb{N} \\ \dfrac{|a_{N-k}|r^{*(N-k)}}{\mu^*(r,f)} \leq (1+\epsilon_N)\exp\left(-\dfrac{1}{2}b(N)k^2\right), & 0 \leq k < N \end{cases} \tag{8.17}$$

ここで，ϵ_N および以下の δ_N は $f(z)$ と N で決まる数で

$$b(N) = 1/(N\log N(\log\log N)^{1+\delta_N}) \tag{8.18}$$

である。

定理 8.4　$b(N)$ は (8.18) で与えられるものとし，$\omega > 0$ は定数とし，

$$k = \left[\left(\frac{\omega}{b(N)}\log\frac{1}{b(N)}\right)^{1/2}\right] \tag{8.19}$$

とする。このとき，任意の正数 h と $0 < \omega_1 < \omega$ に対して，対数測度有限な除外集合の外で，以下の評価式が成立する。

$$\sum_{|n-N|\geq k} n^h|a_n|r^{*(n)} = o(\mu^*(r,f)N^h b(N)^{(1/2)\omega_1 - 1/2}) \tag{8.20}$$

2 項級数を用いる方法では，条件にかなう点列を与えて，具体的に除外集合を記述することができる。また，定理 8.3 で現れた ϵ_N, δ_N, $b(N)$ な

---

*28　[93]を参照のこと。

ども具体的に書くことができる。

8.2.2　対数微分評価の差分類似

この項のなかでは，$f'(z)/f(z)$ と $\Delta_\eta f(z)/f(z)$ の関係を導き出し，既存のヴィーマン-バリロン理論と連結させた結果を紹介する。ここでは，$\eta \neq 0$ を複素定数として

$$\Delta_\eta f(z) = f(z+\eta) - f(z)$$

で議論することにする *29。

定理 8.5　超越的有理形関数 $f(z)$ の位数 σ は 1 未満とし，非負の整数 j, k は $j < k$ を満たすとする。このとき，任意の $\varepsilon > 0$ に対し，対数測度有限な除外集合の外で評価式

$$\left| \frac{\Delta_\eta^k f(z)}{\Delta_\eta^j f(z)} \right| \leq |z|^{(k-j)(\sigma-1)+\varepsilon} \tag{8.21}$$

が成立する。

定理 8.6　超越的有理形関数 $f(z)$ の位数 σ は 1 未満とし，k は自然数とする。このとき，任意の $\varepsilon > 0$ に対し，対数測度有限な除外集合の外で，評価式

$$\frac{\Delta_\eta^k f(z)}{f(z)} = \eta^k \frac{f^{(k)}(z)}{f(z)} + O\Bigl(r^{(k+1)(\sigma-1)+\varepsilon}\Bigr) \tag{8.22}$$

が成立する。

定理 8.7　超越整関数 $f(z)$ の位数 σ は 1 未満とし，$0 < \varepsilon < 1/8$ とする。

$$|f(z)| > M(r,f)\nu(r,f)^{-\frac{1}{8}+\varepsilon} \tag{8.23}$$

を z は満たすとする。このとき，任意の自然数 k に対し，対数測度有限な除外集合の外で，以下の評価式が成立する。

---

*29　たとえば，[66]，[43]などを参照のこと。

$$\frac{\Delta_\eta^k f(z)}{f(z)} = \eta^k \left(\frac{\nu(r,f)}{z}\right)^k (1 + O\left(\nu(r)^{-\frac{1}{8}+\varepsilon}\right), \quad \sigma = 0 \tag{8.24}$$

$$\frac{\Delta_\eta^k f(z)}{f(z)} = \eta^k \left(\frac{\nu(r,f)}{z}\right)^k + O(r^{k\sigma-k-\gamma+\varepsilon}), \quad 0 < \sigma < 1 \tag{8.25}$$

ここで，$\gamma = \min\{\sigma/8, 1-\sigma\}$ である。

8.3 有理形関数論

1 つの複素数 a をとる。次数 $n \geq 1$ の有理関数 $R(z)$ の a-点を考える。すなわち，方程式 $R(z) - a = 0$ の解である。複素数の範囲で考えれば，$R(z) - a = 0$ は n 次の代数方程式に帰着されるから，解の個数は重複度を含めて n 個である。これは，どのような a に対しても同じである。ここで，$a = \infty$ についても同じように数えている。たとえば，$R(z) = 1/(z-1)^2$ であれば，$z = 1$ が $a = \infty$ の場合の解（極）になっていて 2 重になっているから，極は 2 個と数える。関数が超越的有理形関数になったら，何が起こるであろうか? たとえば，$f(z) = \sin z$ であれば $z = \pi n, n = 0, \pm 1, \pm 2, \ldots$ で零点を持つから，$f(z) = 0$ の解は無限個ある。一方，$f(z) = e^z$ であれば，$f(z) = 0$ の解は 1 つもない。

8.1 節で，零点の分布を与えて整関数を構成する方法として，定理 8.1 を紹介した。ここでは，極の分布を与えて，ちょうどそこで極を持つ有理形関数の存在を保証する定理を紹介する。

定理 8.8　複素数列 $\{a_n\}$ は同じ項を含まず，$|a_n| \leq |a_{n+1}|, n = 1, 2, \ldots,$ $\lim_{n\to\infty} a_n = \infty$ を満たすとし，それぞれの n に対して，分数式

$$P_n(z) = \frac{b_{-k_n,n}}{(z-a_n)^{k_n}} + \cdots + \frac{b_{-1,n}}{z-a_n} \tag{8.26}$$

が与えられているとする。ここで，k_n は自然数である。このとき，ちょうど $\{a_n\}$ で極の主要部 *30 として (8.26) を持つ有理形関数が存在する。

この定理は有理形関数の部分分数展開定理と呼ばれ，ミッタク－レフラー

*30　7.6 節の (7.9) を参照のこと。

(Mittag–Leffler [*31]) によって証明された [*32]。

この節の以下の部分では，有理形関数 $f(z)$ がとる値と，その値を与える点を考察するネバンリンナ理論 [*33] を紹介していく。

以下で，個数関数，近接関数，特性関数の定義を与える。任意の実数 x に対して $\log^+ x = \max(0, \log x)$ とする。複素数 a に対して，$f(z)$ の a-点を考え，$\omega(z, a, f)$ で点 z における a の重複度とし，円板 $|z| < r$ の中の a-点の個数を

$$n(r, a, f) = \sum_{\substack{|z|<r \\ f(z)=a}} \omega(z, a, f) \tag{8.27}$$

で表す。極に関しては，$n(r, \infty, f) = n(r, f)$ と書く。$f(z)$ の a-点は $1/(f(z) - a)$ の極とも考えられるので，$n(r, a, f) = n\left(r, 1/(f - a)\right)$ と表すこともできる。この $n(r, a, f)$ を用いて，個数関数を定義する [*34]。

定義 8.1 (個数関数)

$$N(r, a, f) = \int_0^r \frac{n(t, a, f) - n(0, a, f)}{t}\, dt + n(0, a, f) \log r \tag{8.28}$$

とする。先に述べた $n(r, a, f)$ は重複度を込めて数えたものであるが，重複度を無視して，a-点の場所のみを数えるものを $\overline{n}(r, a, f)$ と書く。もしも，すべての a-点が重複していないならば $\overline{n}(r, a, f) = n(r, a, f)$ であ

---

*31　Magnus Gustaf Mittag–Leffler, 1846–1927, スウェーデン

*32　たとえば，[214, Pages 104–106], [81, Pages 217–221], [216, Pages 174–176] などを参照のこと。

*33　ロルフ-ネバンリンナ[128]によって構築された有理形関数の値分布に関する重要な理論である。ロルフの兄のフリクトーフも複素関数論に関する結果を残している。ともに，イエンセン[98]や叔父であるリンデレーフの影響を受けていると考えられる。本書では，単にネバンリンナと標記した場合はロルフを指すものとしておく。ネバンリンナ自身の著書[129], [128]にも詳しく解説がなされている。上記以外にも[61], [76], [150]などに詳しい解説がある。ネバンリンナ理論と関数方程式との関連の解説書では，[83], [97], [108], [181]などがある。和書にも，[219], [216]などがあるので参照のこと。

*34　解説書によっては，$n(r, a, f)$ を個数関数，$N(r, a, f)$ を積分された個数関数と呼ぶこともある。

る。さらに，$n_1(r,a,f)=n(r,a,f)-\overline{n}(r,a,f)$ で定義して，重複している分の a-点を数えるものとする。たとえば，すべての a-点が 3 重であれば $n_1(r,a,f)=(2/3)n(r,a,f)$ である。個数関数の定義式 (8.28) に準じて，$\overline{N}(r,a,f)$, $N_1(r,a,f)$ は定義される。次に，定義を与える近接関数は，関数と値の近さを測るものである。

定義 8.2 (近接関数)

$$m(r,a,f)=\frac{1}{2\pi}\int_0^{2\pi}\log^+\left|\frac{1}{f(re^{i\theta})-a}\right|d\theta$$
$$m(r,\infty,f)=\frac{1}{2\pi}\int_0^{2\pi}\log^+\left|f(re^{i\theta})\right|d\theta$$

極に関して，$N(r,\infty,f)=N(r,f)$, $m(r,\infty,f)=m(r,f)$ と表すことが多い。個数関数と近接関数を用いて，特性関数を定義する。

定義 8.3 (特性関数)

$$T(r,f)=m(r,f)+N(r,f)$$

有理形関数の積と和に関する特性関数の性質については，定義から，以下の命題が導かれる。

命題 8.1　有理形関数 f_1, f_2, …, f_n，$n\in\mathbb{N}$，$r\geq 1$ に対して

(i) $T(r,f_1\cdot f_2\cdot\cdots\cdot f_n)\leq\sum_{k=1}^{n}T(r,f_k)$，特に，$f_1=f_2=\cdots=f_n$ ならば，$T(r,f^n)=nT(r,f)$

(ii) $T\left(r,\sum_{k=1}^{n}f_k\right)\leq\sum_{k=1}^{n}T(r,f_k)+\log n$

が成り立つ。

$f(z)$ が整関数であれば $N(r,f)=0$ であるから $T(r,f)=m(r,f)$ であり，$m(r,f)$ と $\log M(r,f)$ の関係については，$0<r<R<\infty$ として

$$m(r,f)\leq\log M(r,f)\leq\frac{R+r}{R-r}m(r,f)\tag{8.29}$$

が $M(r,f)>1$ を満たす r に対して成り立つ。有理形関数 $f(z)$ についての位数は

$$\limsup_{r\to\infty}\frac{\log T(r,f)}{\log r}$$

で定義される。(8.29) から整関数の場合の定義と矛盾をしないことが確かめられる。

ネバンリンナ理論は 2 つの主要定理が中心的な役割を演じている。本節で登場するランダウの記号は $r\to\infty$ のときの評価とする。

定理 8.9 (第 1 主要定理)　任意の複素数 a に対して

$$m(r,a,f)+N(r,a,f)=T\left(r,\frac{1}{f-a}\right)=T(r,f)+O(1) \tag{8.30}$$

が成り立つ。

第 1 主要定理が主張していることは，超越的有理形関数 $f(z)$ は，どの値 $a\in\mathbb{C}\cup\{\infty\}$ に対しても $f(z)$ が a に近づく度合いである近接関数と，$f(z)$ がちょうど a をとる回数を測る個数関数の和は定数差を除いて一定であることである。1 次分数変換 $M(X)=(\alpha X+\beta)/(\gamma X+\delta)$, $\alpha\delta-\beta\gamma\neq 0$ を考える。特性関数は 1 次分数変換に対して，定数差を除いて不変な量である。すなわち，$T(r,M(f))=T(r,f)+O(1)$ である。

第 2 主要定理を述べる前にネバンリンナ理論のなかで重要な役割を果たす対数微分の補題を紹介する。ここで登場する $S(r,f)$ は測度有限な除外区間の外で $o(T(r,f))$, $r\to\infty$ を満たす量とする。有理形関数 $a(z)$ が $T(r,a)=S(r,f)$ を満たすとき，$a(z)$ は $f(z)$ に対して小さな関数という。

補題 8.1　$f(z)$ を超越的有理形関数とする。このとき

$$m\left(r,\frac{f'}{f}\right)=S(r,f)$$

が成り立つ。特に，$f(z)$ の位数が有限ならば，

$$m\left(r, \frac{f'}{f}\right) = O(\log r)$$

である [*35]。

ネバンリンナの第2主要定理は，微分不等式である。

定理 8.10 (第2主要定理) $f(z)$ を非定数有理形関数とする。異なる複素数 $a_1, a_2, \ldots, a_q$, $q \geq 2$ に対して

$$m(r, f) + \sum_{n=1}^{q} m(r, a_n, f) + N_1(r, f) + N\left(r, \frac{1}{f'}\right) \leq 2T(r, f) + S(r, f) \quad (8.31)$$

が成り立つ。

第1主要定理を用いれば，(8.31) は次のように書き換えられる。

$$(q-1)T(r, f) \leq \overline{N}(r, f) + \sum_{n=1}^{q} \overline{N}(r, a_n, f) + S(r, f) \quad (8.32)$$

さらに，

$$m(r, f) + N_1(r, f) + \sum_{n=1}^{q} \left(m(r, a_n, f) + N_1(r, a_n, f)\right) \leq 2T(r, f) + S(r, f) \quad (8.33)$$

とも表せる。

第2主要定理から，ピカール (Picard [*36]) の小定理 [*37] が導かれる。すなわち，任意の超越的有理形関数 $f(z)$ は高々2個の複素数値（$\mathbb{C} \cup \{\infty\}$ の値）を除いて，無限回とるということである。超越的有理形関数 $f(z)$ がとらない値のことを除外値という [*38]。

---

*35　関数 $f(z)$ が位数有限の場合は，除外集合を考える必要はない。

*36　Charles Émile Picard, 1856–1941，フランス

*37　ピカール大定理とは，孤立真性特異点の近くでは高々2個の値を除き，すべての値がとられるということである。

*38　$f(z)$ を超越的有理形関数とする。複素数値 $a \in \mathbb{C} \cup \{\infty\}$ に対して，

以下に，複素領域での関数方程式の取り扱いには不可欠な 2 つの結果を紹介しておく。

定理 8.11　$f(z)$ を超越的有理形関数とする。$R(z,f)$ は，$f(z)$ に対して小さな有理形関数を係数とする f についての既約な有理関数とする。このとき

$$T(r,R(z,f))=dT(r,f)+S(r,f) \tag{8.34}$$

が成り立つ。ここで，d は $R(z,f)$ の f についての次数である [*39]。

補題 8.2　$f(z)$ を超越的有理形関数とし，n を自然数とする。$P(z,f)$, $Q(z,f)$ は，$f(z)$ に対して小さな有理形関数を係数とする f についての微分多項式とする。また，$Q(z,f)$ の f と f の導関数についての次数は n 以下であるとする。このとき

$$f^nP(z,f)=Q(z,f)$$

が満たされるならば，

$$m(r,P(z,f))=S(r,f)$$

$$\delta(f,a)=\liminf_{r\to\infty}\frac{m(r,a,f)}{T(r,f)},\quad \theta(f,a)=\liminf_{r\to\infty}\frac{N_1(r,a,f)}{T(r,f)}$$

を定義する。$\delta(f,a)$ を不足度，$\theta(f,a)$ を分岐度という。もし，$f(z)$ が a をとらなかったら，$N(r,a,f)=0$ であるから，第 1 主要定理（定理 8.9）から，$\delta(f,a)=1$ である。たとえば，$\tan z$ は i, $-i$ をとらないから，$\delta(\tan z,i)=\delta(\tan z,-i)=1$ となる。第 2 主要定理（定理 8.10）から異なる a_1, a_2, $\ldots$, a_q に対して

$$\sum_{n=1}^{q}(\delta(f,a_n)+\theta(f,a_n))\le 2$$

が示される。これを，ネバンリンナの不足と分岐の関係という。明らかに，ピカールの小定理を含んでいる。a が $\delta(f,a)>0$ であるとき，a を $f(z)$ のネバンリンナの除外値という。本論で，$f(z)$ が a をとらないとき，a を除外値と定義したが，ピカールの除外値ということもある。10.5 節で登場するペー関数は，分岐度が 1/2 の値を 4 つ持つ超越的有理形関数である。

*39　バリロン-モホンコの定理と呼ばれている。たとえば，[123], [108]などを参照のこと。

が成り立つ *40 。

◇◇◇ 学びの広場 8.1 ◇◇◇

指数関数 $f(z) = e^z$ の特性関数を計算する。$f(z)$ は，極を持たないから，$N(r, f) = 0$ である。極座標表示 $z = re^{i\theta}$ を用いれば，$e^z = e^{r\cos\theta} e^{ir\sin\theta}$ であるから，定義 8.2 から

$$
\begin{aligned}
T(r, f) = m(r, f) &= \frac{1}{2\pi} \int_0^{2\pi} \log^+ |e^{r\cos\theta} e^{ir\sin\theta}| \, d\theta \\
&= \frac{1}{2\pi} \int_0^{2\pi} \log^+ |e^{r\cos\theta}| \, d\theta = \frac{1}{2\pi} \int_{-\frac{\pi}{2}}^{\frac{\pi}{2}} r\cos\theta \, d\theta \\
&= \frac{r}{2\pi} [\sin\theta]_{-\frac{\pi}{2}}^{\frac{\pi}{2}} = \frac{r}{\pi}
\end{aligned}
$$

となる。

問題 8.1 $g(z) = e^z + e^{-z}$ とするとき，$T(r, g)$ を計算せよ。

8.4 ネバンリンナ理論と差分作用素

まずは，$T(r, f(z))$ と $T(r, f(z+1))$ の関係について述べる。

補題 8.3 $f(z)$ は超越的有理形関数とする。任意に与えられた $\varepsilon > 0$ に対して

$$
T(r, f(z+1)) \leq (1+\varepsilon) T(r+1, f(z)) + O(1) \tag{8.35}
$$

がすべての $r > 1/\varepsilon$ について成立する *41。

位数有限な有理形関数については，次の定理が成り立つ。

---

*40 クルーニーの補題と呼ばれている。たとえば，[45]，[76]，[108]などを参照のこと。

*41 文献[185]のなかでは，(8.35) は自明な性質として証明なしに使用されたが，[1, Page 902, Lemma 1]において証明が与えられている。

定理 8.12　$f(z)$ は有理形関数で位数 $\sigma = \sigma(f) < \infty$ とする。このとき，任意の $\varepsilon > 0$ に対して

$$T(r, f(z+1)) = T(r, f) + O(r^{\sigma-1+\varepsilon}) + O(\log r)$$

が成立する *42。

対数微分の性質，すなわち，補題 8.1 に対応する差分作用素についての結果を紹介する。

定理 8.13　$f(z)$ は位数有限な非定数有理形関数とする。定数 $c \in \mathbb{C}$，$\delta < 1$ に対して

$$m\left(r, \frac{f(z+c)}{f(z)}\right) = o\left(\frac{T(r, f)}{r^{\delta}}\right)$$

が対数測度有限な除外区間の外のすべての r について成立する *43。

定理 8.14　異なる複素定数 η_1, η_2 と位数有限な非定数有理形関数 $f(z)$ に対して，次の評価式が成り立つ。位数を $\sigma = \sigma(f)$ と書くとき，任意の $\varepsilon > 0$ に対して

$$m\left(r, \frac{f(z+\eta_1)}{f(z+\eta_2)}\right) = O(r^{\sigma-1+\varepsilon})$$

である *44。

位数無限大の例として，次の例を引用しておく *45。

例 8.1　位数無限大の整関数 $g(z) = e^{e^z}$ と 実数 $\eta > 1$ に対しては，$r \to \infty$ のとき

---

*42　[42, Theorem 2.1]を参照のこと。

*43　この結果は，[70]の結果を改良したものである。

*44　定理 8.13 は[69]において，定理 8.14 は[42]において，別々に証明された。両定理は本質的には同じものである。

*45　たとえば，[76, Page 7]を参照のこと。

$$m\left(r, \frac{g(z+\eta)}{g(z)}\right) = (e^{\eta}-1)m(r,g) \\ = (e^{\eta}-1)T(r,g) \sim (e^{\eta}-1)\frac{e^r}{\sqrt{2\pi^3 r}}$$

が成り立つ。

第 2 主要定理の類似として，次の結果を紹介する [*46]。

定理 8.15 $f(z)$ は位数有限な有理形関数，q を 2 以上の整数とする。異なる f に対して小さな周期関数 $a_1(z), \ldots, a_q(z)$ に関して，次の評価式が成り立つ。

$$m(r,f) + \sum_{k=1}^{q} m\left(r, \frac{1}{f-a_k}\right) \leq 2T(r,f) - N_{\mathrm{pair}}(r,f) + S(r,f)$$

ここで，

$$N_{\mathrm{pair}}(r,f) = 2N(r,f) - N(r,\Delta f) + N\left(r, \frac{1}{\Delta f}\right)$$

である。

学びの扉 8.2

さらに，$N_{\mathrm{pair}}(r,f)$ をよく知るために，"分離 a-点" を定義する [*47]。

まず，$a \in \mathbb{C}$ とし，$f(z_0) = a$ かつ $f(z_0+1) = a$ であるとき，z_0 を分離 a-点の組と呼ぶ。個数関数 $n_{[1]}(r,a,f)$ は，z_0 で $f(z)$ と $f(z+1)$ の展開の，一致する項の数を割り当てる。たとえば，$f(z) = a$ と $f(z+1) = a$ の，z_0 での重複度がそれぞれ p および q であったとする。もし，$q < p$ であれば，$n_{[1]}(r,a,f)$ への z_0 の貢献は q となる。

次に，$p = q$ であるとする。$k \geq 2$ を整数，$\alpha \neq \beta$ として

$$f(z) = a + c_p(z-z_0)^p + \cdots + c_{p+k-1}(z-z_0)^{p+k-1} \\ + \alpha(z-z_0)^{p+k} + O(z-z_0)^{p+k+1}$$

---

*46 たとえば，[70, Theorem 2.4]などを参照のこと。

*47 たとえば，[70, Pages 468–470]を参照のこと。

$$f(z+1) = a + c_p(z-z_0)^p + \cdots + c_{p+k-1}(z-z_0)^{p+k-1} + \beta(z-z_0)^{p+k} + O(z-z_0)^{p+k+1}$$

と展開されていれば，$n_{[1]}(r,a,f)$ への z_0 の貢献は $p+k$ となる。次に，$1/f(z)$ に対する分離 0 点の組として，$f(z)$ の分離極の組を定義する。すなわち，$f(z)$ が z_0 で p 位の極を持ち，z_0+1 で q 位の極を持つならば，z_0 の $n_{[1]}(r,\infty,f)$ への貢献は $\min\{p,q\}+m$ である。ここで，m は z_0 での $f(z)$ および $f(z+1)$ のローラン展開における初めの方の一致する項の数である。特に，$p \neq q$ ならば $m=0$ である。

有理形関数 $f(z)$ が周期関数でない，すなわち，$f(z+1) \not\equiv f(z)$ ならば，$n_{[1]}(r,a,f)$ は任意の r に対して有限な値である。しかしながら，$n_{[1]}(r,a,f)$ は，$n(r,a,f)$ よりも大きくなることはありえる。個数関数 $N_{[1]}(r,a,f)$, $N_{[1]}(r,f) = N_{[1]}(r,\infty,f)$ などは，通常の規則に従って定義されるものとする。$\overline{N}(r,a,f)$ の類似として

$$\tilde{N}(r,a,f) = N(r,a,f) - N_{[1]}(r,a,f) \tag{8.36}$$

を導入して，定理 8.10 を次のように書くことができる。

定理 8.16　関数 $f(z)$ は位数有限な有理形関数，q を 2 以上の整数とする。異なる f に対して，小さな周期関数 $a_1(z),\ldots,a_q(z)$ に関して次の評価式

$$(q-1)T(r,f) \leq \tilde{N}(r,f) + \sum_{k=1}^{q} \tilde{N}\left(r, \frac{1}{f-a_k}\right) + S(r,f) \tag{8.37}$$

が成り立つ。

例 8.2　有理形関数

$$f(z) = \frac{1}{\sin \pi z}$$

は，整数 n で 1 位の極を持つ。n が奇数であれば

$$f(z) = -\frac{1}{\pi(z-n)} - \frac{1}{6}\pi(z-n) + O(z-n)^3$$

$$f(z+1) = \frac{1}{\pi(z-n)} + \frac{1}{6}\pi(z-n) + O(z-n)^3$$
$$\Delta f(z) = \frac{2}{\pi(z-n)} + \frac{1}{3}\pi(z-n) + O(z-n)^3$$

であり，n が偶数であれば

$$f(z) = \frac{1}{\pi(z-n)} + \frac{1}{6}\pi(z-n) + O(z-n)^3$$
$$f(z+1) = -\frac{1}{\pi(z-n)} - \frac{1}{6}\pi(z-n) + O(z-n)^3$$
$$\Delta f(z) = -\frac{2}{\pi(z-n)} - \frac{1}{3}\pi(z-n) + O(z-n)^3$$

である。また，$1/\Delta f(z) = -(1/2)\sin \pi z$ であるから極は持たない。ゆえに，各極での n_{pair} への貢献は 1 であり，$N_{\mathrm{pair}}(r, f) \sim r$ となる。

例 8.3　ワイエルストラエスの楕円関数 *48 $\wp(z)$ において, 1 つの周期が 1 のものを選び, $g(z) = \wp(z) + e^z$ とおく。このとき, $T(r, g) = T(r, \wp)(1 + o(1))$ であり, $T(r, g) = N(r, g) + S(r, g)$ である。すべての, $g(z)$ の極の $n(r, g)$ への貢献は 2 であり，$n_{[1]}(r, g)$ への貢献は 4 である。それゆえ，$\tilde{n}(r, g)$ への貢献は -2 となり，$T(r, g) = -\tilde{N}(r, g) + S(r, g)$ であり，定理 8.16 によれば, すべての $a \in \mathbb{C}$ に対して $\tilde{N}(r, a, g) = T(r, g) + S(r, g)$ である。

定理 8.13（または，定理 8.14）を用いることで，既存の定理の様々な差分類似が示される。ここでは，関数方程式の取り扱いに有効な補題 8.2 の類似をあげておく。

定理 8.17　超越的有理形関数 $f(z)$ は，位数 $\rho < \infty$ で，次の差分方程式を満たすとする。

$$U(z, f)P(z, f) = Q(z, f)$$

ここで，$U(z, f)$, $P(z, f)$, $Q(z, f)$ は差分多項式で，$f(z)$ および $f(z)$ の差分達についての総次数は $\deg U(z, f) = n$, $\deg Q(z, f) \leq n$ であると

*48　詳細は第 10 章で紹介する。この例に関しては，[70, Page 470] を参照のこと。

する。さらに，$U(z,f)$ の $f(z)$ および $f(z)$ の差分についての最大次数を与える項はただ 1 つであるとする。このとき，任意の $\varepsilon > 0$ に対して，

$$m(r, P(z,f)) = O(r^{\rho-1+\varepsilon}) + o(T(r,f))$$

が，対数測度有限な除外区間の外で成り立つ [*49]。

学びの本箱 8.1

有理形関数の性質について詳細にわたって書かれた ゴールドベルグとオストロフスキイ（Goldberg and Ostrovskii）の本 [61]を紹介したい。1970 年にロシア語で出版された。現在では，英語訳が入手可能である。参考文献には英語版の方を紹介してある。1920 年代に確立された有理形関数についての値分布理論とその後の発展が丁寧に書かれ，具体的な例の構成も行われている。英語版では，エレメンコとラングリイ（Eremenko and Langley）によるノートがつけられ，1970 年以降の研究の進展が述べられている。数学が発展し，ますます抽象化が進み，偉大な定理が打ち立てられたときに，定理の条件を満たす関数や集合を具体的にどのように構成すべきかを思い悩む場面が多い。この本では，そのような疑問に多くの時間と労力をかけた，研究者の姿が描かれている。

---

*49　たとえば，[109]などを参照のこと。

9 線形方程式とニュートンの折れ線

石崎 克也

《目標＆ポイント》 この章では，前半で，整関数の増大度と 2 項級数による線形差分方程式の解法を学習する。後半では，微分，差分，q-差分の 3 種類の多項式係数複素線形方程式を概説する。これらの方程式は，係数の多項式から定まるニュートンの折れ線の傾きによって解の増大度が運命づけられている。図形的な性質と整関数解の増大度について，3 種類の線形方程式を比較しながら分析する。

《キーワード》 リンデレーフ-プリングスハイムの公式，カールソンの定理，2 項級数の収束，線形方程式，整関数の増大度，整関数の位数，凸包，ニュートンの折れ線，線形微分方程式，線形差分方程式，線形 q-差分方程式

9.1 リンデレーフ-プリングスハイムの公式

8.1 節の (8.2) において，整関数 $f(z)$ の増大の位数 $\rho(f)$ についての，$M(r,f)$ を用いた定義を与えた。さらに，整関数 $f(z)$ のテイラー展開（ベキ級数表現）から定義される $\mu(r,f)$, $\nu(r,f)$ が $f(z)$ の増大の振る舞いを記述することを学習した。この節では，$f(z)$ のテイラー展開 (8.6) の係数を用いて，増大の位数が表されることを紹介する。

定理 9.1 整関数 $f(z)$ が (8.6) で表されているとし，

$$\chi(f) = \limsup_{n\to\infty} \frac{n\log n}{-\log|b_n|} \tag{9.1}$$

とする。このとき，増大の位数 $\rho(f)$ と $\chi(f)$ は一致する。

19 世紀後半から 20 世紀の前半にかけて整関数の漸近的な振る舞いは盛んに研究された。この時期には，(9.1) の $\limsup$ を用いた表現は見受けられないが，テイラー展開の係数と増大度の関係については，リンデレーフ [114, Chapter III], [115]やプリングスハイム [142, Pages 260–263]によって深められた。定理 9.1 は，[97, Pages 24–25]に従って，リ

ンデレーフ-プリングスハイムの公式と呼ぶことにする *1。

例 9.1　整関数 e^{2z} については，ベキ級数展開が

$$e^{2z} = \sum_{n=0}^{\infty} \frac{2^n}{n!} z^n$$

であるから，$b_n = 2^n/n!$ に (9.1) を適用して $\rho(f) = 1$ を得る。実際の計算では，スターリングの公式 (4.20) を用いるとよい。

9.2　カールソンの定理

2 項級数 (8.12) と複素解析学との関係を記述した結果の 1 つとして，カールソン（Carlson *2）の定理 [41]を紹介する *3。この節での表現などは，おもに [74, Pages 328–330], [168, Pages 185–186]に従って記述する。

定理 9.2　複素関数 $f(z)$ が以下の (i), (ii), (iii) を満たすとすると，$f(z)$ は恒等的に 0 である。

(i) $f(z)$ は各領域 $-\alpha < \theta < \alpha$ において正則である。ここで，$\alpha \geq \pi/2$ であり，$z = re^{i\theta}$ とする。

(ii) 上記の角領域において，ある $A > 0$ が存在して $|f(z)| \leq Ae^{kr}$, $k < \pi$ である。

(iii) 任意の自然数 $n = 1, 2, 3, \ldots$ に対して $f(n) = 0$ である。

定理 9.2 から，2 項級数 (8.12)，特に，ニュートン級数 (3.35) に関する考察が可能になる。

実際，p を非負の整数とすると下降階乗ベキの定義式から，任意の自然数 $n \geq p + 1$ に対して，$p^{\underline{n}} = 0$ が成り立つ。このことは，ニュートン

---

*1　証明などの詳細は，たとえば，[35, Pages 9–11], [168, Pages 253–254]などを参照のこと。

*2　Fritz David Carlson, 1888–1952, スウェーデン

*3　たとえば，[35, Page 171], [60], [113, Page 58], [138], [146]などを参照のこと。

級数 (3.35) に関して，$F_0(p)$ が任意の p について収束することを示している。さらに，高階差分についての公式 (2.22) を用いると，

$$F_0(p) = \sum_{n=0}^{\infty} \frac{\Delta^n f(0)}{n!} p^{\underline{n}} = \sum_{n=0}^{p} \binom{p}{n} \Delta^n f(0) = f(p), \quad p = 0, 1, 2, \ldots \tag{9.2}$$

を得る。このことは，$f(p) - F_0(p) = 0$, $p = 0, 1, 2, \ldots$ を意味する。したがって，定理 9.2 を用いると，次の系が導かれる。

系 9.1　整関数 $f(z)$ の増大の位数を ρ とする。もし $\rho < 1$ ならば，$f(z)$ はニュートン級数 $F_0(z)$ で表現可能である。すなわち，

$$f(z) = \sum_{n=0}^{\infty} \frac{\Delta^n f(0)}{n!} z^{\underline{n}} \tag{9.3}$$

と表される。

定理 9.2 は，次に紹介する複素関数の増大についてのフラグマン-リンデレーフの定理 [137] の影響が強い *4。

定理 9.3　複素関数 $f(z)$, $z = re^{i\theta}$ は内角の大きさ π/α とする角領域 D において正則とする。角領域 D の両境界を与える 2 半直線上では，$|f(z)| \leq M$ であり，D の内側では，$r \to \infty$ のとき $|f(z)| = O(e^{\delta r^{\rho}})$ が成り立つとする。ここで，$\delta > 0$, $0 < \rho < \alpha$ は定数である。このとき，D において，$|f(z)| \leq M$ が成り立つ。

定理 9.3 の主張を直感的に述べると，角領域の境界上において有界で，内部において内角の大きさで制限される値で増大度が評価されていれば，角領域全体で有界になるということである。

9.3　2 項級数と差分方程式

8.2.1 でも紹介したように，差分方程式の解を，2 項級数 (8.12) を利用して考察する方法が，1 つの有効な手段である。この手法の全体的な

*4　たとえば，[113, Pages 37–39]，[168] などを参照のこと。

流れは，微分方程式の級数解法とほぼ同じである。すなわち，まず対象となる差分方程式を使って，形式的に 2 項級数を表現する。次に，この 2 項級数が収束する領域（収束域）を特定する。可能であれば，差分方程式などを利用して，解を解析接続していくことである。いくつか，歴史的背景の紹介と，概念や記号の定義をしておく。20 世紀の初めに，ランダウ [111]が 2 項級数の収束域の研究に取り組んでいる。その後，ネールント（Nörlund *5）[132, Pages 205, 257–262]やミルネ-トムソン（Milne-Thomson *6）[121, Chapter 10]らによって，さらに深められた *7。

定理 9.4　2 項級数 (8.12) が，ある複素数 z_0 において収束するならば，(8.12) は領域 $\Re z > \Re z_0$ において収束する。

定理 9.4 は 2 項級数 (8.12) の収束域は，ある実数 λ で定まる右側半平面であることを主張している。この λ の定式化は以下のようになる。任意の正数 ε に対して，$\Re z > \lambda + \varepsilon$ において (8.12) が収束し，$\Re z < \lambda - \varepsilon$ において発散するとき，ここでは，λ を収束座標（abscissa）と呼ぶことにする。もし，$\lambda = \infty$ であれば，(8.12) は至るところで発散し，もし，$\lambda = -\infty$ であれば，(8.12) は複素平面全体で収束すると約束する。

複素平面内の z を固定し，もし，$\displaystyle\sum_{n=0}^{\infty} |a_n||z^{\underline{n}}|$ が収束するならば，(8.12) は，z において絶対収束するという。ここでは，リンデレーフ-プリングスハイムの方法にならい，数列 $\{a_n\}$ に対する位数を

$$\chi(\{a_n\}) = \limsup_{n\to\infty} \frac{n \log n}{-\log |a_n|} \tag{9.4}$$

で定義する。まず，$\chi(\{a_n\}) < 1$ の場合を考察する。定義式 (9.4) より，任意の $\varepsilon > 0$ に対して，n を十分大きくとると

---

*5　Erik Nörlund, 1885–1981, デンマーク

*6　Louis Melville Milne-Thomson, 1891–1974, イングランド

*7　近年の多項式係数線形差分方程式の研究には，たとえば，[36], [173]などがある。

$$\frac{n\log n}{-\log|a_n|} \leq \chi(\{a_n\}) + \varepsilon$$

が成り立つことがわかる。ε を十分小さく $\chi(\{a_n\}) + \varepsilon < 1$ が成り立つようにとり，簡単のため，$\gamma = 1/(\chi(\{a_n\}) + \varepsilon) > 1$ とおく。このとき，十分大きな n に対して，$|a_n| < n^{-\gamma n}$ とできる。下降階乗ベキ $z^{\underline{n}}$ の定義から，$z^{\underline{n}}$ は z が十分大きな自然数 n である場合は 0 になるので，(8.12) は収束する。そこで，以下では z が自然数でない場合を取り扱う。学びの抽斗 8.1 と学びの抽斗 4.1 を用いると，

$$|a_n||z^{\underline{n}}| \sim n^{-\gamma n}\frac{n!}{n^{1+\Re z}} \sim \frac{\sqrt{2\pi n}}{e^n}\frac{1}{n^{1+\Re z}}n^{(1-\gamma)n} \tag{9.5}$$

が得られる。ここで，$1-\gamma < 0$ であることに注意して，(9.5) に定理 3.3（ダランベールの判定法）を適用させることで，(8.12) が任意の z に対して絶対収束していることがわかる。$\chi(\{a_n\}) \geq 1$ の場合の取り扱いは必ずしも容易ではない。ここでは，$\chi(\{a_n\}) = 1$ の場合について，例を通して学習することにする。

例 9.2　複素数 $\alpha \neq 0,\ -1,\ |\alpha| \leq 1$ は定数とする。差分方程式

$$\Delta y(z) = \alpha y(z) \tag{9.6}$$

を考える。まず，(9.6) の形式 2 項級数解の係数を $\{a_n\}$ とするとき，$\chi(\{a_n\}) = 1$ であることを示す。形式 2 項級数 (8.12) を (9.6) の両辺に代入し，(2.8) を用いることで，漸化式 $(n+1)a_{n+1} = \alpha a_n$ を用いて記述されることがわかる。ゆえに，a_0 を任意定数として，$a_n = a_0\alpha^n/n!$ と表される。したがって，(9.4) より $\chi(\{a_n\}) = 1$ が確認される。

学びの抽斗 8.1 と学びの抽斗 4.1 を用いると，

$$|a_n||z^{\underline{n}}| \sim \left|a_0\frac{\alpha^n}{n!}\right|\frac{n!}{n^{1+\Re z}} = |a_0|\frac{1}{n^{1+\Re z}} \tag{9.7}$$

が得られる。収束判定についての定理 3.5 より，(9.7) より $\Re z > 0$ のときは (8.12) が収束し，$\Re z \leq 0$ では発散することがわかる。したがって，(8.12) の収束座標は $\lambda = 0$ であり，(8.12) は右半平面 $\Re z > 0$ において $a_0(1+\alpha)^z$ に収束することがわかる。実際，右半平面において (8.12) で

表現された解は (9.6) を利用して，複素平面全体に整関数解として解析接続される。

例 9.3　差分方程式

$$\Delta y(z) = (z-1)y(z) \tag{9.8}$$

を考える。例 9.2 と同様に，(9.8) の形式 2 項級数解の係数を $\{a_n\}$ とする。形式 2 項級数 (8.12) を (9.8) の両辺に代入し，(2.8) を用いると，

$$\sum_{n=0}^{\infty}(n+1)a_{n+1}z^{\underline{n}} = \sum_{n=1}^{\infty}(na_n + a_{n-1})z^{\underline{n}} - \sum_{n=0}^{\infty}a_n z^{\underline{n}}$$

を得る。この式から $a_1 + a_0 = 0$ と $A_{n+1} = A_n$ が導かれる。ここで，$A_n = na_n + a_{n-1}$, $n \geq 1$ である。したがって，$\{a_n\}$ は，a_0 を任意定数として，漸化式 $a_n = a_0(-1)^n/n!$ を用いて記述されることがわかる。この例の場合も (9.4) から $\chi(\{a_n\}) = 1$ であることがわかり，例 9.2 と同様に，学びの抽斗 8.1 と学びの抽斗 4.1 を用いると，

$$|a_n||z^{\underline{n}}| \sim \left|a_0\frac{(-1)^n}{n!}\right|\frac{n!}{n^{1+\Re z}} = |a_0|\frac{1}{n^{1+\Re z}} \tag{9.9}$$

が得られ，定理 3.5 が機能し，$\Re z > 0$ のときは (8.12) が収束し，$\Re z \leq 0$ では発散することがわかる。したがって，(8.12) の収束座標は $\lambda = 0$ であり，(8.12) は右半平面 $\Re z > 0$ において $a_0\Gamma(z)$ に収束することがわかる。実際，右半平面において (8.12) で表現された解は (9.8) を利用して，複素平面全体に有理形関数解として解析接続される。この操作から，$0, -1, -2, -3, \ldots$ において 1 位の極を持つことも確かめられる。

9.4　ニュートンの折れ線

この章の後半では，以下の線形微分方程式，線形差分方程式および線形 q-差分方程式を取り扱う。

$$a_\ell(z)f^{(\ell)}(z) + \cdots + a_1(z)f'(z) + a_0(z)f(z) = 0 \tag{9.10}$$

$$b_m(z)\Delta^m f(z) + \cdots + b_1(z)\Delta f(z) + b_0(z)f(z) = 0 \tag{9.11}$$

$$c_n(z)f(q^n z) + \cdots + c_1(z)f(qz) + c_0(z)f(z) = 0 \tag{9.12}$$

ここでは，それぞれの係数はすべて多項式とする。すなわち，ℓ, m, n を自然数とし，$a_j(z)$, $j = 0, 1, \ldots, \ell$, $b_j(z)$, $j = 0, 1, \ldots, m$, $c_j(z)$, $j = 0, 1, \ldots, n$, は多項式で，$a_\ell(z) \not\equiv 0$, $b_m(z) \not\equiv 0$, $c_n(z) \not\equiv 0$ である。ここで，q は固定された複素定数で，$|q| \neq 0, 1$ である。係数多項式の次数を $A_j = \deg a_j(z)$, $j = 0, 1, \ldots, \ell$, $B_j = \deg b_j(z)$, $j = 0, 1, \ldots, m$ および $C_j = \deg c_j(z)$, $j = 0, 1, \ldots, n$ とする。

線形方程式 (9.10), (9.11) および (9.12) の超越整関数解の増大の振る舞いは，係数多項式から定められるニュートンの折れ線で表現されることを学習する。

6.2.1 で紹介したランダウの記号を用いるが，$o(\cdot)$ と書いた場合は特に断りのないかぎり，$o(\cdot)$, $r \to \infty$ を意味する。また，L, M, N を正の係数として使用するが，評価式によって記号を変えずに用いることにする。

9.5 線形微分方程式

まず，線形微分方程式 (9.10) についての性質を紹介する。関数 $f(z)$ を (9.10) の超越整関数解とする。整関数の増大度を測る関数 $M(r, f)$, $\mu(r, f)$, $\nu(r, f)$ は，8.2 節で与えたものとする。折れ線で囲まれる図形

$$\mathfrak{L} = \bigcup_{j=0}^{\ell} \mathfrak{L}_j$$

を考える。ここで

$$\mathfrak{L}_j = \{(x, y)\colon x \geq j,\ y \leq A_{\ell-j} - (\ell - j)\},\ 0 \leq j \leq \ell$$

である。この集合の凸包の縁を (9.10) に対するニュートンの折れ線という[*8]。

超越整関数解 $f(z)$ に対して，(9.10) に対応するニュートンの折れ線の傾き $\rho > 0$ があって，以下の評価式

$$\log M(r, f) = Lr^{\rho}(1 + o(1)) \tag{9.13}$$

*8　ニュートンの折れ線のイメージは，後述の例を通して紹介する。例のなかで登場するグラフを参照のこと。

$$\log \mu(r,f) = Lr^{\rho}(1+o(1)) \tag{9.14}$$

$$\nu(r,f) = \rho Lr^{\rho}(1+o(1)) \tag{9.15}$$

が成立することが知られている *9。さらに，評価式 (9.13)〜(9.15) より，次の定理が導かれる。

定理 9.5　$f(z)$ を多項式係数線形微分方程式 (9.10) の超越整関数解とする。このとき，増大の位数 $\rho(f)$ は (9.10) のニュートンの折れ線の傾きのいずれかと一致する。

注意することは，線形微分方程式 (9.10) のニュートンの折れ線の傾きは正の有理数であるから，(9.10) の超越整関数解の位数は有限で正の有理数であることがわかる。したがって，有理数でない増大の位数を持つ整関数は多項式係数線形微分方程式では構成できないことを述べている *10 *11。一般に，線形微分方程式 (9.10) において $n \geq 2$ であれば，一次独立な整関数解は n 個まで存在することが可能である。もし，ニュートンの折れ線を描いて正の傾きが現れなかったとしたら，何を意味しているのだろうか。この場合は，超越整関数解は存在しないことが主張されている。これらの考察から，ニュートンの折れ線を利用することで，線形微分方程式を解くことなく超越整関数解の非存在を判定できることが理解される。

2 階の方程式の例を用いて，定理 9.5 の主張を追ってみる。

例 9.4　整関数 e^z, e^{z^2} は多項式係数線形微分方程式

$$(2z-1)f'' - (4z^2+1)f' + (4z^2-2z+2)f = 0 \tag{9.16}$$

を満たす。$A_0 = 2,\ A_1 = 2,\ A_2 = 1$ であるから，(9.16) に対応する

*9　たとえば，[80], [97, Pages 199–209], [67], [181, Pages 65–67] などを参照のこと。

*10　ニュートンの折れ線を使わずに，位数が有理数であることを示すこともできる。関連論文に [67], [80], [180] などがある。

*11　有理数でない位数を持つ整関数の構成については，後述の 11.5 節の「学びの扉 11.1」でシュレーダー方程式を用いる方法を紹介する。

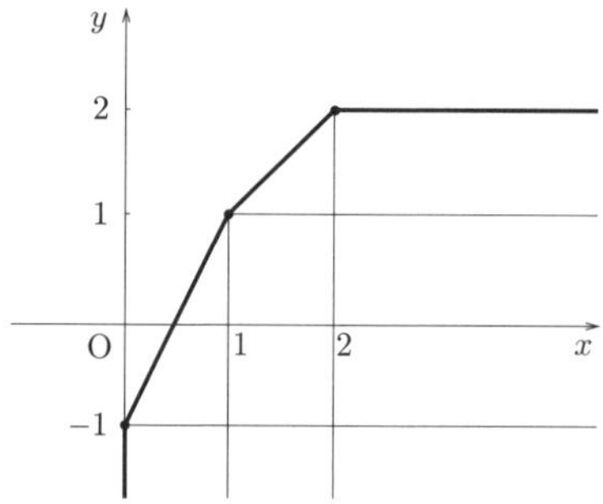

図 9.1　ニュートンの折れ線・例 9.4

ニュートンの折れ線は図 9.1 のようになる。

整関数 e^z の位数 $\rho(e^z) = 1$ は $(1,1)$ と $(2,2)$ を結ぶ直線の傾きとして，e^{z^2} の位数 $\rho(e^{z^2}) = 2$ は $(0,-1)$ と $(1,1)$ を結ぶ直線の傾きとして現れている。

例 9.5　整関数 e^{2z}, ze^{3z} は多項式係数線形微分方程式

$$(z+1)f'' - (5z+6)f' + (6z+8)f = 0 \tag{9.17}$$

を満たす。$A_0 = A_1 = A_2 = 1$ であるから，(9.17) に対応するニュートンの折れ線は図 9.2 のようになる。

関数 e^{2z}, ze^{3z} の位数はともに $\rho(e^{2z}) = \rho(ze^{3z}) = 1$ である。$(0,-1)$, $(1,0)$ と $(2,1)$ を結ぶ直線の傾きとして現れている。

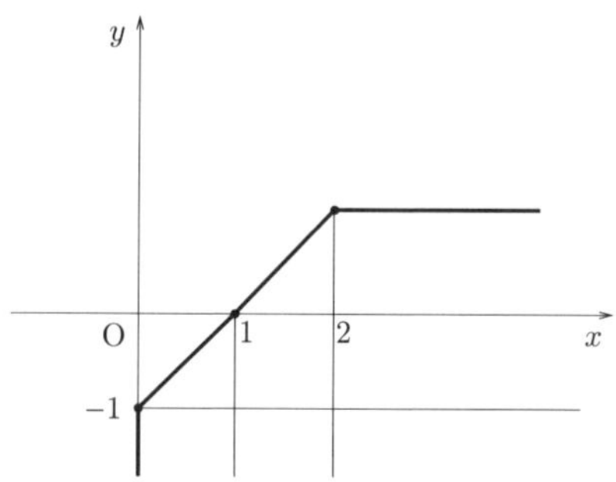

図 9.2　ニュートンの折れ線・例 9.5

例 9.6　多項式係数線形微分方程式

$$(z^4+6z^2+4z)f''-(6z^3+24z+12)f'+(12z^2+24)f=0 \quad (9.18)$$

において，$A_0=2$, $A_1=3$, $A_2=4$ であるから，(9.18) に対応するニュートンの折れ線は，図 9.3 のようになる。

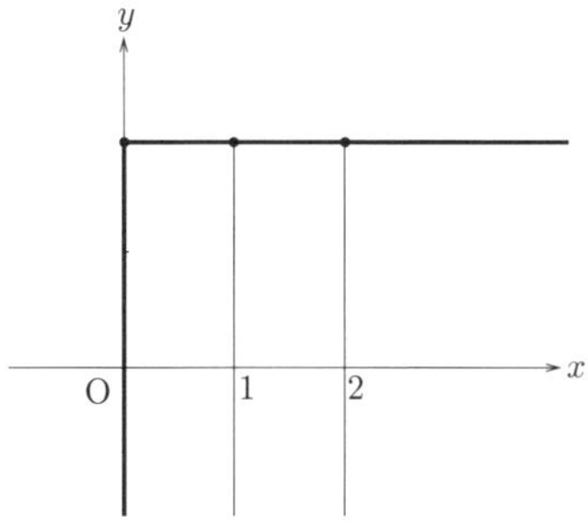

図 9.3　ニュートンの折れ線・例 9.6

3 点 $(0,2)$, $(1,2)$, $(2,2)$ を結ぶ直線は x 軸に平行な直線である。よって，(9.18) は超越整関数解を持たない。ちなみに，(9.18) は多項式解 z^4, z^3+2z+1 を持つ。

学びの広場 9.1

整関数 $\sin z^3$, $\cos z^3$ は多項式係数線形微分方程式

$$zf''-2f'+9z^5f=0 \quad (9.19)$$

を満たす。整関数 $\sin z^3$, $\cos z^3$ の位数はともに $\rho(\sin z^3)=\rho(\cos z^3)=3$ である。

問題 9.1　(9.19) のニュートンの折れ線を作図せよ。また，解の位数に対応する傾き 3 の線分が現れることを確認せよ。

9.6 線形差分方程式

線形差分方程式 (9.11) のニュートンの折れ線の議論をする前に，複素領域での有理形関数解の存在についてふれておく。一般に，有理形関数については，微分についての原始関数は有理形とは限らない [*12]。一方，有理形関数は和分可能で，有理形の原始関数が存在する [*13]。

定理 9.6　任意の整関数 $f(z)$ に対して，$\Delta g(z) = f(z)$ を満たす $f(z)$ と同じ位数を持つ整関数 $g(z)$ が存在する [*14]。

定理 9.7　任意の有理形関数 $f(z)$ に対して，$\Delta g(z) = f(z)$ を満たす有理形関数 $g(z)$ が存在する。

極を持つ有理形関数については，原始関数の位数は被和分関数とは同じとは限らない。

線形差分方程式の解の存在についての一般的な結果を述べておく。

定理 9.8　線形差分方程式 (9.11) において，一次独立な有理形関数解の組 $y_1, \ldots, y_n$ が存在する [*15]。

線形差分方程式 (9.11) については，

$$\mathfrak{M}_j = \{(x, y) \colon x \geq j,\ y \leq B_{m-j} - (m - j)\},\ 0 \leq j \leq m$$

を考えて，集合

---

*12　たとえば，$f(z) = 1/z$ は有理形関数であるが，$\int f(z)\, dz = \log z$ は有理形関数ではない。

*13　たとえば，Guichard [65], Hurwitz [86], Whittaker [175, Pages 17–31] を参照のこと。

*14　一般には，任意の周期 1 の周期関数を含むから，任意の位数を持つ解の構成が可能である。たとえば，[134]などを参照のこと。

*15　Praagman [141]のなかで，整関数係数というさらに一般的な仮定のもとで，1 次独立な有理形関数解の組の存在が示されている。証明は解析的手法のみではない。

$$\mathfrak{M} = \bigcup_{j=0}^{m} \mathfrak{M}_j$$

の凸包の縁を (9.11) に対するニュートンの折れ線という。8.2.2 で紹介した結果を用いることで，線形差分方程式についても線形微分方程式同様の結果を得る。

定理 9.9　線形差分方程式 (9.11) が位数 1/2 より小さな超越的整関数解 $f(z)$ を持つとすれば

$$\log M(r, f) = Lr^{\chi}(1 + o(1)) \tag{9.20}$$

が成り立つ。ここで，L は定数で，χ はニュートンの折れ線の傾きのいずれかであり，$\rho(f) = \chi$ である [*16]。

実際には，定理 9.9 の証明には，定理 8.2 を適用した後で，補題 6.3 などを利用した除外集合（区間）の処理が必要である。また，線形微分方程式との違いのひとつは，解の位数についての制約があることである。

後述の 10.3 節で複素関数としてのガンマ関数を定義するが，ここでは増大についての性質のみ紹介しておく。ガンマ関数は複素平面上で超越的有理形関数であり，零点を持たない。そこで，$\gamma(z) = 1/\Gamma(z)$ とおくと，$\gamma(z)$ は超越整関数である。ガンマ関数が差分方程式 $\Gamma(z+1) = z\Gamma(z)$ を満たすことから，$\gamma(z)$ は

$$z\Delta\gamma(z) + (z-1)\gamma(z) = 0$$

を満足する。ガンマ関数の位数は 1 であることが知られていて，ネバンリナの第 1 主要定理，（定理 8.9）から $\rho(\gamma) = \rho(\Gamma) = 1$ となり，$\gamma(z)$ の満たす差分方程式のニュートンの折れ線の傾きと一致している。しかしながら，位数 1 未満の条件は満たされず

$$\log M(r, \gamma) = \frac{1}{\pi} r \log r(1 + o(1))$$

*16　位数についての 1/2 未満という制限は，[44]において 1 未満に緩和された。

であり (9.20) は成立しない *17。

例 9.7　2 階多項式係数線形差分方程式

$$(4z+6)\Delta^2 y(z) + 3\Delta y(z) + y(z) = 0 \qquad (9.21)$$

に対応するニュートンの折れ線は，$B_0 = 0$, $B_1 = 0$, $B_2 = 1$ であるから，次のようになる。

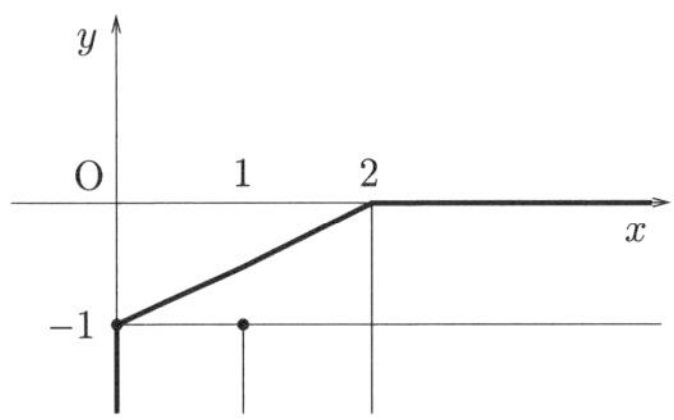

図 9.4　ニュートンの折れ線・例 9.7

差分方程式 (9.21) は，位数 1/2 の超越整関数解を持つ。

例 9.8　3 階多項式係数線形差分方程式

$$(6z^2+19z+15)\Delta^3 f(z) + (z+3)\Delta^2 f(z) - \Delta f(z) - f(z) = 0 \qquad (9.22)$$

に対応するニュートンの折れ線は，$B_0 = 0$, $B_1 = 0$, $B_2 = 1$, $B_3 = 2$ であるから，次のようになる。

差分方程式 (9.22) は，位数 1/3 の超越整関数解を持つ。

例 9.7，例 9.8 における実際の構成方法は，8.2.1 節において学習した 2 項級数を使う方法による *18。

*17　たとえば，[192]などを参照のこと。
*18　たとえば，[93]などを参照のこと。

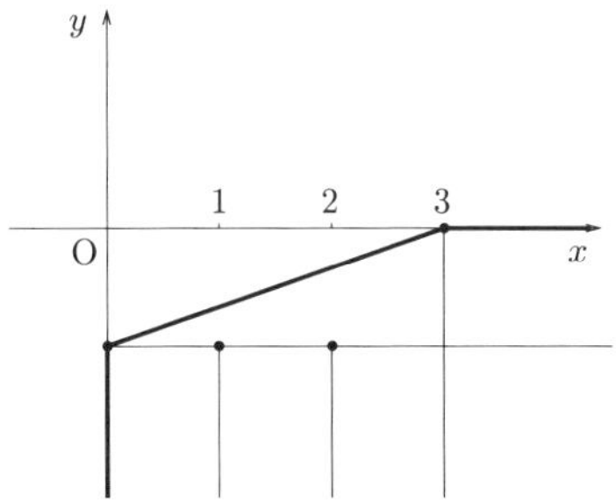

図 9.5　ニュートンの折れ線・例 9.8

9.7　線形 $\boldsymbol{q}$-差分方程式

線形 q-差分方程式 (9.12) については，

$$\mathfrak{N}_j = \{(x, y) \colon x \geq j,\ y \leq C_j\},\ 0 \leq j \leq n$$

を考えて，集合

$$\mathfrak{N} = \bigcup_{j=0}^{n} \mathfrak{N}_j$$

の凸包の縁を (9.12) に対するニュートンの折れ線という *19。ここでは，$0 < |q| < 1$ として議論を進めやすいようにニュートンの折れ線を定義した。$|q| > 1$ の場合も本質は変わらない。q-差分方程式の超越整関数解の増大は小さく，次の定理が成立する。

定理 9.10　多項式係数線形 q-差分方程式 (9.12) の任意の超越整関数解 $f(z)$ に対して，あるニュートンの折れ線の傾き σ があり

$$\log M(r, f) = \frac{\sigma}{-2\log|q|}(\log r)^2(1 + o(1)) \tag{9.23}$$

が成り立つ。したがって，増大の位数は $\rho(f) = 0$ である *20。

---

*19　線形微分方程式，線形差分方程式におけるニュートンの折れ線の定義との違いを把握すること。

*20　証明は，[28]，[29]に述べられている。また，線形 q-差分方程式の解析的取り扱いをしたものに[26]，[144]などがある。

学びの抽斗 9.1

ここで，無限乗積

$$\prod_{n=0}^{\infty}(1+z_n) \tag{9.24}$$

の収束について述べておく。まず，無限乗積 (9.24) が収束するとすれば，数列 z_n は $\lim_{n\to\infty} z_n = 0$ を満たす。$\prod_{n=0}^{\infty}(1+|z_n|)$ が収束するとき，(9.24) は絶対収束するという。(9.24) が絶対収束すれば，(9.24) は収束する。さらに，無限乗積 (9.24) が絶対収束するための必要十分条件は，$\sum_{n=0}^{\infty} z_n$ が絶対収束することである [*21]。

例 9.9　1 階多項式係数 q-線形差分方程式

$$(1-z)f(qz) - f(z) = 0 \tag{9.25}$$

に対応するニュートンの折れ線は，$C_0 = 0$, $C_1 = 1$ であるから，次の図 9.6 のようになる。

方程式 (9.25) から，任意の n に対して，

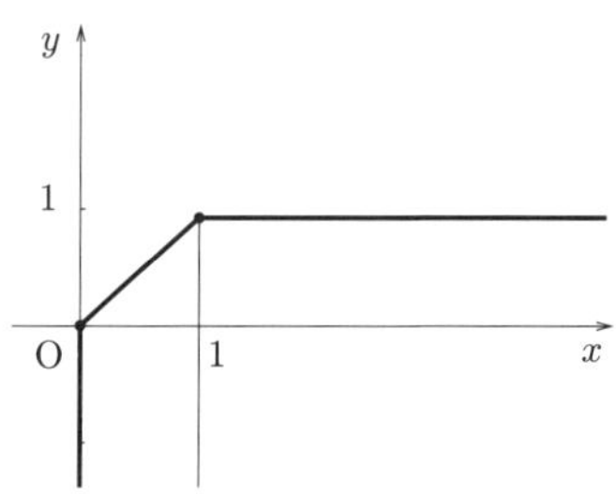

図 9.6　ニュートンの折れ線・例 9.9

*21　たとえば，[133, Pages 14–15]，[216, Pages 116–125]，[224, Pages 59–68] などを参照のこと。

$$f(z) = \prod_{k=1}^{n}(1 - q^{k-1}z)f(q^n z) \tag{9.26}$$

が成り立つ。右辺の無限乗積は，学びの抽斗 9.1 より，$|q| < 1$ なる仮定から広義一様に収束し，$f(0) = C$ とおくことで超越整関数解 $f(z) = C\prod_{n=0}^{\infty}(1-q^n z)$ を得る。$f(z)$ の整級数（ベキ級数展開）を $f(z) = \sum_{n=0}^{\infty}\alpha_n z^n$ とおいて，(9.25) に代入すれば

$$\sum_{n=0}^{\infty}\alpha_n(qz)^n - z\sum_{n=0}^{\infty}\alpha_n(qz)^n - \sum_{n=0}^{\infty}\alpha_n z^n$$
$$= \sum_{n=1}^{\infty}(\alpha_n q^n - \alpha_{n-1}q^{n-1} - \alpha_n)z^n = 0$$

上式より，α_n についての漸化式

$$(q^n - 1)\alpha_n = q^{n-1}\alpha_{n-1}, \quad n \geq 1, \quad \alpha_0 = C \tag{9.27}$$

を得る。(9.27) より，

$$\alpha_n = C\prod_{k=1}^{n}\frac{q^{k-1}}{q^k - 1} = \frac{Cq^{\frac{n(n-1)}{2}}}{\prod_{k=1}^{n}(q^k - 1)}$$

となる。右辺の分母の無限乗積 $\lim_{n\to\infty}\prod_{k=1}^{n}(q^k - 1)$ は収束するので，H をある定数として，$|\alpha_n| \sim H|q|^{\frac{n(n-1)}{2}}$ と評価できる。したがって，$r^n = |q|^{n\log r/\log|q|}$ に注意すれば，$\mu(r, f) = \max_n |\alpha_n r^n|$ は，

$$n = \frac{\log r}{-\log|q|} + O(1)$$

で与えられ，(8.10) を用いれば

$$\log M(r, f) = \frac{1}{-2\log|q|}(\log r)^2(1 + o(1))$$

が得られ，$\sigma = 1$ であることがわかる。これは，図 9.6 のニュートンの折れ線の傾きと一致している。

例 9.10　2 階多項式係数 q-線形差分方程式

$$f(q^2z) - zf(qz) - bf(z) = 0 \tag{9.28}$$

を考える。ここで，$b \neq 0$ は定数である。対応するニュートンの折れ線は，$C_0 = 0, C_1 = 1, C_2 = 0$ であるから，図 9.7 のようになる。

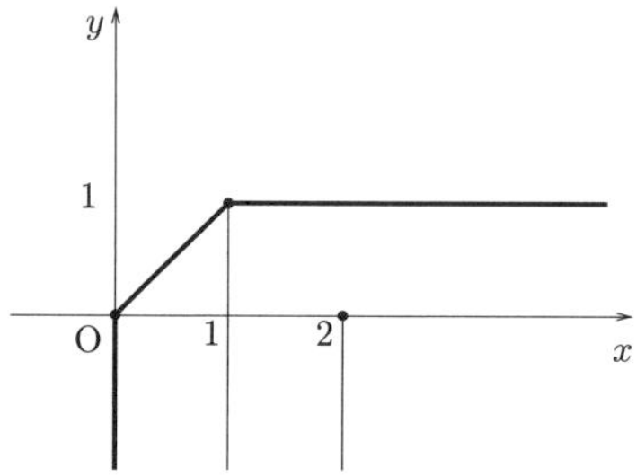

図 9.7　ニュートンの折れ線・例 9.10

例 9.9 と同様に，(9.28) の解を整級数 $f(z) = \sum_{n=0}^{\infty} \alpha_n z^n$ の形に書いて，(9.28) へ代入すると

$$\sum_{n=0}^{\infty} \alpha_n (q^2z)^n - z\sum_{n=0}^{\infty} \alpha_n (qz)^n - b\sum_{n=0}^{\infty} \alpha_n z^n$$
$$= \alpha_0(1-b) + \sum_{n=1}^{\infty} (\alpha_n q^{2n} - \alpha_{n-1}q^{n-1} - b\alpha_n)z^n = 0$$

を得る。上式より，α_n についての漸化式

$$(q^{2n} - b)\alpha_n = q^{n-1}\alpha_{n-1}, \quad n \geq 1, \quad \alpha_0(1-b) = 0 \tag{9.29}$$

を得る。非自明な解を構成するため，以下では，自然数 $p \geq 1$ を 1 つ選んで固定し，$b = q^{2p}$ とおく。この仮定のもとに，$\alpha_0 = \cdots = \alpha_{p-1} = 0$, $\alpha_p = C \neq 0$ として，$n \geq p+1$ については漸化式 (9.29) で α_n を決めていくことにする。明らかに，α_n がどこからか先で，すべて零になることはない。

$$\lim_{n\to\infty} \frac{\alpha_{n+1}}{\alpha_n} = \lim_{n\to\infty} \frac{q^n}{q^{2(n+1)} - b} = 0$$

であるから，整級数の収束半径は無限大である。ゆえに，$f(z)$ は超越整関数になる。

$$\alpha_n = \frac{\prod_{k=p+1}^{n} q^{k-1}C}{\prod_{k=p+1}^{n}(q^{2k}-b)} = \frac{\frac{1}{(-b)^n}\prod_{k=1}^{n} q^{k-1}}{\prod_{k=p+1}^{n}(q^{2k}(\frac{-1}{b})+1)}\frac{(-b)^pC}{\prod_{k=1}^{p} q^k} \qquad (9.30)$$

右辺の分母から生じる無限乗積 $\lim_{n\to\infty}\prod_{k=1}^{n}(q^{2k}(-1/b)+1)$ は収束するので，H をある定数として，$|\alpha_n| \sim H|q|^{\frac{n(n-1)}{2}-2pn}$ と評価できる。例 9.9 と同様に，$r^n = |q|^{n\log r/\log|q|}$ を用いて評価をすれば，$\mu(r,f) = \max_n |\alpha_n r^n|$ は，

$$n = \frac{\log r}{-\log|q|} + O(1) \qquad (9.31)$$

で与えられる。注意としては，(9.31) の $O(1)$ は，例 9.9 のものとは異なり p を含んでいる。再び (8.10) を用いれば

$$\log M(r,f) = \frac{1}{-2\log|q|}(\log r)^2(1+o(1))$$

が得られ，$\sigma = 1$ であり，図 9.7 のニュートンの折れ線の傾きと一致している。

◆◆◆ 学びの本箱 9.1 ◆◆◆

複素関数論と微分方程式論を並行して学習するのに適した書籍として，ヤンクとフォルクマン（Jank and Volkman）の[97]をあげておく。整関数論，有理形関数論が前半にまとめられていて，後半で線形微分方程式と代数的微分方程式への応用が書かれている。本節で紹介したニュートンの折れ線は，「Newton–Puiseux–Diagram」という表現で登場してくる。ドイツ語で書かれているが，複素関数論と微分方程式論がコンパクトにまとめられていて読みやすい。日本語訳などが待たれる本の一冊である。

10 代数的常微分方程式と超・超越性

石崎 克也

《目標＆ポイント》 有理関数，指数関数，三角関数などの初等関数は代数的常微分方程式を満たす。一方，ガンマ関数は1階の差分方程式を満たすが，いかなる代数的常微分方程式も満たさない。このような性質を超・超越性といって，新しい超越関数を見いだすときの1つの指標になる。ここでは，ガンマ関数を通して，超・超越性を解説する。

《キーワード》 代数的常微分方程式，許容解，ガンマ関数，超・超越性，ヘルダーの定理，ペー関数，リットの定理，ルーベルの問題

10.1 代数的常微分方程式

複素平面上で有理形な関数のなかで，代数的常微分方程式を満たす関数の集合を $\mathcal{DA}$ と書く [*1]。すなわち，$f \in \mathcal{DA}$ であるとは，ある自然数 k と z の有理関数を係数とする $f, f', \ldots, f^{(k)}$ についての多項式 $P(z, f, f', \ldots, f^{(k)})$ があって

$$P(z, f(z), f'(z), \ldots, f^{(k)}(z)) = 0 \tag{10.1}$$

を満たすことである。たとえば，$f(z) = ze^{z^2}$ であれば，$P(z, f, f') = (1+2z^2)f - zf'$ が見つかる。この P は関数によって一意的に定まるとは限らない。たとえば，$f(z) = \sin z$ に対しては，$P_1(z, f, f') = f^2 + (f')^2 - 1$, $P_2(z, f, f', f'') = f + f''$ などが見つかる。一般には，P は無限個存在する。方程式 (10.1) の左辺は f についての微分多項式と呼ばれる。P は，$J = (j_0, j_1, \ldots, j_k)$ をマルチインデックスとして

$$P(z, f, f', \ldots, f^{(k)}) = \sum_{J \in I} a_J(z) f^{j_0} (f')^{j_1} \cdots (f^{(k)})^{j_k} \tag{10.2}$$

---

*1 $\mathcal{DA}$ は differentially algebraic の略で微分演算も含めて代数的のことである。

と表現できる。ここで，$a_J(z)$ は有理関数であり，I はマルチインデックスの集合で，有限集合である。複雑に見えるかもしれないが，微分多項式は微分単項式 $M_J = M_J(z, f, f', \ldots, f^{(k)}) = a_J(z) f^{j_0}(f')^{j_1} \cdots (f^{(k)})^{j_k}$ の有限和である。ここでは，微分単項式 M_J の次数を

$$d(M_J) = j_0 + j_1 + \cdots + j_k = \sum_{h=0}^{k} j_h \tag{10.3}$$

とし，微分単項式 M_J の重みを

$$w(M_J) = j_0 + 2j_1 + \cdots + (k+1)j_k = \sum_{h=0}^{k}(h+1)j_h \tag{10.4}$$

と定めておく。これらを用いて，微分多項式の次数と重みを，それぞれ

$$d(P) = \max_{J \in I} d(M_J), \quad w(P) = \max_{J \in I} w(M_J) \tag{10.5}$$

によって定義する。たとえば，

$$P(z, f, f') = z^2 - 3f' + zf^2 + f''f + \frac{1}{z}(f')^2$$

であれば，$d(P) = 2$, $w(P) = 4$ である。注意しておく点としては，次数を与える項は zf^2, $f''f$, $\frac{1}{z}(f')^2$ の 3 つであり，重みを与える項は $f''f$, $\frac{1}{z}(f')^2$ の 2 つである *2。

証明は省略するが，$f \in \mathcal{DA}$ であれば，任意の有理関数 $a(z)$ に対して $af \in \mathcal{DA}$ であり，任意の自然数 n に対して，$f^{(n)} \in \mathcal{DA}$ である。また，$f, g \in \mathcal{DA}$ であれば $f \pm g$, fg, $f/g \in \mathcal{DA}$ である *3。このように考察を進めると，$\mathcal{DA}$ に含まれる関数の例を構成することは可能である。

次節では，代数的常微分方程式のなかで代表的なマルムクィスト–吉田の定理を紹介する。この章の後半では，$\mathcal{DA}$ に含まれない関数はどのような関数であるのかという問題を取り扱う。どのように P を選んでも代

---

*2　重みは，$f(z)$ の 1 位の極を z_0 とするとき，微分単項式 M_j の z_0 での極の位数を与える量であり，代数的常微分方程式論のなかで，しばしば用いられる。
*3　たとえば，[108]，[153]などを参照のこと。

数的常微分方程式 (10.1) を満たさない関数というのであるから，非常にも複雑な関数ではないかと心配になる。このような性質を超・超越性 *4 という。実は，このような関数は離散方程式を満たすものから見つけ出すことができる。10.4 節では，1 階同次差分方程式を満たす最も基本的なガンマ関数を取り上げて，ガンマ関数が超・超越的であることをみていくことにする。

10.2 マルムクィスト-吉田の定理

マルムクィスト(Malmquist *5)の定理 [118]に関して，吉田(Yosida *6)が，ネバンリンナ理論を用いて一般化を与えた。ここで用いられた論法は，複素平面上での代数的常微分方程式の許容解 *7 の研究において大きな役割を果たしてきた。この節では，非線形差分方程式と値分布理論の関わりについて紹介する *8。まず，比較のためにマルムクィストの定理を思い出しておく。

定理 10.1　$R(z,w)$ を z, w についての有理関数とし，微分方程式 ($w' = dw/dz$)

---

*4 Hypertranscendency をここでは超・超越性と和訳した。同じ意味で，transcendentally transcendental という表現もある。

*5 Axel Johannes Malmquist, 1882–1952，スウェーデン

*6 吉田耕作，1909–1990，日本

*7 代数的常微分方程式 (10.1) の有理形関数解 $f(z)$ が許容解であるとは，(10.1) のすべての係数関数が $f(z)$ に対して小さな関数になることである。たとえば，係数関数がすべて有理関数であれば，超越的有理形関数解 $f(z)$ は許容解である。

*8 マルムクィスト [118]の証明方法は Nevanlinna 理論が構築される以前の古典的な手法である。吉田の Nevanlinna 理論を応用した別証明は端的に問題を解決し，新たな研究領域を開くものであった。組織的な研究は Wittich [181]を中心とするグループに引き継がれる。吉田は後年になって[194]を発表し，[193]を振り返っている。マルムクィスト自身は，[118]の数年後に，[119]において代数的微分方程式に理論を拡張した。Nevanlinna 理論などを応用した一般的な結果は，Mohon'ko 夫妻[124]，Eremenko [52]，Hotzel [85]らによってなされている。また，代数的常微分方程式と複素力学系との関係を取り扱ったものには，たとえば，[31]，[92]などがある。

$$w' = R(z, w) \tag{10.6}$$

が超越的有理形関数解を持つならば，(10.6) はリッカチ方程式である。すなわち，$R(z, w)$ は w についての高々 2 次の多項式である。

この定理は，係数よりも増大度の大きな超越的有理形関数解の存在は，方程式の形を限定できることを示している。その後，さらなる精密化 [18], [160] が与えられた。

定理 10.2　n を自然数，$R(z, y)$ を z と y についての有理関数とする。代数的常微分方程式

$$(y')^n = R(z, y) \tag{10.7}$$

が超越的有理形関数解 y を持つとする。このとき，(10.7) は，適当な有理関数を係数とする一次分数変換 $v = (\alpha y + \beta)/(\gamma y + \delta)$, $\alpha\delta - \beta\gamma \neq 0$ によって，以下の 6 つの方程式のいずれかに帰着される。

$$v' = a_2(z)v^2 + a_1(z)v + a_0(z) \tag{10.8}$$

$$(v')^2 = a(z)(v - b(z))^2(v - \tau_1)(v - \tau_2) \tag{10.9}$$

$$(v')^2 = a(z)(v - \tau_1)(v - \tau_2)(v - \tau_3)(v - \tau_4) \tag{10.10}$$

$$(v')^3 = a(z)(v - \tau_1)^2(v - \tau_2)^2(v - \tau_3)^2 \tag{10.11}$$

$$(v')^4 = a(z)(v - \tau_1)^2(v - \tau_2)^3(v - \tau_3)^3 \tag{10.12}$$

$$(v')^6 = a(z)(v - \tau_1)^3(v - \tau_2)^4(v - \tau_3)^5 \tag{10.13}$$

ここで，$\tau_1, \ldots, \tau_4$ は異なる定数で，$a_j(z)$ $(\neq 0)$, $j = 0, 1, 2$, $a(z)$, $b(z)$ は有理関数である [*9]。

10.3　複素ガンマ関数

複素関数としてのガンマ関数を定義するために定理を準備する。

定理 10.3　関数 $f(z, t)$ は複素平面上の領域 D の z と実数区間 I の t に

---

*9　定理 10.2 の一般の許容解に対する結果は，[78] にある。

対して定義され，$f(z,t)$ は $D \times I$ 上の連続関数である。また，各 t に対して z の関数として D 上で正則かつ積分

$$\int_I f(t,z)\,dt$$

が D 上広義一様収束するとする。このとき，その積分値 $F(z)$ は D において正則で，導関数については

$$F'(z) = \int_I f_z(t,z)\,dt = \int_I \frac{\partial f}{\partial z}\,dt$$

が成り立つ。ここで，I の測度は無限大でもよいとする *10。

右半平面 $D_0 = \{z \mid \Re z > 0\}$ に対して

$$g(z) = \int_0^\infty t^{z-1}e^{-t}\,dt \tag{10.14}$$

を考える。右辺の積分は D_0 において広義一様収束するので，定理 10.3 によって $g(z)$ は D_0 で正則な関数になる。部分積分を行うと

$$\begin{aligned} g(z) &= \left[\frac{1}{z}t^z e^{-t}\right]_0^\infty + \frac{1}{z}\int_0^\infty t^z e^{-t}\,dt \\ &= \frac{1}{z}\int_0^\infty t^{(z+1)-1}e^{-t}\,dt = \frac{1}{z}g(z+1) \end{aligned} \tag{10.15}$$

によって，$g(z)$ は 1 階線形同次差分方程式

$$g(z+1) - zg(z) = 0 \tag{10.16}$$

を満たすことがわかる。領域 $D_1 = \{z \mid \Re z > -1\}$ に含まれる z について (10.15) のなかで現れる積分

$$\int_0^\infty t^z e^{-t}\,dt$$

を考えれば，定理 10.3 によって D_1 で正則な関数になる。このことは，$g(z)$ は D_1 において $z=0$ にのみ極を持つ有理形関数として定義されることを意味する。言い換えれば，D_0 において (10.14) によって定義され

*10　たとえば，[112], [207]などを参照のこと。

た $g(z)$ が，D_1 に解析接続されたことになる。また，D_1 まで拡張された $g(z)$ が (10.16) を満たすことは自明である。このような操作を繰り返す。すなわち，(10.15) にさらに部分積分を繰り返して

$$g(z) = \frac{1}{z(z+1)\cdots(z+n-1)} \int_0^{\infty} t^{(z+n)-1} e^{-t}\, dt \tag{10.17}$$

を用いれば，$D_n = \{z \mid \Re z > -n\}$ まで有理形関数として解析接続できる。このようにして，D_0 で正則関数として定義された $g(z)$ は複素平面上全体で有理形関数として解析接続され，極は原点および実軸の負の整数，すなわち $0, -1, -2, \ldots$ のみである。このようにして得られた複素平面全体で有理形な関数をガンマ関数という。ここで紹介した構成法から，ガンマ関数は，1 階線形同次差分方程式 (10.16) を満足する。

前章でも言及したが，(10.16) の有理形関数解はガンマ関数だけではない。任意の周期 1 の周期関数 $Q(z)$ を乗じた $Q(z)\Gamma(z)$ はすべて (10.16) の解になっている。

◇◇◇ 学びの広場 10.1 ◇◇◇

第 7 章で学習した積分公式を応用して，積分の値を求める方法を紹介する。有理形関数 $f(z)$ が a を孤立特異点に持つとして，

$$f(z) = \sum_{n=-p}^{\infty} b_n (z-a)^n \tag{10.18}$$

とローラン展開しておく。$n = -1$ のときの値 b_{-1} を $f(z)$ の留数といって，$\mathrm{Res}(f, a)$ と書くことにする。次の定理は，留数定理と呼ばれている。

定理 10.4　有理形関数 $f(z)$ が単一閉曲線 C の内部の有限個の点 a_1, $a_2, \ldots, a_m$ を除いて C の内部および周上で正則とする。このとき，

$$\int_C f(z)\, dz = 2\pi i \sum_{k=1}^{m} \mathrm{Res}(f, a_k) \tag{10.19}$$

が成り立つ。

留数定理によれば，各特異点の留数がわかれば (10.19) の左辺の積分が計算できることになる。では，どのようにして留数を求めればよいで

あろうか。(10.18) の両辺に $(z-a)^p$ をかければ,

$$(z-a)^p f(z) = b_{-p} + b_{-p+1}(z-a) + b_{-p+2}(z-a)^2 + \cdots \\ + b_{-1}(z-a)^{p-1} + b_0(z-a)^p + \cdots \quad (10.20)$$

となるので, $\mathrm{Res}(f,a) = b_{-1}$ は $(z-a)^{p-1}$ の係数として現れる。ゆえに

$$\mathrm{Res}(f,a) = \frac{1}{(p-1)!}\lim_{z\to a}\left(\frac{d^{p-1}}{dz^{p-1}}\left((z-a)^p f(z)\right)\right) \quad (10.21)$$

となる。特に, $p=1$ であれば

$$\mathrm{Res}(f,a) = \lim_{z\to a}(z-a)f(z) \quad (10.22)$$

である。たとえば, $C = \{z \mid |z| = 5\}$ とするとき

$$\int_C \frac{3z}{(z+2)(z-1)}\,dz$$

を求めるには, 被積分関数を $f(z)$ として, $\mathrm{Res}(f,-2) = \lim_{z\to -2}(z+2)f(z) = 2$, $\mathrm{Res}(f,1) = \lim_{z\to 1}(z-1)f(z) = 1$ である。$f(z)$ の極 $z=-2$, $z=1$ は曲線 C の内部にあるから, 求める積分の値は, 定理 10.4 を用いて, $2\pi i(2+1) = 6\pi i$ と求まる。

問題 10.1 $C = \{z \mid |z| = 3\}$ とする。このとき, 次の積分の値

$$\int_C \frac{2z}{z^2+1}\,dz$$

を求めよ。

◇◇

ここまでは, まず, D_0 での積分表示を与え, この関数を部分積分で得られた式, または関数方程式 (10.16) を用いて複素平面全体に解析接続してガンマ関数を定義した。自然な考え方として, 任意の z に対してガンマ関数を表現する式はないだろうか。ここでは, そのような表現法から代表的なものを取り上げて紹介することにする。

図 10.1 のように，実軸上を ∞ から ε (> 0) まで来て，$|t| = \varepsilon$ の周上を正の方向に回り，実軸上を ε から ∞ に行くように積分路 L を定義する。

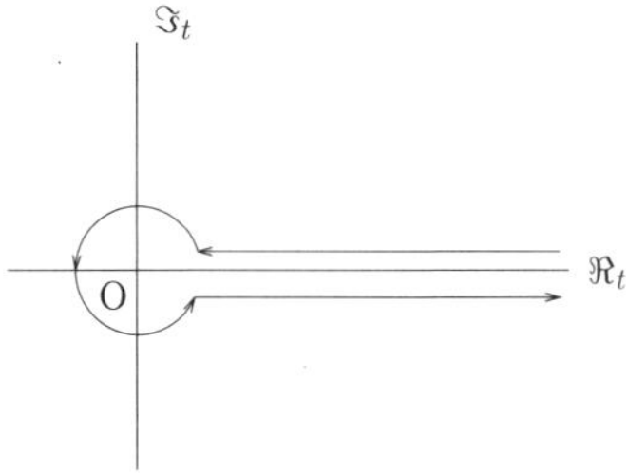

図 10.1　積分路 L

この積分路に沿った積分を用いて

$$\Gamma(z) = \frac{1}{e^{2\pi iz} - 1} \int_L t^{z-1} e^{-t}\, dt \tag{10.23}$$

と表すことができる。右辺のなかに現れる積分は整関数であり，実軸上の自然数で零点を持っていることがわかる。

もう 1 つ，ガンマ関数の無限乗積表示を紹介しておく。

$$\Gamma(z) = \left(z e^{Cz} \prod_{j=1}^{\infty} \left(1 + \frac{z}{j}\right)^{-z/j} \right)^{-1} \tag{10.24}$$

ここで，

$$C = \lim_{n\to\infty} \left(\sum_{k=1}^{n} \frac{1}{k} - \log(n+1) \right)$$

はオイラー(Euler)定数 $(0.5772156649\cdots)$ である。無限乗積表示 (10.24) からも理解できるように，ガンマ関数は零点を持たない有理形関数である [*11]。

*11　ガンマ関数に関しては，たとえば，[81, Pages 229–240], [176, Pages 235–264] などを参照のこと。

10.4 ガンマ関数の超・超越性

以下で，ガンマ関数が超・超越的であることを背理法によって証明する。言い換えると，$\Gamma \in \mathcal{DA}$ を仮定して矛盾を導き出す。仮定から，ガンマ関数の対数微分についても $\Psi = \dfrac{\Gamma'}{\Gamma} \in \mathcal{DA}$ が成り立つ。ガンマ関数の満たす関数方程式 (10.16) から

$$\Psi(z+1) - \Psi(z) = \frac{1}{z} \tag{10.25}$$

を得る。さらに，任意の自然数 k に対して

$$\Psi^{(k)}(z+1) - \Psi^{(k)}(z) = \left(\frac{1}{z}\right)^{(k)} \tag{10.26}$$

が成り立つ。$\Psi \in \mathcal{DA}$ より Ψ はある代数的常微分方程式を満たす。先にも述べたように，この代数的常微分方程式は一意的に定まるとは限らない。そこで，次数の最も小さいものに注目する。この次数を d としておく。定義から Ψ は超越的であるから，何度か微分をして有理関数になることはない。よって $d \geq 1$ である。次数 d の代数的常微分方程式を選んだが，これもまだいくつかある可能性がある。そこで，次数を与える項の数が最小のものを選ぶ。実は，これでも一意的には決められてはいないが，最小次数かつ項数最少（次数を与えるもの）の微分多項式 Ω を 1 つ選んで固定する。すなわち，$\Psi(z)$ は代数的常微分方程式

$$\Omega(z, \Psi(z), \Psi'(z), \ldots, \Psi^{(k)}(z)) = 0 \tag{10.27}$$

を満たすとする。このとき，次数を与える項のうち少なくとも 1 つは係数が 1 であると仮定してよい。(10.27) は任意の z について成立しているから，z のところに $z+1$ を代入して

$$\Omega(z+1, \Psi(z+1), \Psi'(z+1), \ldots, \Psi^{(k)}(z+1)) = 0 \tag{10.28}$$

が成立する。(10.26) と (10.28) より

$$\Omega\left(z+1, \Psi(z)+\frac{1}{z}, \Psi'(z)+\left(\frac{1}{z}\right)', \ldots, \Psi^{(k)}(z)+\left(\frac{1}{z}\right)^{(k)}\right)$$
$$= \tilde{\Omega}(z, \Psi(z), \Psi'(z), \ldots, \Psi^{(k)}(z)) = 0 \quad (10.29)$$

となる。ここで注意しておく点は，$\tilde{\Omega}$ もまた最小次数かつ最小項数（次数を与えるもの）で，Ω のなかで係数を 1 とした項に対応する $\tilde{\Omega}$ のなかの項の係数もまた 1 になっていることである。$\Psi(z)$ は，(10.27) および (10.29) をともに満たすから，代数的常微分方程式

$$\Omega(z, \Psi(z), \Psi'(z), \ldots, \Psi^{(k)}(z))$$
$$- \tilde{\Omega}(z, \Psi(z), \Psi'(z), \ldots, \Psi^{(k)}(z)) = 0 \quad (10.30)$$

を満足する。しかし，次数を与える項の係数が 1 である項が打ち消し合うので，(10.30) 左辺の次数がさらに下がるか，(10.30) の左辺の次数が最小で，次数を与える項の数が Ω より小さいことになる。そこで，(10.30) の左辺が恒等的に零，すなわち，

$$\Omega(z, \Psi(z), \Psi'(z), \ldots, \Psi^{(k)}(z))$$
$$= \tilde{\Omega}(z, \Psi(z), \Psi'(z), \ldots, \Psi^{(k)}(z)) \quad (10.31)$$

でなければ，Ω の最小項数の仮定に矛盾する。

次の段階は，(10.31) が成り立つための条件を求める。簡単のため，$\Psi^{(m)}(z) = u_m$, $m = 0, 1, \ldots, k$ とおき，(10.29) をふまえて (10.31) を書き換え，

$$\Omega(z, u_0, u_1, \ldots, u_m)$$
$$= \Omega\left(z+1, u_0+\frac{1}{z}, u_1+\left(\frac{1}{z}\right)', \ldots, u_k+\left(\frac{1}{z}\right)^{(k)}\right) \quad (10.32)$$

と記述しておく。必要に応じて (10.32) の係数の分母をはらうことで，(10.32) の両辺は，z の多項式を係数とする u_j, $j = 0, 1, \ldots, k$ についての多項式とみることができる。ある j を 1 つ選んで u_j について微分して得られる恒等式もまた，u_j についての多項式である。(10.32) の左辺

に，u_j, $j=0,1,\ldots,k$ について微分する操作を考える。この操作を，必要に応じて j を代え，1 次式

$$g(z)+\sum_{j=0}^{k} f_j(z)u_j \tag{10.33}$$

になるまで繰り返す。ここで，$g(z)$, $f_j(z)$, $j=0,1,\ldots,k$ は z の多項式で，少なくとも 1 つの $f_m(z)$, $0 \le m \le k$ については 0 でないとしてよい。この操作と同じ手順を (10.32) の右辺に繰り返すと

$$\begin{aligned} & g(z+1)+\sum_{j=0}^{k} f_j(z+1)\left(u_j+\left(\frac{1}{z}\right)^{(j)}\right) \\ &= \left(g(z+1)+\sum_{j=0}^{k} f_j(z+1)\left(\frac{1}{z}\right)^{(j)}\right)+\sum_{j=0}^{k} f_j(z+1)u_j \end{aligned} \tag{10.34}$$

となる。ここで，(10.33) と (10.34) が，u_j, $j=0,1,\ldots,k$ の多項式とみて等しいことから，$f_j(z)=f_j(z+1)$, $j=0,1,\ldots,k$ となり，$f_j(z)$ は周期 1 の周期関数になる。しかし，仮定から $f(z)$ は多項式であるから，$f_j(z)$ は定数 f_j となる。したがって，(10.33) と (10.34) から

$$g(z+1)-g(z)=\sum_{j=0}^{k} f_j\left(\frac{1}{z}\right)^{(j)} \tag{10.35}$$

を得る。f_j の少なくとも 1 つは 0 でないこと，および $1/z$ の高階導関数 $(1/z)^j$, $j=0,1,\ldots,k$ は互いに 1 次独立であることから，(10.35) の右辺は極を持つ。一方，(10.35) の左辺は多項式であるから矛盾である。以上で，ガンマ関数の超・超越性が示された。

この結果は，ヘルダー（Hölder *12）［84］によって証明されたのもである。

ここまでは，有理関数を係数とする代数的常微分方程式を考えてきた。

---

*12　Otto Ludwig Hölder, 1859–1937，ドイツ

有理形関数からなる微分体 *13 $\mathcal{K}$ で，以下の 3 つの条件を満たすものを考える *14。(i) $\mathcal{K}$ は有理関数体を含む。(ii) 有理形関数 $A(z)$ が $\mathcal{K}$ に属するならば，シフト $A(z+1)$ も $\mathcal{K}$ に属する。(iii) 有理形関数 $B(z)$ が $\mathcal{K}$ に属し，差分 $\Delta B(z) = B(z+1) - B(z)$ が有理関数ならば，$B(z)$ は有理関数である。

次に述べる定理は，ガンマ関数の超・超越性を一般化したものである *15。

定理 10.5　有理形関数からなる微分体 $\mathcal{K}$ はハウスドルフ性を持つとする。有理関数 $R(z)$ は無限遠では 0 で，整数差の異なる極を持たないとする。超越的有理形関数 $f(z)$ の差分が $R(z)$ と一致する。すなわち，$\Delta f(z) = R(z)$ ならば，$f(z)$ は $\mathcal{K}$ 上で超・超越的である。言い換えると，$f(z)$ は $\mathcal{K}$ の要素を係数とするいかなる代数的常微分方程式を満たさない。

ガンマ関数の証明の場合は，(10.25) が $\Delta f(z) = R(z)$ に対応する。

10.5　ペー関数

超・超越性に関するリット（Ritt *16）の結果を述べる前に，ワイエルストラウス（Weierstrass *17）のペー（$\wp$）関数[172]を紹介する。2 つの複素数 $\omega_1, \omega_2, \omega_2/\omega_1 \notin \mathbb{R}$ を与えて，2 つの周期 ω_1, ω_2 を持つペー関数を

$$\wp(z) = \wp(z, \omega_1, \omega_2)$$

*13　有理形関数からなる体 $\mathcal{K}$ が微分体であるとは，任意の $\mathcal{K}$ に属する有理形関数の導関数が $\mathcal{K}$ に含まれるものをいう。

*14　ハウスドルフ性といわれている。

*15　Bank と Kaufmann らによって様々な一般化や考察が行われた。[13], [14], [16], [17], [75], [108, Pages 285–309]などを参照のこと。最近の線形差分方程式の解の超・超越性についての結果は[73]などを参照のこと。

*16　Joseph Fels Ritt, 1893–1951，アメリカ

*17　Karl Weierstrass, 1815–1897，ドイツ

$$= \frac{1}{z^2} + \sum_{\substack{m,n\in\mathbb{Z},\\ m^2+n^2\neq 0}} \left(\frac{1}{(z+m\omega_1+n\omega_2)^2} - \frac{1}{(m\omega_1+n\omega_2)^2} \right) \quad (10.36)$$

で定義すると，ペー関数は超越的有理形関数となる。付帯条件 $\omega_2/\omega_1 \notin \mathbb{R}$ は，ω_1, ω_2 が複素平面上で原点からの直線上に並ばないことである。言い換えれば，原点，ω_1, ω_2, $\omega_1+\omega_2$ が複素平面上で平行四辺形をつくる。この平行四辺形をもとに，周期格子

$$\{m\omega_1 + n\omega_2; \quad m, n \in \mathbb{Z}\} \quad (10.37)$$

を考える。ペー関数は周期格子の各頂点で 2 重の極を持ち，格子のなかですべての値を 2 回ずつとることが知られている。

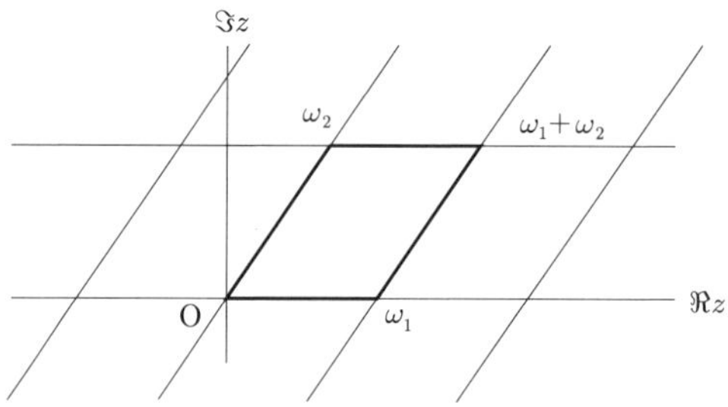

図 10.2　周期格子

次に，ペー関数の満たす微分方程式と半周期 $\omega_1/2$, $\omega_2/2$ との間に成り立つ関係を紹介しておく。

$$\wp\left(\frac{\omega_1}{2}\right) = e_1, \quad \wp\left(\frac{\omega_2}{2}\right) = e_2, \quad \wp\left(\frac{\omega_1+\omega_2}{2}\right) = e_3$$

とおけば，$e_1+e_2+e_3=0$ で，微分方程式

$$(\wp')^2 = 4(\wp-e_1)(\wp-e_2)(\wp-e_3) = 4\wp^3 - g_2\wp - g_3 \quad (10.38)$$

を満たす。ここで，$g_2 = -4(e_1e_2+e_2e_3+e_3e_1)$, $g_3 = 4e_1e_2e_3$ である。また，e_j, $j=1,2,3$ は互いに異なるから $g_2^3 - 27g_3^2 \neq 0$ である。ローラ

ン（Laurent [*18]）展開と (10.38) から，e_j 点，$j = 1, 2, 3$ は 2 重点であることもわかる。

定義式 (10.36) から，$\wp(-z) = \wp(z)$ を満たすことがわかるが，さらにペー関数の加法定理と呼ばれる性質を持つ。任意の z, w に対して

$$\wp(z+w) = -\wp(z) - \wp(w) + \frac{1}{4}\left(\frac{\wp'(z) - \wp'(w)}{\wp(z) - \wp(w)}\right)^2 \qquad (10.39)$$

が成り立つ。特に，(10.39) において，$w = z$ とすれば

$$\wp(2z) = -2\wp(z) + \frac{1}{4}\left(\frac{\wp''(z)}{\wp'(z)}\right)^2 \qquad (10.40)$$

を得る。

$$\wp''(z) = 6\wp(z)^2 - \frac{g_2}{2}$$

であるから，(10.38), (10.40) を用いれば，$\wp$ 関数は関数方程式

$$\wp(2z) = \frac{16\wp(z)^4 + 8g_2\wp(z)^2 + 32g_3\wp(z) + g_2^2}{16(4\wp(z)^3 - g_2\wp(z) - g_3)} \qquad (10.41)$$

を満たすことがわかる [*19]。

10.6　リットの定理

ヴィテヒ（Wittich [*20]）は q-差分方程式

$$f(qz) = a(z)f(z) + b(z), \quad q \neq 1 \qquad (10.42)$$

に対して，解の超・超越性を調べた。$|q| > 1$, $a(z)$ と $b(z)$ が多項式ならば，(10.42) の超越整関数解は超・超越的であることを示した [*21]。$a(z)$ と $b(z)$ が有理関数であるとき，(10.42) の超越有理形関数解が超・超越的であることが示されたのは 1990 年代になってからである [*22]。高階非

---

*18　Pierre Alphonse Laurent, 1813–1854，フランス

*19　ペー関数に関しては，たとえば，[82, Pages 130–137], [120, Pages 155–193], [176, Pages 429–461], [219, Pages 253–264] などを参照のこと。

*20　Hans Wittich, 1911–1984，ドイツ

*21　[182] を参照のこと。

*22　[87] を参照のこと。

自励系の線形差分方程式，線形 q-差分方程式に関する超越的有理形関数解の超・超越性については，著者の知る限り，一般には未解決である。

自励系，非自励系の話をしておこう。1 階の微分方程式，差分方程式，q-差分方程式

$$f'(z) = R(z, f(z)) \tag{10.43}$$

$$f(z+1) = R(z, f(z)) \tag{10.44}$$

$$f(qz) = R(z, f(z)), \quad q \neq 0 \tag{10.45}$$

であれば，それぞれの方程式について右辺が z を含まないとき自励系 *23 といい，z を含むとき非自励系という。

ここでは，$R(z, f)$ は z および f に関して有理関数の場合を取り扱う。関数方程式 (10.44), (10.45) については，値分布理論，増大の振る舞いの視点からも 11.5 節のなかで取り扱う。自励系の (10.45) はシュレーダー（Schröder *24）の方程式と呼ばれている。関数方程式 (10.45) の解についてのリット（Ritt）の結果 [145]を紹介しておく。

定理 10.6　関数方程式 (10.45) が自励系とする。超越的有理形関数解は，以下の関数に帰着されない場合を除いて超・超越的である。指数関数 $e^{\alpha z}$，三角関数 $\cos(\alpha z + \beta)$，ペー関数 $\wp(z+\beta)$，$\wp(z+\beta)^2$, $\wp'(z+\beta)$, $\wp(z+\beta)^3$。ここで，α は任意定数で，β は適当な周期関数である。

注意として，$\wp(z+\beta)^2$ が起こるとすれば，(10.38) で $g_3 = 0$ であり，$\wp'(z+\beta)$, $\wp(z+\beta)^3$ が起こるとすれば，(10.38) で $g_2 = 0$ である。

自励系の (10.44) はアーベル（Abel *25）方程式とも呼ばれる *26。主張を述べる前に，いくつか言葉の定義をする。関数 $f(z)$ に対して $f(z_0) = z_0$ が成り立つとき，z_0 を $f(z)$ の固定点という。固定点については，第 12 章

---

*23　自励系の代数的常微分方程式を Briot-Bouquet 型ということがある。たとえば，[54]などを参照のこと。

*24　Friedrich Wilhelm Karl Ernst Schröder, 1841–1902，ドイツ

*25　Niels Henrik Abel, 1802–1829，ノルウェー

*26　柳原[186]は超越的有理形関数解について，超・超越性を調べた。

以降で詳しく取り扱う。ここでは，有理関数 $R(z)$ のある性質を持つ固定値についてお話しする。方程式 $R(z) = \mu$ の解が μ のみであるとき，ここでは μ を $R(z)$ の最大固定値という。また，方程式 $R(z) = \mu_1$ の解は μ_2 のみで，方程式 $R(z) = \mu_2$ の解は μ_1 のみであるとき，ここでは (μ_1, μ_2) を $R(z)$ の最大固定値組という。注意しておくこととして，最大固定値は ∞ も許して高々 2 個であり。最大固定値組は高々 1 組である。

たとえば，多項式 $R(z) = z^p,\ p \geq 2$ においては，$\mu_1 = 0,\ \mu_2 = \infty$ が最大固定値である。このとき，$f(z) = e^{p^z}$ は (10.44) の形の関数方程式 $f(z+1) = f(z)^p$ の解になっている。関数 $f(z) = e^{p^z}$ は，代数的常微分方程式

$$f''f - (f')^2 - (\log p)f'f = 0$$

を満たすので，超・超越的ではない。

もう 1 つ例をあげておく。有理関数 $R(z) = 1/z^p,\ p \geq 2$ においては，$(\mu_1, \mu_2) = (0, \infty)$ が最大固定値組である。このとき，$f(z) = e^{(-p)^z}$ は関数方程式 $f(z+1) = 1/f(z)^p$ を満たしている。関数 $f(z) = e^{(-p)^z}$ は，代数的常微分方程式を満たすので，この場合も $f(z)$ は超・超越的ではない。興味のある読者は，関数 $f(z) = e^{(-p)^z}$ の満たす代数的微分方程式を求めてみるとよい。

定理 10.7　関数方程式 (10.44) は自励系とし，有理関数 $R(z)$ は最大固定値組を持たないとする。最大固定値が高々 1 個であるとすれば，任意の超越的有理形解は超・超越的である。

一般に，関数方程式 (10.44), (10.45) が非自励系の場合の超・超越性についての問題は未解決で，q-差分方程式 (10.45) についてはルーベル (Rubel) の問題といわれている [*27]。

*27　たとえば，[23], [25], [147], [148], [149] などを参照のこと。

10.7 合成関数方程式

関数方程式 (10.45) において，z に qz を対応させる操作をして，z を $G(z)$ に対応させる一般化を考える。

$$\varphi(G(z)) = R(\varphi(z)) \tag{10.46}$$

ただし，$G(z)$ については関数方程式 (10.46) のなかで右因子となるので，ここでは多項式としておく。また，$G(z)$ の次数を m, $R(z)$ の次数を k と書き，ともに 2 以上としておく。次の定理が知られている

定理 10.8 関数方程式 (10.46) が超越的有理形関数解 $\varphi(z)$ を持つならば，$R(z)$ は極を持ち

$$m < k \tag{10.47}$$

である。また，$\varphi(z)$ の増大度については，任意の $\varepsilon > 0$ に対して

$$T(r, \varphi) = O((\log r)^{\alpha}), \quad \alpha = (\log k / \log m) + \varepsilon \tag{10.48}$$

が成り立つ [*28]。

定理 10.8 において注目されることは，$R(z)$ が多項式であれば，(10.46) は超越的有理形解は持たないということを示していることである [*29]。

ただし，有理関数解についてはそのような制約はない。実際，$R(z)$ が多項式であっても有理関数解を持つ場合がある。

例 10.1 (10.46) において，$G(z) = (7/2)z + z^2$, $R(z) = (7/2)z + (1 + i)z^2$ とする。このとき，

$$\varphi(z) = \frac{7}{2i+2}z + \frac{i}{i-1}z^2$$

---

*28 関数方程式 (10.46) が解 $\varphi(z)$ を持つとき，2 つの有理関数 $G(z)$, $R(z)$ は准共役であるといわれる。たとえば，[27], [91] などを参照のこと。

*29 定理 10.8 は，Goldberg [62] によって証明された。その後，Yanagihara [189] によって別証明が与えられている。関数方程式 (10.46) の超越的有理形関数解の増大度の一般化は，[159] らによってなされている。また，[190] のなかでは，解の合成分解についての研究がなされている。

は (10.46) の解である。

例 10.2　(10.46) において, $G(z) = (1+i/2)\,z+z^2$, $R(z) = (1+i/2)\,z + (1+i)z^2$ とする。

$$\varphi(z) = \frac{2+i}{2+2i}z + \frac{2+i}{1+3i}z^2$$

は (10.46) の解である。

もちろん，多項式 $G(z)$, $R(z)$ を任意に与えても，例 10.1，10.2 のように，多項式解 $\varphi(z)$ が存在するとは限らない。仮定として，非定数多項式解が存在するとし，その次数を $d \geq 1$ とおく。このとき，(10.46) の左辺は多項式になり，その次数は md であり，右辺は次数 dk の多項式となる。このことは，$m = k$ を示している。例 10.1，例 10.2 においては，d も m, k と等しくなっていたが，一般には，d は，m, k と等しくなくてもよい，次の例は，$m = k = 2, d = 3$ の例である。

例 10.3　(10.46) において，$G(z) = 2z + 2z^2$, $R(z) = 2z + iz^2$ とする。このとき

$$\varphi(z) = -6iz - 12iz^2 - 8iz^3$$

は，(10.46) の解である。

◇◇◇ 学びの広場 10.2 ◇◇◇

ここでは，$R(z)$ が多項式の場合に具体例をつくる過程を実際に追うとにする。議論を簡単にするために，$R(z)$ の固定点を 0 と仮定する。$G(z)$ の固定点を μ とすると，(10.46) より，

$$\varphi(\mu) = \varphi(G(\mu)) = R(\varphi(\mu))$$

となるので，$\varphi(\mu)$ は $R(z)$ の固定点である。$\varphi(\mu) = 0$ を満たす多項式解を構成することを考える。(10.46) の両辺を微分することから，

$$\varphi'(\mu)G'(\mu) = R'(\varphi(\mu))\varphi'(\mu)$$

を得る。ここで，$\varphi'(\mu) \neq 0$ を仮定すると $R'(0) = G'(\mu)$ $(= \beta)$ を得る。

$$G(z) = \mu + b_1(z-\mu) + b_2(z-\mu)^2 + \cdots + b_m(z-\mu)^m \qquad (10.49)$$

および

$$R(z) = c_1 z + c_2 z^2 + \cdots + c_m z^m \qquad (10.50)$$

と書く。μ の近くで,

$$\varphi(z) = a_1(z-\mu) + a_2(z-\mu)^2 + \cdots + a_d(z-\mu)^d \qquad (10.51)$$

と表せば, (10.46) の両辺に (10.49), (10.50), (10.51) を代入して係数を比較すると, $d \geq 2$ と仮定しているので

$$a_1(b_1 - c_1) = 0 \qquad (10.52)$$

$$(b_1^n - c_1)a_n = \Omega_n(a_1, \ldots, a_{n-1}, b_1, \ldots, b_n, c_1, \ldots, c_n) \qquad (10.53)$$

と書ける。ここで, Ω_n, $n = 1, 2, \ldots$ は, $a_1, \ldots, a_{n-1}$, $b_1, \ldots, b_n$, $c_1, \ldots,$ c_n からなる多項式である。$\varphi'(\mu) = a_1 \neq 0$ を仮定しているので, (10.52) から $b_1 = c_1$ $(= \beta)$ を得る。

以下では, $m = k = d = 2$ に限定して, 例を構成することを考える。この場合に (10.53) で $n = 2, 3, 4$ の場合を具体的に計算し, $a_3 = a_4 = 0$ であることに注意すれば,

$$(\beta^2 - \beta)a_2 + a_1 b_2 - a_1^2 c_2 = 0 \qquad (10.54)$$

$$2\beta a_2 b_2 - 2a_1 a_2 c_2 = 0 \qquad (10.55)$$

$$a_2 b_2^2 - a_2^2 c_2 = 0 \qquad (10.56)$$

を得る。(10.54), (10.55), (10.56) を満たすように, a_2, a_1 を

$$a_2 = -\frac{a_1 b_2 - a_1^2 c_2}{\beta^2 - \beta}, \quad a_1 = \frac{\beta b_2}{c_2} \qquad (10.57)$$

のように選べばよい。

例 10.1 では, $b_1 = c_1 = \beta = 7/2$, $b_2 = 1$, $c_2 = 1 + i$ であったから, (10.57) を用いて, $a_1 = 7/(2i+2)$, $a_2 = i/(i-1)$ を得たことになる。

問題 10.2　(10.46) において，$G(z) = 2z - 3z^2$, $R(z) = 2z + iz^2$ とする。このとき，(10.46) の 2 次多項式解を求めよ。

学びの本箱 10.1

本章では，関数方程式の解となる特別な有理形関数がいくつか登場してきた。これらの関数は特殊関数と呼ばれ，近代の数学・物理学・工学の発展に大きく寄与してきたものも少なくない。古典的ではあるが，ホイテーカーとワトソン（Edmund Taylor Whittaker [*30] and George Neville Watson [*31]）の著書[176]を紹介したい。第 1 部では，解析学の基本となる概念，複素関数論，フーリエ解析，微分方程式などが紹介されている。第 2 部では，特殊関数やそれらを与える関数方程式とその性質が述べられている。おもなものとして，ガンマ関数，ゼータ関数，超幾何関数，ベッセル関数，マシュー関数，楕円関数，テータ関数，ヤコビ関数などである。

*30　Edmund Taylor Whittaker, 1873–1956, イギリス
*31　George Neville Watson, 1886–1965, イギリス

11 非線形差分方程式

石崎 克也

《目標&ポイント》 リッカチ方程式は，非線形微分方程式のなかで最も基本的なもののひとつである。特に，2 階線形同次微分方程式との関わりは重要である。この章では，微分方程式論と比較しながら，差分リッカチ方程式と線形 2 階同次差分方程式の関係を学ぶ。また，代数的常微分方程式のなかで，解の存在と次数の関係を与えるマルムクィストの定理に対応する非線形差分方程式論の議論を学習する。

《キーワード》 リッカチ方程式，2 階線形同次微分方程式，差分リッカチ方程式，2 階線形同次差分方程式，マルムクィスト-吉田の定理，非線形差分方程式，差分パンルヴェ方程式，シュレーダーの方程式

11.1 差分類似

ネバンリンナ理論やヴィーマン-ヴァリロン理論が複素領域での代数的常微分方程式や複素振動の評価に重要な役割を果たしてきたことはいうまでもない[*1]。中核となる問題意識は，非線形方程式の部分は，10.2 節において紹介した定理 10.2 で紹介した 6 つの方程式に，線形方程式の部分は 2 階線形方程式 $u'' + A(z)u = 0$ に凝縮されている。8.2.2 で述べたように，対数微分の補題の差分類似に関する評価式により，差分作用素についての値分布理論が今世紀に入ってから急速に進歩した。高階の非線形差分方程式や，一般的な差分多項式についての値分布や一意性の問題などを取り扱っている著書・論文も数多く出版されてきているが，この節では定理 10.2 のなかで登場する 2 つの基本的な方程式 (10.8), (10.9) に注目して，これらの微分方程式の差分類似を中心に議論を進めたい[*2]。

正規化という表現は，数学においてしばしば用いられる。ここでは，一般性を失うことなく，それぞれの関数方程式に関して特徴が凝縮された形

*1 たとえば，[97], [108], [162]などを参照のこと。

*2 この章での各論的な議論については，[88, 89], [90]などを参照のこと。

に変形することを正規化としておく。たとえば，リッカチ方程式 (10.8) であれば，6.1.2 で学んだように

$$v(z)=\frac{1}{a_2(z)}u(z)-\frac{a_1(z)}{2a_2(z)}-\frac{a_2'(z)}{2a_2(z)^2}$$

とおくと，(10.8) は，

$$u'(z)=u(z)^2+A(z) \tag{11.1}$$

に帰着される。ここで，

$$A(z)=a_0(z)a_2(z)-\frac{a_1(z)^2}{4}+\frac{a_1'(z)}{2}\\ -\frac{3}{4}\left(\frac{a_2'(z)}{a_2(z)}\right)^2-\frac{a_1(z)a_2'(z)}{2a_2(z)}+\frac{a_2''(z)}{2a_2(z)}$$

である。また，$u(z)=-w(z)$ とおくと，$w'(z)+w(z)^2+A(z)=0$ となる。本書では，$u(z)$ の式と $w(z)$ の式のどちらを正規化というかは，こだわらないことにする。

差分リッカチ方程式は，シフトが 1 次分数変換と釣り合うもの，すなわち

$$g(z+1)=\frac{\tilde{a}(z)+\tilde{b}(z)g(z)}{\tilde{c}(z)+\tilde{d}(z)g(z)},\quad \tilde{a}(z)\tilde{d}(z)-\tilde{b}(z)\tilde{c}(z)\not\equiv 0 \tag{11.2}$$

の形で表すことが慣例的である。ただし，$\tilde{d}(z)\equiv 0$ の場合は，線形方程式に帰着されてしまう。そこで，$\tilde{d}(z)\not\equiv 0$ の場合に注目して，(11.2) の右辺の分母と分子を $-\tilde{d}(z)$ で割って

$$g(z+1)=\frac{a(z)+b(z)g(z)}{c(z)-g(z)},\quad a(z)+b(z)c(z)\not\equiv 0 \tag{11.3}$$

の形にしてから，正規化することを考える。まず，(11.3) において，$b(z)=-c(z+1)$ の場合は $a(z)+b(z)c(z)=a(z)-c(z+1)c(z)\not\equiv 0$ であり，$g(z)=1/f(z)+c(z)$ とおくと

$$f(z+1)=\frac{\alpha(z)}{f(z)} \tag{11.4}$$

ここで，$\alpha(z)=1/(c(z)c(z+1)-a(z))$ である。次に，$b(z)\neq -c(z+1)$ である場合は，(11.3) において，$g(z)=((c(z)+b(z-1))/2)f(z)+(c(z)-b(z-1))/2$ とおくと

$$f(z+1)=\frac{A(z)+f(z)}{1-f(z)},\quad A(z)\not\equiv -1 \tag{11.5}$$

の形に帰着される。ここで，

$$\begin{aligned}&A(z)\\&=\frac{4a(z)-b(z)b(z-1)+3b(z)c(z)-b(z-1)c(z+1)-c(z)c(z+1)}{(b(z)+c(z+1))(b(z-1)+c(z))}\end{aligned}$$

である。ときには，(11.4) は取り扱いやすいことから，線形の場合と同様に，自明な場合として取り扱われ，(11.5) を正規化された差分リッカチ方程式と呼ぶことも多い。また，(11.5) は Δ を用いて，

$$\Delta f(z)=\frac{f(z)^2+A(z)}{1-f(z)} \tag{11.6}$$

と表される。

それでは，(10.9) の正規化はどうなるであろうか。ここでは，$b(z)$ が定数 b の場合に限定して紹介する。すなわち，

$$(v')^2=a(z)(v-b)^2(v-\tau_1)(v-\tau_2) \tag{11.7}$$

の正規化を考える。(11.7) において，

$$v(z)=\frac{1}{w(z)+\frac{1}{2}\left(\frac{1}{\tau_1-b}+\frac{1}{\tau_2-b}\right)}+b$$

とおくと，

$$(w')^2=A(z)(w^2-B) \tag{11.8}$$

に帰着される。ここで，

$$A(z)=a(z)(\tau_1-b)(\tau_2-b),\quad B=\left(\frac{1}{2}\left(\frac{1}{\tau_1-b}-\frac{1}{\tau_2-b}\right)\right)^2$$

である。

以下で，6.2.3 で学習した連続極限法を利用して，差分方程式から微分方程式が導かれることを示し，ある型の差分方程式は，対応する微分方程式と類似の性質を持つこと（差分類似）を考察する。

まずは差分リッカチ方程式 (11.5) において，

$$t = \varepsilon z, \quad f(z) = \varepsilon w(t, \varepsilon) \tag{11.9}$$

$A(z) = \varepsilon^2 \tilde{A}(t, \varepsilon)$ とおき，条件 $\lim_{\varepsilon \to 0} \tilde{A}(t, \varepsilon) = \tilde{A}(t, 0)$ を満たすと仮定する。このとき，$f(z+1) = \varepsilon w(\varepsilon(z+1), \varepsilon) = \varepsilon w(\varepsilon z+\varepsilon, \varepsilon) = \varepsilon w(t+\varepsilon, \varepsilon)$ であるから

$$w(t+\varepsilon, \varepsilon) - w(t, \varepsilon) = \varepsilon w(t, \varepsilon)^2 + \varepsilon \tilde{A}(t, \varepsilon) + O(\varepsilon^2) \tag{11.10}$$

を得る。(11.10) の両辺を ε で割り，$\varepsilon \to 0$ とすると，$w(t, 0)$ は $\tilde{A}(t, 0)$ が $A(z)$ に対応するリッカチ方程式 (11.1) を満たすことがわかる。

次に，差分方程式

$$(\Delta f(z))^2 = A(z)(f(z)f(z+1) - B(z)) \tag{11.11}$$

を考察する。ここでも，(11.9) による変換を (11.11) に対して行い，$A(z)$ と $B(z)$ について，それぞれ，$\varepsilon^2 \tilde{A}(t, \varepsilon)$ と $\tilde{B}(t, \varepsilon)$ を置き換える操作をする。このとき，$f(z+1) = w(t+\varepsilon, \varepsilon)$ であるから，

$$(w(t+\varepsilon, \varepsilon) - w(t, \varepsilon))^2 = \varepsilon^2 \tilde{A}(t, \varepsilon)(w(t, \varepsilon)w(t+\varepsilon, \varepsilon) - \tilde{B}(t, \varepsilon)) \tag{11.12}$$

を得る。ここで，$\lim_{\varepsilon \to 0} \tilde{A}(t, \varepsilon) = \tilde{A}(t, 0)$, $\lim_{\varepsilon \to 0} \tilde{B}(t, \varepsilon) = \tilde{B}(t, 0)$ である。(11.12) の両辺を ε^2 で割って，$\varepsilon \to 0$ とすると，極限 $w(t, 0) = \lim_{\varepsilon \to 0} w(t, \varepsilon)$ が存在すれば，$w(t) = w(t, 0)$ は微分方程式

$$w'(t)^2 = \tilde{A}(t)(w(t)^2 - \tilde{B}(t)) \tag{11.13}$$

を満たす。ここで，$\tilde{A}(t) = \tilde{A}(t, 0)$，$\tilde{B}(t) = \tilde{B}(t, 0)$ である。(11.13) において，$\tilde{B}(t)$ が定数になる場合は，微分方程式 (11.8) に対応する。

11.2　差分リッカチ方程式と 2 階線形同次差分方程式

リッカチ方程式を

$$w'(z) + w(z)^2 + A(z) = 0 \tag{11.14}$$

の形に正規化して，2 階線形同次微分方程式

$$u''(z) + A(z)u(z) = 0 \tag{11.15}$$

との関係を復習すると，2 つの微分方程式 (11.14) と (11.15) は，架け橋

$$w(z) = \frac{u'(z)}{u(z)}$$

で結ばれている [*3] 。以下で，差分リッカチ方程式 (11.6) と 2 階線形同次差分方程式

$$\Delta^2 y(z) + A(z)y(z) = 0 \tag{11.16}$$

の間に類似の関係が存在すること，すなわち (11.6) と (11.16) の架け橋の存在について紹介する。ここでは，一般には $A(z)$ は有理形関数であるが，話題の中心は有理関数の場合におく。また，(11.16) は

$$y(z+2) - 2y(z+1) + (A(z)+1)y(z) = 0$$

とシフト表示することもできる。非自明な (11.16) の有理形関数解 $y(z)$ に対して

$$f(z) = -\frac{\Delta y(z)}{y(z)} \tag{11.17}$$

とおくと $f(z)$ は (11.6) を満足する。実際には，(11.17) から，

$$\begin{aligned} \Delta^2 y(z) &= -(\Delta f(z))y(z) - f(z+1)\Delta y(z) \\ &= -(\Delta f(z))y(z) + f(z+1)f(z)y(z) \end{aligned} \tag{11.18}$$

を得て，(11.18) と (11.16) を組み合わせれば，

$$\begin{aligned} &-(\Delta f(z))y(z) + f(z+1)f(z)y(z) + A(z)y(z) \\ &\quad = -(f(z+1) - f(z))y(z) + f(z+1)f(z)y(z) + A(z)y(z) = 0 \end{aligned}$$

すなわち，

*3　たとえば，[83, Pages 103–106]などを参照のこと。

$$(-1+f(z))f(z+1)+f(z)+A(z)=0$$

となり，$f(z)$ が (11.6) を満たすことがわかる [*4]。一方，(11.6) が有理形関数解 $f(z)$ を持つとすると，$y(z)$ は 1 階線形差分方程式 (11.17) の解として得られ，これは (11.16) を満たす。実際には，(11.18) と (11.6) から

$$\begin{aligned}\Delta^2 y(z) &= (-f(z+1)+f(z)+f(z)f(z+1))y(z)\\ &= \left(\frac{-A(z)-f(z)}{1-f(z)}+\frac{f(z)-f(z)^2}{1-f(z)}+\frac{A(z)f(z)+f(z)^2}{1-f(z)}\right)y(z)\\ &= -\frac{A(z)(1-f(z))}{1-f(z)}y(z) = -A(z)y(z)\end{aligned}$$

を得る。微分方程式の場合との違いは，定理 9.7 によって 1 階線形差分方程式の有理形関数解が保証されていることである。

例 11.1　係数として有理関数

$$A(z) = -\frac{2}{(z+a)(z+a+1)}$$

をおき，(11.6) と (11.16) を考える。ここで，a は複素定数である。関数

$$f_1(z) = \frac{1}{z+a}, \qquad f_2(z) = -\frac{2}{z+a}$$

はともに差分リッカチ方程式 (11.6) を満たす。(4.32) によって，それぞれに対応する 2 階線形差分方程式 (11.16) の解 $y_1(z)$ と $y_2(z)$ を得る

$$\begin{aligned}y_1(z) &= Q_1(z)\frac{\Gamma(z+a-1)}{\Gamma(z+a)} = Q_1(z)\frac{1}{z+a-1}\\ y_2(z) &= Q_2(z)\frac{\Gamma(z+a+2)}{\Gamma(z+a)} = Q_2(z)(z+a)(z+a+1)\end{aligned}$$

ここで，$Q_1(z)$ と $Q_2(z)$ は周期 1 の周期関数である。実際に，$f_1(z)$，$f_2(z)$ 以外の (11.6) の有理形関数解を作ることも可能である。たとえば，$y_3(z) = y_1(z) + y_2(z)$ とおけば，$y_3(z)$ は (11.16) の有理形関数解で (11.17) を通って，(11.6) の解 $f_3(z) = -\Delta y_3(z)/y_3(z)$ に到達する。

---

*4　たとえば[51, Pages 100–101]などを参照のこと。

◇◇◇ 学びの広場 11.1 ◇◇◇

定数係数 2 階線形同次差分方程式

$$\Delta^2 y(z) - 16y(z) = 0 \tag{11.19}$$

を考える。(11.19) は，シフト表示をすれば

$$y(z+2) - 2y(z+1) - 15y(z) = 0 \tag{11.20}$$

と表せる。3.4 節での議論から，特性方程式

$$\lambda^2 - 2\lambda - 15 = 0$$

の解 $\lambda = -3, \lambda = 5$ を用いて，(11.20) の一般解は，周期 1 の周期関数を係数とする $(-3)^z$ と 5^z の一次結合で表せる。簡単のため，1 つの解として $y(z) = 5^z$ を固定する。このとき，(11.17) で定義された $f(z)$ が差分リッカチ方程式 (11.6) を満たすことを確かめる。$\Delta y(z) = (5-1)5^z = 4 \cdot 5^z$ であるから，$f(z) = -4 \cdot 5^z/5^z = -4$ なので，$\Delta f(z) = 0$ である。一方，(11.6) の右辺の分子の第 2 項は，$A = -16$ なので，$(-4)^2 - 16 = 0$ である。

問題 11.1　(11.20) の解として，$y(z) = \sin 2\pi z \cdot (-3)^z$ を選んだとき，(11.6) が成立することを確かめよ。

◇◇◇

11.3　差分リッカチ方程式

3 つの有理形関数 $\alpha_1(z), \alpha_2(z), \alpha_3(z)$ がリッカチ方程式 (11.14) の異なる解として存在していれば，(11.14) は任意の複素数に対応する有理形関数解の族を持つ [*5]。この性質に対応する差分リッカチ方程式の性質は，次の命題で与えられる。

命題 11.1　差分リッカチ方程式 (11.6) が相異なる有理形関数解 $f_1(z)$, $f_2(z)$, $f_3(z)$ を持てば，任意の (11.6) の有理形関数解 $f(z)$ は

---

*5　たとえば，[15, Pages 371–373]を参照のこと。

$$f(z) = \frac{f_1(z)f_2(z) - f_2(z)f_3(z) - f_1(z)f_2(z)Q(z) + f_1(z)f_3(z)Q(z)}{f_1(z) - f_3(z) - f_2(z)Q(z) + f_3(z)Q(z)} \tag{11.21}$$

で与えられる。

少々各論的になるが，リッカチ方程式 (11.14) の有理関数解と超越的有理形解の関係について述べておく。まず，異なる 2 つの有理関数 $\alpha_1(z)$ と $\alpha_2(z)$ が (11.14) の解として存在すると仮定する。このとき，2 つの可能性がある。1 つは，その他には有理形関数解が存在しない場合 *6，もう 1 つは，その他に有理形関数解が存在する場合である。後者について，さらに分類すると，もし，第 3 の解が有理関数ならば，すべての有理形関数解は有理関数になり，もし，第 3 の解が超越的有理形関数解ならば，有理関数解は $\alpha_1(z)$ と $\alpha_2(z)$ の 2 つのみである *7。この性質に対応する差分リッカチ方程式の性質は，次の命題で与えられる。

命題 11.2　差分リッカチ方程式 (11.6) が異なる有理関数解 $f_1(z), f_2(z)$ を持つとする。このとき，$f_1(z), f_2(z)$ とは異なる有理形関数解 $f_3(z)$ が存在する。

実際の証明は，(11.6) において

$$f(z) = \frac{f_1(z)g(z) - f_2(z)}{g(z) - 1} \tag{11.22}$$

とおき，$g(z)$ についての 1 階線形同次差分方程式

$$g(z+1) = \frac{f_1(z) - 1}{f_2(z) - 1} g(z)$$

を導く。$f_1(z), f_2(z)$ が有理関数なので，(4.29) を用いて具体的に計算することができる。任意の周期 1 の周期関数に依存して超越的になることも，ならないこともある。

---

*6　たとえば，[15, Page 396] を参照のこと。
*7　たとえば，[15, Pages 393–394] を参照のこと。

11.4 2 階線形同次差分方程式

2.6 節および 2.7 節において，関数の一次独立性とカゾラティアンの性質を学習した。ここで，2 階線形同次差分方程式 *8(11.16) の場合に限定して，復習することにする。

有理形関数 $y_1(z)$，$y_2(z)$ は 2 階線形差分方程式 (11.16) の解とし，$Q_1(z)$，$Q_2(z)$ は周期 1 の周期関数とする。線形結合 $Q_1(z)y_1(z) + Q_2(z)y_2(z)$ が (11.16) を満たす。そこで，ある周期 1 の周期関数 $Q_1(z)$，$Q_2(z)$ が存在して $Q_1(z)y_1(z) + Q_2(z)y_2(z) = 0$ を満たすときに $y_1(z)$，$y_2(z)$ を 1 次従属といい，そうでない場合に一次独立という。関数 $f(z)$，$g(z)$ に対して，カゾラティアン $\mathfrak{C}(z) = \mathfrak{C}(f, g; z)$ を

$$\mathfrak{C}(z) = \mathfrak{C}(f, g; z) = \begin{vmatrix} f(z) & g(z) \\ \Delta f(z) & \Delta g(z) \end{vmatrix} = \begin{vmatrix} f(z) & g(z) \\ f(z+1) & g(z+1) \end{vmatrix} \tag{11.23}$$

と定義した。関数 $f(z)$, $g(z)$ が一次独立であることの同値な条件は，$\mathfrak{C}(f, g; z) \neq 0$ である。

命題 11.3 関数 $y_1(z)$, $y_2(z)$ は 2 階線形差分方程式 (11.16) の有理形関数解とする。このとき，カゾラティアン $\mathfrak{C}(y_1, y_2; z)$ は差分方程式

$$\Delta\mathfrak{C}(z) = A(z)\mathfrak{C}(z) \tag{11.24}$$

を満たす。一方，有理形関数 $y_1(z)$ $(\neq 0)$, $y_2(z)$ が (11.24) を満たし，$y_1(z)$ が (11.16) の解ならば，$y_2(z)$ は (11.16) の解である。

命題 11.3 の前半の性質は，n 階線形差分方程式，$n \geq 2$，においても成立する *9。この性質は，線形同次微分方程式の一次独立な解のロンスキアンの持つ性質に対応する *10。

有理形関数 $u_1(z)$, $u_2(z)$ を一次独立な線形微分方程式 (11.15) の解と

---

*8 この章では誤解が生じない限り，単に，2 階線形差分方程式，2 階線形方程式などと標記することもある。

*9 たとえば，[105, Page 79] などを参照のこと。

*10 たとえば，[108, Pages 16–17] などを参照のこと。

し，ロンスキアンを $c = W(u_1, u_2)$ とする（この場合は定数になる）。このとき，$u_2(z) = h(z)u_1(z)$ とすると $h'(z) = c/u_1(z)^2$ が成立する [*11]。次の命題は，この性質の類似である。

命題 11.4　(i) 有理形関数 $y_1(z), y_2(z)$ は一次独立な 2 階線形差分方程式 (11.16) の解とし，$\mathfrak{C}(z)$ は $y_1(z), y_2(z)$ のカゾラティアンとする。関数 $y_2(z)$ が $y_2(z) = g(z)y_1(z)$ と表せるならば，$g(z)$ は差分方程式

$$\Delta g(z) = \frac{\mathfrak{C}(z)}{y_1(z+1)y_1(z)} \tag{11.25}$$

を満たす。(ii) 有理形関数 $y_1(z)$ は 2 階線形差分方程式 (11.16) の解とし，$\mathfrak{C}(z)$ は差分方程式 (11.24) の有理形関数解とする。このとき，関数 $g(z)$ が (11.25) を満たすならば，$y_2(z) = g(z)y_1(z)$ は (11.16) の有理形関数解になる。

以下では，差分リッカチ方程式 (11.6)，2 階線形差分方程式 (11.16) において，$A(z)$ が有理関数の場合を考える。差分方程式 (11.24) が有理関数解 $\mathfrak{C}(z)$ を持つと仮定する。命題 11.4 によれば，もし有理関数解 $y_1(z)$ が (11.16) に存在すれば，$y_1(z)$ と一次独立な有理形関数解 $y_2(z)$ を，(4.12) を利用して具体的に計算することができる。このとき，差分リッカチ方程式 (11.6) の異なる 2 つの有理関数解を $y_1(z), y_2(z)$ から構成することができる。

例 11.2　差分リッカチ方程式 (11.6)，2 階線形差分方程式 (11.16) において

$$A(z) = -\frac{2(55z^2 + 635z + 1842)}{(z+2)(z+3)(z+4)(z+5)}$$

とする。有理関数

$$f_1(z) = \frac{-11z - 58}{(z+2)(z+4)}$$

は，(11.6) の解である。これに対応する (11.16) の解 $y_1(z)$ は，差分方程式 (11.17) に対応する

---

*11　たとえば，[20], [108]などを参照のこと。

$$y_1(z+1) = \frac{(z+6)(z+11)}{(z+2)(z+4)} y_1(z)$$

の解として与えられる。実際，(4.34) によれば

$$y_1(z) = Q_1(z)\frac{\Gamma(z+6)\Gamma(z+11)}{\Gamma(z+2)\Gamma(z+4)} = Q_1(z)(z+4)(z+5)\prod_{k=2}^{10}(z+k)$$

である。ここで，$Q_1(z)$ は周期 1 の周期関数である（$Q_1(z)$ を定数にとれば，$y_1(z)$ は有理関数になる）。関数 $\mathfrak{C}(z)$ を (11.24) の有理形関数解とする。実際，

$$\mathfrak{C}(z+1) = \frac{(z-9)(z+6)^2(z+11)}{(z+2)(z+3)(z+4)(z+5)}\mathfrak{C}(z)$$

を (4.34) を用いて求和すると，

$$\begin{aligned}\mathfrak{C}(z) &= Q_2(z)\frac{\Gamma(z-9)\Gamma(z+6)^2\Gamma(z+11)}{\Gamma(z+2)\Gamma(z+3)\Gamma(z+4)\Gamma(z+5)} \\ &= Q_2(z)(z+4)(z+5)^2\frac{\prod_{k=3}^{10}(z+k)}{\prod_{k=-9}^{1}(z+k)}\end{aligned}$$

となる。ここで，$Q_2(z)$ は周期 1 の周期関数である。（$Q_2(z)$ を定数にとれば，$\mathfrak{C}(z)$ は有理関数になる。）

以下で (11.25) を用いて，$Q_1(z) \equiv 1$, $Q_2(z) \equiv 1$ を満たす (11.16) の解 $y_2(z) = y_1(z)g(z)$ を求める。

$$\begin{aligned}\Delta g(z) = \frac{\mathfrak{C}(z)}{y_1(z+1)y_1(z)} &= \frac{1}{(z+6)\prod_{k=-9}^{11}(z+k)} \\ &= \frac{\alpha_6}{(z+6)^2} + \sum_{k=-9}^{11}\frac{\beta_k}{z+k}\end{aligned} \tag{11.26}$$

ここで，α_6, β_k, $k=-9,-8,\ldots,10,11$ は零でない定数である。(4.24) を利用すれば，

$$g(z) = Q(z) + \tilde{\alpha}_6\Psi'(z+6) + \sum_{k=-9}^{11}\tilde{\beta}_k\Psi(z+k)$$

を得る。ここで，$Q(z)$ は周期 1 の周期関数，$\tilde{\alpha}_6, \tilde{\beta}_k, k=-9,-8,\ldots,10,$ 11 は零でない定数である。さらに，(4.23), (4.24) を用いて，$g(z)$ を表現すれば

$$g(z) = Q(z) + R_1(z) + \alpha\Psi'(z) + \beta\Psi(z) \tag{11.27}$$

となる。ここで，$R_1(z)$ は有理関数で α, β は定数である。上式 (11.27) において $Q(z) \equiv 0$ ととり，$y_2(z) = (R_1(z) + \alpha\Psi'(z) + \beta\Psi(z))y_1(z)$ とすれば，$y_2(z)$ は $y_1(z)$ と一次独立な (11.16) の解で超越的になる。これに対応する (11.17) によって定義される (11.6) の解もまた超越的になる。

11.5　非線形差分方程式

この節では，10.6 節で紹介した非線形関数方程式 (10.44), (10.45) などについて，値分布理論，増大の振る舞いの視点から考察する [*12]。前節までの議論でわかる通り，差分方程式の場合は増大度の大きい解だけではなく，増大度の小さい解の存在も問題としている。次に述べる柳原の定理 [*13] が，差分方程式におけるマルムクィストの定理といえる [*14]。

定理 11.1　$R(z,w)$ を z と w についての有理関数とし，差分方程式

$$w(z+1) = R(z, w(z)) \tag{11.28}$$

が位数有限の超越的有理形関数解を持つならば，(11.28) において $R(z,w)$ の w についての次数は 1 である。

以下に，定理 11.1 の証明の概略を紹介する。有理関数 $R(z,w)$ の w についての次数を k とおく。定理 8.11 を用いて，

$$T(r, R(z, w(z))) = kT(r, w(z)) + O(\log r)$$

を得る。これと，補題 8.3 から任意の ε に対して，十分大きな r に関して

---

*12　式番号は，本節で改めてつけ直すこともある。

*13　たとえば，[1], [106], [184] などを参照のこと。

*14　柳原は [184, 187, 188, 191] など多くの差分方程式の論文を，値分布理論を応用して発表している。

$$T(r+1, w(z)) \geq (1-\varepsilon)kT(r, w(z)) + O(\log r)$$

が成り立つ。ゆえに，任意の n に対して

$$T(r+n, w(z)) \geq K^n T(r, w(z)) + h(r)$$

を得る。ここで，$K = (1-\varepsilon)k$, $h(r) = O(\log(r+n-1) + K\log(r+n-2) + \cdots + K^{n-1}\log r)$ である。$r+n=t$ として $h(r)$ を評価することで，$K_1 > 0$ が存在し，十分大きな t に対して

$$T(t, w(z)) \geq K_1 K^t$$

が成り立つ。仮に $n \geq 2$ とすれば，$K > 1$ ととれるので，$w(z)$ の位数は ∞ となる。したがって，位数有限な超越的有理形解を持つためには，$n = 1$ でなければならない。

11.1 節において，非線形微分方程式 (11.8) に対応する非線形差分方程式 (11.11) を紹介した。以下に，(11.11) を満たす有理形関数の例をあげることにする。

例 11.3　$a \neq 0$ を定数とし，$f_1(z) = \sin az$ とする。このとき，$\Delta f_1(z) = 2\sin(a/2)\cos a(z+1/2)$ である [*15]。ゆえに

$$(\Delta f_1(z))^2 = -\left(2\sin\frac{a}{2}\right)^2\left(\sin^2 a\left(z+\frac{1}{2}\right)-1\right)$$

となる。簡単のため，$\alpha = \cos(a/2)$, $\beta = \sin(a/2)$ と表すと

$$\begin{aligned}\sin^2 a\left(z+\frac{1}{2}\right) &= \alpha^2\sin^2 az + 2\alpha\beta\sin az\cos az + \beta^2\cos^2 az \\ &= \sin az\left(\sqrt{(\alpha^2-\beta^2)^2+(2\alpha\beta)^2}\sin(az+\theta)\right)+\beta^2 \\ &= \sin az\sin a\left(z+\frac{\theta}{a}\right)+\beta^2\end{aligned}$$

となる。ここで，$\tan\theta = 2\alpha\beta/(\alpha^2-\beta^2) = \tan a$ である。したがって，$f_1(z)$ は差分方程式

---

*15　たとえば，[101, Theorem 2.2]などを参照のこと。

$$(\Delta f(z))^2 = -4\sin^2\frac{a}{2}\left(f(z)f(z+1) - \cos^2\frac{a}{2}\right) \tag{11.29}$$

を満たす。同様の計算から，$f_2(z) = \cos az$ もまた (11.29) を満たすことがわかる。

例 11.3 では，(11.29) の 2 つの解 $f_1(z)$, $f_2(z)$ について

$$T(r, f_1) = T(r, f_2)(1 + o(1)), \quad r \to \infty, \quad r \notin E \tag{11.30}$$

が成り立っている。ここで，E は線形測度有限な除外集合（区間）である。しかし，一般には，(11.29) の解にも増大度の大きな解があり，必ずしも任意の (11.11) の解 $f_1(z)$, $f_2(z)$ について，(11.30) が成立するとは限らない。実際，(11.11) の係数関数 $A(z)$ と $B(z)$ がともに周期 1 の周期関数（定数関数も含む）とする。(11.11) の解 $f(z)$ に対して，関数 $\hat{f}(z) = f(\kappa(z)+z)$ を定義する。ここで，$\kappa(z)$ は周期 1 の周期関数である。$\kappa(z)+z$ を (11.11) の z として代入すると，$\hat{f}(z+1) = f(\kappa(z+1)+z+1) = f(\kappa(z)+z+1)$ なので $\hat{f}(z)$ が (11.11) の解であることがわかる。関数 $\hat{f}(z)$ の増大度は $\kappa(z)$ のとり方によって大きくすることが可能なので，(11.30) は一般には成立しない。

非定数周期関数を係数に持つ例もあげておく。

例 11.4　関数 $Q(z)$ は，周期 1 の周期関数とする。関数

$$f(z) = \frac{z^2 + Q(z)^2}{2Q(z)z}$$

は，(11.11) の形の差分方程式

$$(\Delta f(z))^2 = \frac{1}{z(z+1)}\left(f(z)f(z+1) - \frac{(1+2z)^2}{4z(z+1)}\right)$$

を満たす。

定理 11.1 を新たな起点として，多くの研究者が値分布論を道具の 1 つとして非線形差分方程式を研究対象にするようになってきた。特に，差分パンルヴェ方程式に関しての研究は盛んである [*16]。

*16　たとえば，[110], [64, Pages 261–266], [72] などを参照のこと。

定理 11.2　$R(z,w)$ を z と w についての有理関数とし，差分方程式

$$w(z+1)+w(z-1)=R(z,w(z)) \tag{11.31}$$

が位数有限の超越的有理形関数解を持つならば，(11.31) において $R(z,w)$ の w についての次数は高々 2 である。さらに，差分方程式 (11.31) は以下の方程式を含む特別な方程式に帰着される。

$$w(z+1)+w(z-1)=\frac{\alpha z+\beta}{w(z)}+\gamma \tag{11.32}$$

$$w(z+1)+w(z-1)=\frac{\alpha z+\beta}{w(z)}+\frac{\gamma}{w(z)^2} \tag{11.33}$$

$$w(z+1)+w(z-1)=\frac{\alpha z+\beta}{w(z)}+\frac{(\alpha z+\beta)w(z)+\gamma}{1-w(z)^2} \tag{11.34}$$

ここで，α, β, γ は定数である。

方程式 (11.32)〜(11.34) の非自明な解については，右辺が自励系の場合に楕円関数による例があげられている *17。

10.6 節で紹介した非線形関数方程式 (10.45) が自励系のとき，(10.45) はシュレーダーの方程式と呼ばれている。1870 年に発表された論文 “Ueber iterirte Functionen” [152]のなかでシュレーダーは，関数の反復合成を研究することを問題意識の 1 つとして，$f(z)$ を与えられた有理形関数とし，関数方程式

$$\varphi(sz)=f(\varphi(z)) \tag{11.35}$$

を導入している。実際に，この形が[152]のなかに登場するのは 8 ページ目であり，当初の目的は関数方程式論的立場ではないことがうかがわれる．その後，解の存在定理や超・超越性が早い時期に議論され，ポアンカレ達によって，関数論・関数方程式論両方の立場で研究がなされて

*17　非自励系の場合の超越的有理形解の構成はあまり得られていないが，近年[154]において第 1 歩がなされた。

きた[*18]。ここでは，特に断りのない限り $f(z)$ は超越的であるか，次数が 2 以上の有理関数としておく。シュレーダーの方程式がどのように関数の反復合成に関わりがあるのかを述べることにする。

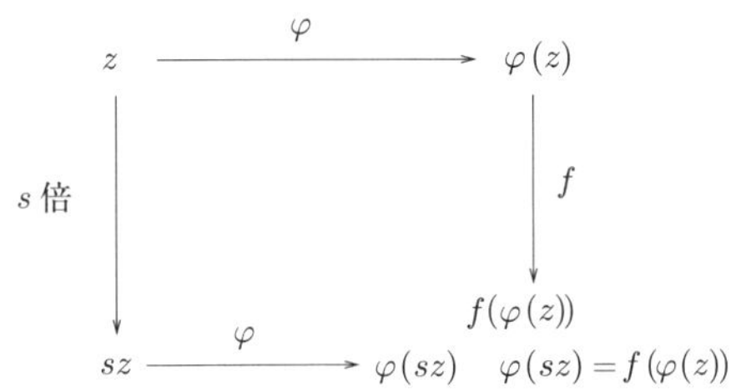

図 11.1　シュレーダーの方程式

図 11.1 でわかるように，シュレーダーの方程式の解が存在すると，図 11.1 の左上の z から出発して，右下端に至ったときに，どちらの経路をとっても同じ結果になることを意味している。この図式を縦にかき足していくことで，$f(z)$ を反復合成するということと，z を単に s 倍するという操作が対応していることがわかるであろう。

さらにわかりやすくするために，(11.35) を用いて，式変形からも反復合成を追ってみることにする。(11.35) の z に sz を代入して，右辺に現れた $\varphi(sz)$ に (11.35) を適用すると

$$\varphi(s(sz)) = f(\varphi(sz)) = f(f(\varphi(z)))$$

すなわち，

$$\varphi(s^2 z) = f^{\circ 2}(\varphi(z))$$

となる。この操作を繰り返すことで，任意の自然数 n に対して

$$\varphi(s^n z) = f^{\circ n}(\varphi(z)) \tag{11.36}$$

---

*18　たとえば，[140]などを参照のこと。また，シュレーダー方程式，複素力学系，値分布論の関係を取り扱ったものには，たとえば，[94, 95, 96]，[102]などがある。

を得る[*19]。シュレーダーの方程式 (11.35) は，$|s| \neq 1$ のとき，$z=0$ のある近傍で，$\varphi(0)=0, \varphi'(0)=s$ を満たす有理形関数解を持つことが知られている。

学びの扉 11.1

シュレーダーの方程式 (11.35) において $|s|>1$ の場合は，原点の近くでの存在が証明された解を，(11.35) を利用して，複素平面全体に解析接続することができる。まとめると，“(11.35) において，$f(0)=0$, $f'(0)=s$, $|s|>1$ であれば，$\varphi(0)=0$ かつ $\varphi'(0)=1$ を満たす複素平面全体で有理形関数解が一意的に存在する” となる。この解 $\varphi(z)$ をシュレーダー関数（ポアンカレ関数）と呼ぶことにする。$\varphi(z)$ は超越的であることが知られている。さらに，(11.35) において $f(z)$ が有理関数であれば，増大の位数に関して

$$\rho(\varphi)=\frac{\log\deg f}{\log|s|} \tag{11.37}$$

であることが知られている。特性関数に関しては，ある定数 $0<K_1<K_2$ があって

$$K_1 r^{\rho(\varphi)}<T(r,f)<K_2 r^{\rho(\varphi)} \tag{11.38}$$

が成り立つ。証明は，定理 8.11 などを用いる[*20]。第 9 章で取り扱った 3 種類の線形方程式の超越的有理形関数解は，位数がニュートンの折れ線で与えられるので有理数であった。しかし，シュレーダー関数の位数は (11.37) からわかるように，一般には有理数とはかぎらない。

例 11.5　余弦関数の加法定理を思い出す。たとえば $\cos 2z=2\cos^2 z-1$, $\cos 3z=4\cos^3 z-3\cos z$ である。一般に，$\cos nz$ は，$\cos z$ の n 次の多項式で表される。すなわち

---

*19　記号 $f^{\circ n}(x)$ は，関数 $f(x)$ の n 回の反復合成 $(f\circ f\circ\cdots\circ f)(x)$ を表す。たとえば，$n=2$ のときは，$f^{\circ 2}(x)=(f\circ f)(x)=f(f(x))$ である。

*20　たとえば，[79], [110]などを参照のこと。

$$\cos nz = T_n(\cos z) \tag{11.39}$$

である。この $T_n(z)$ をチェビシェフの多項式（Chebyshev polynomial）という。$n = 2, n = 3$ の場合は，それぞれ，$T_2(z) = 2z^2 - 1$, $T_3(z) = 4z^3 - 3z$ である。$T_n(z), n = 1, 2, \ldots$ は，n についての離散的な 2 階差分方程式（漸化式）

$$T_{n+1}(z) = 2zT_n(z) - T_{n-1}(z), \quad n = 2, 3, \ldots \tag{11.40}$$

で与えられる。(11.39) から，$\cos z$ はシュレーダー方程式

$$\varphi(nz) = T_n(\varphi(z))$$

の解であると，捉えることもできる。

例 11.6　10.5 節で学習したペー関数 $\wp(z)$ は，g_2, g_3 を定数として，常微分方程式 (10.38) を満たし，さらに，(10.41) を満たすことを述べた。このことから，$\wp(z)$ は，有理関数 $R(z)$ を

$$R(z) = \frac{16z^4 + 8g_2z^2 + (g_2)^2 + 32g_3z}{16(4z^3 - g_2z - g_3)} \tag{11.41}$$

として，シュレーダー方程式

$$\varphi(2z) = R(\varphi(z)) \tag{11.42}$$

の解であることがわかる。

学びの本箱 11.1

ヒレ（Carl Einar Hille）は，ニューヨークで生まれた。2 歳から 26 歳までスウェーデンで育ち，その後アメリカに戻る。学位はストックホルム大学から受けている。微分方程式，特殊関数，関数解析などに関わる多くの研究業績を残した。ここでは，理工学部の後半から大学院生向けの複素領域での微分方程式[83]を紹介する。微分方程式の解の存在定理や複素関数論と微分方程式の関わりが整理されている。本節でも取り上げた，線形方程式と非線形方程式の架け橋や，マルムクィストの定理なども含まれている。

12 距離と収束

諸澤 俊介

《目標＆ポイント》 第 12〜15 章の 4 章は，複素平面あるいは複素球面上のフラクタル図形の構成と，それらの性質について考える。この章では，まずこれから必要になる学部で学ぶ基礎事項を簡単に，距離空間の視点から復習する。そして，いくつかの距離空間の例をみる。

《キーワード》 距離関数，距離空間，収束，連続，完備，球面距離，ハウスドルフ距離，記号空間

12.1 収束と連続

距離関数は第 1 章で定義したが，これからの話が読みやすいようにもう一度述べておく。

定義 12.1 集合 S 上の 2 変数実数値関数 $d(x,y)$ が距離関数であるとは次の 3 つを満たす場合をいう。

(1) $d(x,y) \geq 0$ である。さらに $d(x,y)=0$ となるのは $x=y$ の場合であり，かつその場合に限る。

(2) S 上の任意の 2 点 x と y に対して $d(x,y)=d(y,x)$ となる。

(3) S 上の任意の 3 点 x，y と z に対して $d(x,y) \leq d(x,z)+d(z,y)$ となる。

集合 S とその上の距離関数の組 (S,d) を距離空間と呼ぶ。ただし，距離関数がわかっているときには S を距離空間と呼ぶときもある。

(S,d) を距離空間とし，$T \subset S$ とする。d の T への制限を d' とすると (T,d') は距離空間となる。これを (S,d) の部分距離空間と呼ぶ。

例 12.1 3 次元ユークリッド空間 $(\mathbb{R}^3,d)$ 内の球面 $\Sigma=\{(\xi,\zeta,\eta) \mid \xi^2+\zeta^2+(\eta-1/2)^2=1/4\}$ に d の制限 d' を与えると部分距離空間となる。このとき，$\boldsymbol{x}=(x_1,x_2,x_3)$，$\boldsymbol{y}=(y_1,y_2,y_3) \in \Sigma$ に対し d' は次のよう

に表せる。

$$d'(\boldsymbol{x}, \boldsymbol{y}) = \sqrt{x_3 + y_3 - 2(x_1y_1 + x_2y_2 + x_3y_3)}$$

距離が定義されていれば，近い，遠いを考えることができる。それにより「収束」，「連続」の概念が定義できる。点列の収束の定義である ε-N 論法は第 1 章で述べているが，これももう一度書いておく。

定義 12.2　距離空間 (S, d) 内の点列 $\{x_n\}$ が x に収束するとは，任意の $\varepsilon > 0$ に対してある自然数 N が存在し，すべての $n \geq N$ について $d(x_n, x) < \varepsilon$ が成り立つときをいう。この x を点列 $\{x_n\}$ の極限点と呼ぶ。また，このことを $\lim_{n\to\infty} x_n = x$ とかく。

与えられた数列は必ずしも収束するわけではない。距離空間 (S, d) の部分集合 E が有界であるとは，$x_0 \in S$ に対して適当な $r > 0$ があり，$E \subset \{x \in S \mid d(x, x_0) < r\}$ となることである。次のボルツァーノ-ワイエルシュトラスの定理は有意義である。

定理 12.1　距離空間の有界な点列は収束する部分列を持つ。

定義 12.3 (コーシー列)　距離空間 (S, d) 内の点列 $\{x_n\}$ がコーシー列であるとは，任意の $\varepsilon > 0$ に対してある自然数 N が存在し，すべての $n, m \geq N$ について $d(x_n, x_m) < \varepsilon$ が成り立つときをいう。

コーシー列が有界な点列であることは定義から導くことができる。さらに重要な次の定理が示せる。

定理 12.2　距離空間内の点列が収束することと，その点列がコーシー列であることは同値である。

収束する点列の極限がどこにあるかということは重要である。そこで，次の定義を与える。

定義 12.4　距離空間が完備であるとは，その空間内の任意のコーシー列の極限点がその空間に含まれる場合をいう。

定義 12.5　A を距離空間 (S, d) の部分集合とする。$w \in S$ が A の集積点であるとは，w とは異なる点からなる A の点列 $\{x_n\}$ で $\lim_{n\to\infty} x_n = w$ となるものがとれる場合をいう。

A の集積点の集合を A^d と記し，A の導集合と呼ぶ。さらに，$\overline{A} = A \cup A^d$ とし，A の閉包と呼ぶ。

定義 12.6　距離空間 S の部分集合 E が S で稠密であるとは，距離空間の任意の点 x に対して E に含まれる点列で x に収束するものがとれる場合をいう。すなわち，$S = \overline{E}$ が成り立つことである。

学びの抽斗 12.1

第1章で述べたように，距離空間 (S, d) において距離を用いて開集合が定義できる。そしてこの開集合系によって決まる位相を距離位相と呼ぶ。

距離空間の部分集合 A が閉集合であるとは，その補集合 $S \setminus A$ が開集合であるときと定義した。このとき，A が閉集合であることと $A = \overline{A}$ が成り立つことは同値となることを思い出しておく。したがって，閉集合内の任意の収束する点列の極限点はその集合に含まれる。また，その逆も成り立つ。

次に関数の連続性を考えることにする。これからは距離空間 (S, d) において x_0 を中心とし，半径 r の開円板 $\{x \mid d(x, x_0) < \varepsilon\}$ を $U_d(x_0, \varepsilon)$ と書くことにする。

定義 12.7　距離空間 (S_1, d_1) の点 x_0 の近傍で定義された距離空間 (S_2, d_2) への関数 f が x_0 で連続であるとは，任意の $\varepsilon > 0$ に対してある $\delta > 0$ が存在し，$d_1(x, x_0) < \delta$ なるすべての x について $d_2(f(x), f(x_0)) < \varepsilon$ が成り立つときをいう。すなわち

$$f(U_{d_1}(x_0, \delta)) \subset U_{d_2}(f(x_0), \varepsilon)$$

が成り立つことである。

また，関数 f が $D \subset S_1$ で定義され，D の各点で連続である場合には

f は D で連続であるという。

これが ε-δ 論法による連続の定義である。これは次のように開集合を用いて述べることができる。

定理 12.3　関数 $f\colon (S_1, d_1) \to (S_2, d_2)$ が連続である必要十分条件は，S_2 の任意の開集合の逆像が S_1 の開集合となることである。

証明　f が連続であるとする。$O \subset S_2$ を開集合とし，任意の $x_0 \in f^{-1}(O)$ をとる。$f(x_0) \in O$ であり，O が開集合であるから，適当な $\varepsilon > 0$ で $U_{d_2}(f(x_0), \varepsilon) \subset O$ とできる。x_0 で f は連続であるから，この ε に対し，ある δ がとれて

$$f(U_{d_1}(x_0, \delta)) \subset U_{d_2}(f(x_0), \varepsilon) \subset O$$

となる。これより $U_{d_1}(x_0, \delta) \subset f^{-1}(O)$ を得るので，$f^{-1}(O)$ は開集合である。

S_2 の任意の開集合の逆像が S_1 の開集合とする。任意の $x_0 \in S_1$ と任意の $\varepsilon > 0$ をとる。$U_{d_2}(f(x_0), \varepsilon)$ は開集合であるから，$f^{-1}(U_{d_2}(f(x_0), \varepsilon))$ は開集合となる。したがって，適当な $\delta > 0$ で

$$U_{d_1}(x_0, \delta) \subset f^{-1}(U_{d_2}(f(x_0), \varepsilon))$$

とできる。これより主張を得る。 □

連続な関数の合成については次のことがいえる。

命題 12.1　$f_1\colon (S_1, d_1) \to (S_2, d_2)$ と $f_2\colon (S_2, d_2) \to (S_3, d_3)$ は連続とする。このとき，合成関数 $f_2 \circ f_1\colon (S_1, d_1) \to (S_3, d_3)$ は連続となる。

証明　$x_0 \in S_1$ で連続であることを示す。$f_1(x_0) \in S_2$ で f_2 は連続であるから，任意の $\varepsilon > 0$ に対して，ある $\delta_1 > 0$ があり

$$f_2(U_{d_2}(f_1(x_0), \delta_1)) \subset U_{d_3}(f_2 \circ f_1(x_0), \varepsilon)$$

となる。$x = x_0$ で f_1 が連続であるから，この δ_1 に対して $\delta > 0$ があり，

$$f_1(U_{d_1}(x_0,\delta)) \subset U_{d_2}(f_1(x_0),\delta_1)$$

となる。これらより

$$f_2 \circ f_1(U_{d_1}(x_0,\delta)) \subset U_{d_3}(f_2 \circ f_1(x_0),\varepsilon)$$

となり，連続性が示された。 □

1つの集合上の2つの距離関数について，連続性を用いて次の定義を与える。

定義 12.8　集合 S 上の2つの距離関数 d_1 と d_2 が同値であるとは，S 上の恒等写像 id_S について，$id_S\colon (S,d_1)\to(S,d_2)$ と $id_S\colon (S,d_2)\to(S,d_1)$ がともに連続となる場合をいう。

D で定義された連続関数において，各点での δ のとり方は，一般には，D のどこの点であるかによるだろう。そこで，次の概念が重要になる。

定義 12.9 (一様連続)　関数 $f\colon (S,d_1)\to(S,d_2)$ は $D\subset S_1$ で定義されているとする。任意の $\varepsilon>0$ に対し，ある $\delta>0$ で

$$f(U_{d_1}(x,\delta)) \subset U_{d_2}(f(x),\varepsilon)$$

がすべての $x\in D$ で成り立つとき，f は D で一様連続であるという。

注意 12.1　関数 $f\colon (S,d_1)\to(S,d_2)$ がコンパクト集合 $K\subset S_1$ で連続であれば，K で一様連続となる。

連続の定義は $x=x_0$ のどのくらい近くの点であれば，関数によるそれらの像も近くなるかを示している。当然，関数によってその近さは変わる。そこで，「同じように移る」関数の族を次のように定義する。

定義 12.10 (同程度連続)　距離空間 (S_1,d_1) の点 x_0 の近傍で定義された距離空間 (S_2,d_2) への関数の族を $\mathcal{F}$ とする。$\mathcal{F}$ が x_0 で同程度連続であるとは，任意の $\varepsilon>0$ に対してある $\delta>0$ が存在し，$d_1(x,x_0)<\delta$ なるすべての x について $d_2(f(x),f(x_0))<\varepsilon$ がすべての $f\in\mathcal{F}$ について成り立つ場合をいう。

また，関数族 $\mathcal{F}$ の各関数が $D \subset S_1$ で定義され，D の各点で同程度連続である場合には，$\mathcal{F}$ は D で同程度連続であるという。

注意 12.2　関数族 $\mathcal{F}$ がコンパクト集合 K で同程度連続であれば，任意の $\varepsilon > 0$ に対してある $\delta > 0$ が存在し，任意の $x_0 \in K$ と任意の $f \in \mathcal{F}$ に対し，$d_1(x, x_0) < \delta$ なるすべての x について $d_2(f(x), f(x_0)) < \varepsilon$ が成り立つ。

例 12.2　1 次元ユークリッド空間 $\mathbb{R}$ で定義された関数族 $\mathcal{F} = \{f_n(x) = x^n\}$ を考える。各 f_n は $\mathbb{R}$ で連続である。$|x_0| < 1$ とする。このとき $x = x_0$ で $\mathcal{F}$ は同程度連続である。また，$x = 1$ では $\mathcal{F}$ は同程度連続ではない。

実際に，任意の $\varepsilon > 0$ に対し，$\delta > 0$ を $|x_0| + \delta < 1$ かつ $-\delta/(e(|x_0| + \delta)\log(|x_0| + \delta)) < \varepsilon$ を満たすようにとれば，$|x - x_0| < \delta$ に対し

$$|x^n - x_0^n| \leq \delta n(|x_0| + \delta)^{n-1} < \varepsilon$$

が成り立つ。また，任意の $\varepsilon > 0$ に対し，各々の n で $|x - 1| < \delta_n$ ならば，$|x^n - 1^n| < \varepsilon$ となる δ_n は $\delta_n < (1 + \varepsilon)^{1/n} - 1$ を満たさなければならない。

12.2　距離空間上の写像とカオス

f を距離空間 (S, d) から (S, d) への写像とする。$x \in S$ とすると $f(x) \in S$ であるから，$f(x)$ を再び f により写像することができ，さらにこのことを繰り返すことができる。そこで，f の n 回の合成を f^n と書くことにする。$n = 0$ の場合には f^0 は恒等写像と考える。

$x_0 \in S$ を 1 つとる。このとき $\{f^n(x_0)\}_{n=0}^{\infty}$ を x_0 の f による軌道と呼ぶ。ある $p \in \mathbb{N}$ に対し $f^p(x_0) = x_0$ となるとき x_0 を f の周期点と呼ぶ。特に $1 \leq k < p$ となるすべての k に対して $f^k(x_0) \neq x_0$ となるとき，p を x_0 の周期と呼ぶ。また，周期 1 の周期点を固定点と呼ぶ。

カオスの定義はいろいろあるが，ここではドゥヴェイニー[218]の与えた定義を採用する。

定義 12.11 距離空間 (S, d) からそれ自身への写像 f がカオス的であるとは，次の3つを満たす場合をいう。

(1) ある $\delta > 0$ で次を満たすものが存在する。S の任意の点 x と x の任意の近傍 U に対して，U のある点 y とある自然数 n で $d(f^n(x), f^n(y)) > \delta$ を満たすものが存在する。

(2) S の任意の開集合 U と V に対して $f^n(U) \cap V \neq \emptyset$ となる n が存在する。

(3) f の周期点の集合は S で稠密である。

条件 (1) は初期値鋭敏性と呼ばれ，条件 (2) は位相推移性と呼ばれる。

12.3 球面距離と有理関数

第7章で複素数と複素平面の定義を与えた。ここでは，複素平面に無限遠点を付け加えることを考えよう。3次元ユークリッド空間の座標を (x, y, t) とする。平面 $\{(x, y, 0) \mid x, y \in \mathbb{R}\}$ と複素平面を同一視する。この平面の上に原点で接し，半径 $\frac{1}{2}$ の球面 $\Sigma = \{(x, y, t) \mid x^2 + y^2 + (t - \frac{1}{2})^2 = \frac{1}{4}\}$ をおく。Σ 上の点 $(0, 0, 1)$ を N とする。複素数 $z = x + iy$ と N を結ぶ線分と Σ との，N と異なる交点を $P(z)$ とする。P は $\mathbb{C}$ から $\Sigma \setminus \{N\}$ への全単射となる。$\mathbb{C}$ に無限遠点 ∞ を付け加えて $\widehat{\mathbb{C}} = \mathbb{C} \cup \{\infty\}$ とする。$P(\infty) = N$ とすると P は $\widehat{\mathbb{C}}$ から Σ への全単射となる。この Σ をリーマン球面あるいは拡張された複素平面と呼ぶ。また，P を立体射影と呼ぶが，実際 $z = x + iy$ に対して

$$P(z) = \left(\frac{x}{1 + x^2 + y^2}, \frac{y}{1 + x^2 + y^2}, \frac{x^2 + y^2}{1 + x^2 + y^2} \right)$$

で与えられる。Σ に例 12.1 で定義した3次元ユークリッド空間の制限距離 d' を与える。そして $\widehat{\mathbb{C}}$ 上の距離 σ を

$$\sigma(z, w) = d'(P(z), P(w))$$

で定義する。これを弦距離と呼ぶ。$\mathbb{C}$ の任意のコンパクト集合上で $\mathbb{C}$ の距離の制限と σ の制限は同値となる。また，Σ 上に線素 ds を

$$ds^2 = \frac{1}{(1+|u|^2)^2}|du|^2$$

で定義し，z，$w \in \widehat{\mathbb{C}}$ に対し

$$\rho(z,w) = \inf_{\gamma} \int_{\gamma} \frac{|du|}{1+|u|^2}$$

とする。ここで，$\inf\limits_{\gamma}$ は $P(z)$ と $P(w)$ を結ぶ任意の求長可能な曲線 γ に沿っての積分値の下限を意味する。このとき ρ は $\mathbb{C}$ 上の距離関数となる。これにより定義される距離を球面距離と呼ぶ。実際に下限を満たす曲線は，$P(z)$ と $P(w)$ を通る Σ の大円上の $P(z)$ と $P(w)$ を結ぶ弧のうちの長くないものとなる。弦距離と球面距離は $\widehat{\mathbb{C}}$ 上の同値な距離である。これからは $\widehat{\mathbb{C}}$ には σ または ρ が備わっているとする。

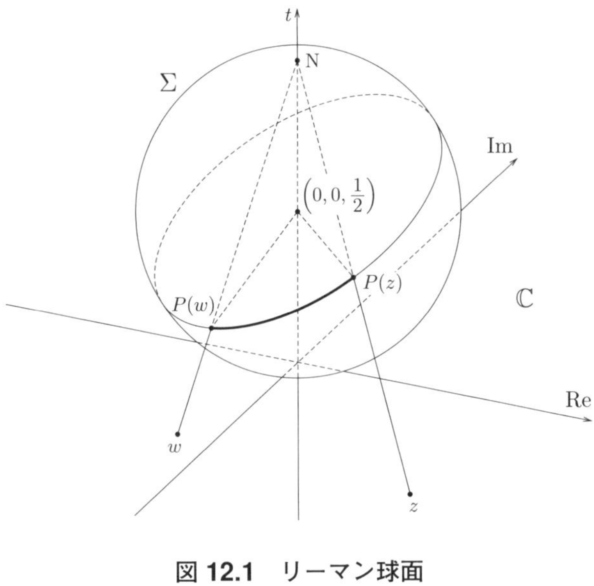

図 12.1　リーマン球面

関数 R が有理関数であるとは，2 つの互いに素な多項式 P と Q の商で表せる場合をいう。すなわち，次のように書けるものをいう。

$$R(z) = \frac{P(z)}{Q(z)}$$

多項式 P の最高次数を $\deg P$ で表すとき，R の次数を次で定義する。

$$\deg R = \max\{\deg P, \deg Q\}$$

$z = \alpha$ を Q の零点とする。このとき

$$R(\alpha) = \lim_{z \to \alpha} \frac{P(z)}{Q(z)} = \infty$$

と定義し

$$R(\infty) = \lim_{z \to \infty} \frac{P(z)}{Q(z)}$$

と定義する。したがって，$\deg P > \deg Q$ ならば $R(\infty) = \infty$ であり，$\deg P \leq \deg Q$ ならば $R(\infty) \in \mathbb{C}$ となる。さらに次のことを示すことができる。

定理 12.4　有理関数 R は $\widehat{\mathbb{C}}$ から $\widehat{\mathbb{C}}$ の上への重複を込めた $\deg R$ 対 1 の連続関数である。

12.4　記号空間と距離

有限集合 E の元を無限個並べたものの集合を，E による記号空間と呼ぶ。ここでは E は 2 つの元からなり，$E = \{0, 1\}$ として考える。この記号空間 Σ は

$$\Sigma = \{\boldsymbol{a} = (a_1 a_2 a_3 \ldots) \mid a_i \in E\}$$

となる。Σ の 2 元 $\boldsymbol{a} = (a_1 a_2 a_3 \ldots)$ と $\boldsymbol{b} = (b_1 b_2 b_3 \ldots)$ が等しい，すなわち $\boldsymbol{a} = \boldsymbol{b}$ とは，すべての $i \in \mathbb{N}$ について $a_i = b_i$ の場合をいう。

$\boldsymbol{a}$，$\boldsymbol{b} \in \Sigma$ に対し

$$d(\boldsymbol{a}, \boldsymbol{b}) = \sum_{i=1}^{\infty} \frac{|a_i - b_i|}{2^i}$$

とする。定義 12.1 の (1)，(2)，(3) を調べることにより，(Σ, d) が距離空間となることがわかる。いま，$\boldsymbol{a}$ と $\boldsymbol{b}$ の最初の $N-1$ 番目の記号までが一致するならば

$$d(\boldsymbol{a}, \boldsymbol{b}) = \sum_{i=N}^{\infty} \frac{|a_i - b_i|}{2^i} \leq \frac{1}{2^{N-1}}$$

となり，さらに N 番目の記号が異なるならば

$$\frac{1}{2^N} \leq d(\boldsymbol{a}, \boldsymbol{b})$$

となる。したがって，次のことがいえる。

補題 12.1　$\varepsilon > 0$ とする。$d(\boldsymbol{a}, \boldsymbol{b}) < \varepsilon$ ならば最初の少なくとも $[-\log_2 \varepsilon]$ 番目の記号までが一致する。また，最初の少なくとも $[-\log_2 \varepsilon]$ 番目までの記号が一致するならば，$d(\boldsymbol{a}, \boldsymbol{b}) < 2\varepsilon$ となる [*1]。

Σ から Σ への次の写像を考える。$\boldsymbol{a} = (a_1 a_2 a_3 \ldots)$ に対し

$$\sigma(\boldsymbol{a}) = \sigma(a_1 a_2 a_3 \ldots) = (a_2 a_3 \ldots)$$

と定義する。これをシフト写像と呼ぶ。

命題 12.2　σ は Σ 上の連続関数である。

証明　任意の $0 < \varepsilon < 1$ に対し $\delta = \varepsilon/4$ とする。$d(\boldsymbol{a}, \boldsymbol{b}) < \delta$ とすると補題 12.1 より $\boldsymbol{a}$ と $\boldsymbol{b}$ は少なくとも最初の $[-\log_2 \delta] = [-\log_2 \varepsilon] + 2$ 番目までの記号が一致する。したがって，$\sigma(\boldsymbol{a})$ と $\sigma(\boldsymbol{b})$ は少なくとも最初の $[-\log_2 \varepsilon] + 1$ 番目までの記号が一致する。再び補題 12.1 より $d(\sigma(\boldsymbol{a}), \sigma(\boldsymbol{b})) < \varepsilon$ が成り立つ。□

ここから Σ 上の σ の作用をみてみよう。まずは軌道の挙動が単純な周期点については，次のことがシフト写像の定義からわかる。

定理 12.5　Σ の点 $\boldsymbol{a}$ が σ の周期点である必要十分条件は，$\boldsymbol{a}$ が適当な有限列の繰り返しとなることである。

さらに周期点の集合について次のことがいえる。

定理 12.6　σ の周期点の集合は Σ で稠密である。

---

*1　実数 x に対し $[x]$ は x を超えない最大の整数を表す。すなわち，$n \leq x < n+1$ を満たす整数 n を表す。

証明　Σの任意の点$\boldsymbol{a}=(a_1a_2a_3\ldots)$を1つとる。$n\in\mathbb{N}$に対し$N(n)=[1+\log_2 n]$とし,

$$\boldsymbol{x}_n=(a_1a_2\ldots a_{N(n)}a_1a_2\ldots a_{N(n)}a_1a_2\ldots)$$

とおく。定理 12.5 より$\boldsymbol{x}_n$は周期点である。さらに

$$d(\boldsymbol{a},\boldsymbol{x}_n)<\frac{1}{n}$$

となるので$n\to\infty$とすれば$\boldsymbol{x}_n\to\boldsymbol{a}$となる。したがって周期点の集合は$\Sigma$で稠密である。 □

次に，複雑な挙動をする軌道について考えてみよう。

定理 12.7　σによる軌道がΣで稠密となる点が存在する。さらにそのような点の集合はΣで稠密である。

証明　$\boldsymbol{x}$を，まずEの元の1文字からなるものすべてを並べ，次にEの元の2文字からなるものすべてを並べ，さらにEの元の3文字からなるものすべてを並べ，ということを繰り返して作る。すなわち，$(n-2)2^n+3$番目から$(n-1)2^{n+1}+2$番目まではEの元のn文字の列（それらは2^n通りある）すべてを並べたものである。最初の部分を書いてみれば次のようになる。

$$\boldsymbol{x}=(\overbrace{\underbrace{0}_{}\underbrace{1}_{}}\overbrace{\underbrace{00}_{}\underbrace{01}_{}\underbrace{10}_{}\underbrace{11}_{}}\overbrace{\underbrace{000}_{}\underbrace{001}_{}\underbrace{010}_{}\underbrace{011}_{}\ldots\underbrace{110}_{}\underbrace{111}_{}}\ldots)$$

Σ上の任意の点$\boldsymbol{a}=(a_1a_2a_3\ldots)$をとる。$\boldsymbol{x}$の決め方により，任意の$m\in\mathbb{N}$に対し，適当な$N\in\mathbb{N}$があり

$$\sigma^N(\boldsymbol{x})=(a_1a_2\ldots a_m\ldots)$$

となる。したがって，$d(\sigma^N(\boldsymbol{x}),\boldsymbol{a})\leq 2^{-m}$となる。これより，$\{\sigma^n(\boldsymbol{x})\}_{n=1}^{\infty}$が$\Sigma$で稠密であることが示される。

任意の$k\in\mathbb{N}$に対し，$\{\sigma^n(\boldsymbol{x})\}_{n=k}^{\infty}$もまた$\Sigma$で稠密となるので，定理の後半を得る。 □

周期的に移る周期点の集合と軌道が稠密となる始点の集合が，ともに

稠密に存在することがわかったが，σ の作用はさらに複雑であることが示される。

定理 12.8　σ の Σ 上での作用はカオス的である。

証明　まず，定義 12.11 の (1) を示す。$0 < \delta < 1/2$ となる δ を決める。Σ の任意の点 $\boldsymbol{a} = (a_1a_2\ldots)$ をとる。$\boldsymbol{a}$ の近傍 U に対し，$\boldsymbol{b} \in U$, $\boldsymbol{a} \neq \boldsymbol{b}$ をとれば，ある $n \in \mathbb{N} \cup \{0\}$ があり，$\boldsymbol{b} = (a_1a_2\ldots a_nb_{n+1}\ldots)$, $a_{n+1} \neq b_{n+1}$ と表すことができる。このとき

$$d(\sigma^n(\boldsymbol{a}), \sigma^n(\boldsymbol{b})) \geq \frac{1}{2} > \delta$$

となる。

Σ 上の任意の開集合のなかには定理 12.7 により軌道が稠密となる点が含まれるので，(2) が成り立つ。

(3) は定理 12.6 で示した。　□

今度は Σ から $\mathbb{R}$ への写像を考えよう。まず，$\varphi\colon E \to \mathbb{R}$ を $\varphi(0) = 0$, $\varphi(1) = 2$ で定義する。これを用いて $\pi\colon \Sigma \to \mathbb{R}$ を次で定義する。

$$\pi(a_1a_2a_3\ldots) = \sum_{n=1}^{\infty} \frac{\varphi(a_n)}{3^n}$$

$\pi(\Sigma) = C$ とおくと $C \subset [0,1]$ となる。いま，$\boldsymbol{a} = (a_1a_2\ldots)$, $\boldsymbol{b} = (b_1b_2\ldots) \in \Sigma$ が $\boldsymbol{a} \neq \boldsymbol{b}$ とすれば，ある $N \in \mathbb{N}$ で $a_n = b_n$ が $1 \leq n \leq N-1$ で成り立ち，$a_N \neq b_N$ となるものが存在する。さらに $a_N = 0$, $b_N = 1$ とすれば

$$\begin{aligned}
\pi(\boldsymbol{a}) &= \sum_{n=1}^{N-1} \frac{\varphi(a_n)}{3^n} + \sum_{n=N+1}^{\infty} \frac{\varphi(a_n)}{3^n} \\
&< \sum_{n=1}^{N-1} \frac{\varphi(a_n)}{3^n} + \sum_{n=N+1}^{\infty} \frac{2}{3^n} \\
&= \sum_{n=1}^{N-1} \frac{\varphi(a_n)}{3^n} + \frac{1}{3^N} \leq \pi(\boldsymbol{b})
\end{aligned}$$

となるので，π は Σ から C の上への単射である。したがって，逆写像 π^{-1} が存在する。C はユークリッド空間 $\mathbb{R}^1$ の部分距離空間とする。次のことがいえる。

命題 12.3　π と π^{-1} は連続関数である。

証明　まず，π が連続であることを示す。任意の $0 < \varepsilon < 1$ に対し，$\delta = 2^{\log_3(\varepsilon/3)}$ とする。補題 12.1 により $d(\boldsymbol{a}, \boldsymbol{b}) < \delta$ であるならば $[-\log_2 \delta] = [1 - \log_3 \varepsilon]$ まで記号が一致する。したがって

$$|\pi(\boldsymbol{a}) - \pi(\boldsymbol{b})| \leq \sum_{n=[1-\log_3 \varepsilon]+1}^{\infty} \frac{|\varphi(a_n) - \varphi(b_n)|}{3^n} \leq \frac{2}{3^{[1-\log_3 \varepsilon]} + 1} \frac{1}{1 - \frac{1}{3}}$$
$$< \varepsilon$$

となるので，連続である。π^{-1} についても同様に示せる。　□

次に，$\mathbb{R}$ から $\mathbb{R}$ への写像として次のものを考える。

$$f(x) = \begin{cases} 3x & (x < \frac{1}{2}) \\ 3x - 2 & (x \geq \frac{1}{2}) \end{cases}$$

これは C に制限すれば C の上への写像となる。点 $x \in [0, 1]$ が $x = \sum_{n=1}^{\infty} b_n/3^n$，$b_n \in \{0, 1, 2\}$ と書けるとき，この表示を x の 3 進小数展開と呼ぶ。これより C は各桁の数が 0 または 2 である 3 進小数展開を持つ点の集合

$$C = \left\{ x = \sum_{n=1}^{\infty} \frac{b_n}{3^n} \;\middle|\; b_n \in \{0, 2\} \right\}$$

と表せる。$x \in C$ が $x < 1/2$ であれば $b_1 = 0$ となり

$$f(x) = 3x = \sum_{n=1}^{\infty} \frac{b_{n+1}}{3^n} \in C$$

を得る。また，$x \in C$ が $x \geq 1/2$ であれば $b_1 = 2$ となり

$$f(x) = 3x - 2 = \sum_{n=1}^{\infty} \frac{b_{n+1}}{3^n} \in C$$

を得る。さらに，$f \circ \pi(\boldsymbol{x}) = \pi \circ \sigma(\boldsymbol{x})$，すなわち下の可換図式が成り立つことがわかる。

$$\begin{array}{ccc} \Sigma & \xrightarrow{\sigma} & \Sigma \\ {\scriptstyle\pi}\downarrow & & \downarrow{\scriptstyle\pi} \\ C & \xrightarrow{f} & C \end{array}$$

このような関係が成り立つとき，σ と f は共役であるという。また，$f = \pi \circ \sigma \circ \pi^{-1}$ と書くこともでき，これより

$$f^n = \pi \circ \sigma^n \circ \pi^{-1}$$

となる。

いま，$\boldsymbol{a} \in \Sigma$ を周期点で $\sigma^n(\boldsymbol{a}) = \boldsymbol{a}$ とし，$\pi(\boldsymbol{a}) = a$ とする。このとき

$$f^n(a) = \pi \circ \sigma^n \circ \pi^{-1}(a) = a$$

となるので，a は f の周期点である。同様にして，f の周期点が π^{-1} で σ の周期点となることがわかる。O を C の開集合とする。π は連続であるから，定理 12.3 より $\pi^{-1}(O)$ は Σ の開集合である。定理 12.6 より $\pi^{-1}(O)$ は Σ の周期点を含む。したがって，O は f の周期点を含む。すなわち f の周期点の集合は C で稠密であるというカオスの定義 (3) を満たしている。

次に，初期値鋭敏性を考えてみる。x と y を C の点で $x \neq y$ とする。これらの 3 進小数展開で初めて異なる数がでる桁を n とする。すると，$f^{n-1}(x)$ と $f^{n-1}(y)$ の一方は $[0, 1/3]$，もう一方は $[2/3, 1]$ に含まれるので，$0 < \delta < 1/3$ を選べばよい。

最後に位相推移性を示す。U と V を C の開集合とする。π が連続なので $\pi^{-1}(U)$ と $\pi^{-1}(V)$ は Σ の開集合となる。σ は位相推移性を持つので，ある n で

$$\sigma^n(\pi^{-1}(U)) \cap \pi^{-1}(V) \neq \emptyset$$

となる。すなわち

$$f^n(U) = \pi \circ \sigma^n \circ \pi^{-1}(U) \cap V \neq \emptyset$$

が成り立つ。

以上をまとめると次の定理となる。

定理 12.9　C 上の連続関数 f は C にカオス的に作用する。

◇◇◇ 学びの広場 12.1 ◇◇◇

Σ 上に別の距離関数 d' を定義しよう。Σ の異なる 2 点 $\boldsymbol{a} = (a_1a_2a_3\ldots)$ と $\boldsymbol{b} = (b_1b_2b_3\ldots)$ に対し，$n \in \mathbb{N}$ を $a_n \neq b_n$ かつ $a_i = b_i$ $(i < n)$ となるものとする。このとき，

$$d'(\boldsymbol{a}, \boldsymbol{b}) = \frac{1}{2^n}$$

とし，$\boldsymbol{a} = \boldsymbol{b}$ の場合は $d'(\boldsymbol{a}, \boldsymbol{b}) = 0$ と定義する。

問題 12.1　d' は Σ 上の距離関数であることを示せ。

また，Σ の任意の 3 点 $\boldsymbol{a}$，$\boldsymbol{b}$，$\boldsymbol{c}$ に対して，次の不等式が成り立つことを示せ。

$$d'(\boldsymbol{a}, \boldsymbol{b}) \leq \max\{d'(\boldsymbol{a}, \boldsymbol{c}), d'(\boldsymbol{c}, \boldsymbol{b})\}$$

上の問題の不等式をウルトラ三角不等式と呼ぶ。一般に，距離空間において，任意の 3 点がウルトラ三角不等式を満たすときにウルトラ距離空間と呼ぶ。この空間には，たとえば，次のような面白い性質がある。

問題 12.2　(X, d) をウルトラ距離空間とする。X の任意の 3 点 x，y，z に対し，$d(x, y)$，$d(y, z)$，$d(z, y)$ の少なくとも 2 つは同じ値であることを示せ。

◇◇

12.5　ハウスドルフ距離

この節では距離空間 S の距離関数は d とし，$U(x, r) = U_d(x, r)$ と書くことにする。A を S の部分集合とする。$r > 0$ に対して

$$N(A, r) = \bigcup_{x \in A} U(x, r)$$

を A の r-開近傍と呼ぶ。S の 2 つの部分集合 A と B に対して D を

$$D(A,B)=\inf\{r \mid A\subset N(B,r) \text{ かつ } B\subset N(A,r)\}$$

と定義する。ただし，$A\subset N(B,r)$ または $B\subset N(A,r)$ となる r がとれないときは $D(A,B)=\infty$ とする。S の空でないコンパクト集合，すなわち有界閉集合からなる集合を $\mathcal{K}(S)$ と表す。

定理 12.10　$(\mathcal{K}(S),D)$ は距離空間である。

証明　D が $\mathcal{K}(S)$ 上の距離関数であることを定義 12.1 にしたがって示す。A，B，$C\in\mathcal{K}(S)$ とする。

D の定義より $D(A,B)\geq 0$ であり，A と B は有界集合であるから $D(A,B)<+\infty$ となる。また，$A=B$ であるとき $D(A,B)=0$ は明らかである。いま，$D(A,B)=0$ であるが $A\neq B$ と仮定する。そこで，$x\in B$ かつ $x\notin A$ とする。$D(A,B)=0$ であるから，各 $n\in\mathbb{N}$ に対して，$x_n\in A$ で $x_n\in U(x,1/n)$ となるものがとれる。このとき $n\to\infty$ とすれば $x_n\to x$ となるが，A は閉集合なので $x\in A$ となる。これは矛盾である。以上より (1) が示された。

(2) は明らかである。

(3) の三角不等式を示す。任意の $\varepsilon>0$ と任意の $x\in A$ をとる。このとき，ある $y\in B$ で $x\in U(y,D(A,B)+\varepsilon/2)$ とできる。さらに $z\in C$ で $y\in U(z,D(B,C)+\varepsilon/2)$ とできる。これらより $x\in U(z,D(A,B)+D(B,C)+\varepsilon)$ がいえる。同様にして，任意の $z'\in C$ をとれば，ある $x'\in A$ で $z'\in U(x',D(A,B)+D(B,C)+\varepsilon)$ となる。すなわち $D(A,C)\leq D(A,B)+D(B,C)+\varepsilon$ である。$\varepsilon>0$ は任意であるから $D(A,C)\leq D(A,B)+D(B,C)$ を得る。□

この D を $\mathcal{K}(S)$ 上のハウスドルフ距離と呼ぶ。$\mathcal{K}(S)$ の点列，すなわち S のコンパクト集合の列の D に関する収束，これをハウスドルフ収束と呼ぶ，を考える。

定理 12.11　(S,d) を完備距離空間とすると $(\mathcal{K}(S),D)$ も完備距離空間

となる。

証明　$\{A_n\} \subset \mathcal{K}(S)$ を $\mathcal{K}(S)$ のコーシー列とする。また，

$$A = \{x \mid x \text{ は収束する点列 } \{x_n\},\ x_n \in A_n,\ \text{の極限}\}$$

とする。

まず，$A \in \mathcal{K}(S)$ を示す。S が完備であるから $A \subset S$ である。$\{A_n\}$ はコーシー列であるから，ある自然数 N で，任意の m，$n \geq N$ に対して $D(A_n, A_m) < 1$ となるものがとれる。特に $n \geq N$ に対して $D(A_n, A_N) < 1$ と書くことができる。

$$r = \max\{D(A_1, A_N), D(A_2, A_N), \ldots, D(A_{N-1}, A_N), 1\}$$

とすると

$$\bigcup_{n=1}^{\infty} A_n \subset N(A_N, r)$$

となるので，$\bigcup_{n=1}^{\infty} A_n$ は有界集合である。したがって，A は有界集合である。$\{y_n\} \subset A$ を収束列とし，その極限点を y とする。各 y_n に収束する点列 $\{x_{n,j}\}_{j=1}^{\infty}$，$x_{n,j} \in A_j$ がとれる。このとき，$\{x_{n,n}\}_{n=1}^{\infty}$ は y に収束するので $y \in A$ が成り立つ。したがって，$A \in \mathcal{K}(S)$ である。

次に，$\{A_n\}$ が A にハウスドルフ収束することを示す。

まず，任意の $\varepsilon > 0$ に対し，ある自然数 N で，すべての $n \geq N$ について $N(A_n, \varepsilon) \supset A$ となるものがとれることを示す。$\{A_n\}$ はコーシー列であるから，$\varepsilon > 0$ に対し，ある自然数 N で，すべての n，$m \geq N$ について $D(A_n, A_m) < \varepsilon/2$ となる。これより任意の $m \geq N$ に対し

$$N(A_m, \varepsilon/2) \supset \bigcup_{n \geq N} A_n$$

を得る。A の定義より

$$\overline{\bigcup_{n \geq N} A_n} \supset A$$

であるから，$N(A_m, \varepsilon) \supset A$ がすべての $m \geq N$ について成り立つ。

次に，任意の $\varepsilon > 0$ に対し，ある自然数 N で，すべての $n \geq N$ について $N(A, \varepsilon) \supset A_n$ となるものがとれることを示す。とれないとすると，ある $\varepsilon_0 > 0$ に対し，ある単調増加な自然数の部分列 $\{n(k)\}_{k=1}^{\infty}$ で $A_{n(k)} \setminus N(A, \varepsilon_0)$ から適当な点 $x_{n(k)}$ がとれ，その点列が収束するようなものが存在する。この点列の極限を x とすれば，x は A に属さない。いま，$\{\varepsilon_n\}$ は n を無限大にしたときに $\varepsilon_n \searrow 0$ となるものとする。$\{x_{n(k)}\}$ は x に収束するから，各 ε_m に対して，ある自然数 K_m で，任意の $k \geq K_m$ について $d(x_{n(k)}, x) < \varepsilon_m/2$ となるものがとれる。さらに $\{K_m\}$ が単調増加となるようにとる。また，$\{A_n\}$ がコーシー列であることから，ある自然数 N_m で，任意の p，$q \geq N_m$ について $D(A_p, A_q) < \varepsilon_m/2$ となるものがとれる。$\{N_m\}$ も単調増加となるようにとる。$M_m = \max\{n(K_m), N_m\}$ とする。M_1 に対して $k(1)$ を $n(k(1)) > M_1$ となるようにとる。$m > 1$ である M_m に対して $k(m)$ を $n(k(m)) > n(k(m-1))$ かつ $n(k(m)) > M_m$ となるようにとる。$M_m \leq n \leq M_{m+1}$ について，$n \notin \{n(k)\}$ の場合には $x_n \in A_n$ を $d(x_n, x_{n(k(m))}) < \varepsilon_m/2$ となるようにとる。$n = n(k)$ である場合には $x_n = x_{n(k)}$ とする。$n < M_1$ の場合には $x_n \in A_n$ を任意にとる。このとき $\{x_n\}_{n=1}^{\infty}$ は x に収束するので $x \in A$ である。これは矛盾である。□

定理 12.11 の証明を吟味すると，次のことも示していることに注意する。

定理 12.12　ハウスドルフ距離空間 $(\mathcal{K}(S), D)$ において $\{A_n\} \subset \mathcal{K}(S)$ が A に収束するのであれば

$$A = \{x \mid x \text{ は収束する点列 } \{x_n\},\ x_n \in A_n \text{ の極限 }\}$$

である。

集合列に単調性があれば，ハウスドルフ極限は次のようになる。

定理 12.13　(S, d) を完備距離空間とする。また，$\{A_n\}_{n=1}^{\infty} \subset \mathcal{K}(S)$ はすべての自然数 n に対し $A_n \supset A_{n+1}$ を満たすとする。このとき，$\{A_n\}$

は $A = \bigcap_{n=1}^{\infty} A_n$ にハウスドルフ収束する。

証明　すべての自然数 n に対して，$A_n \supset A$ であるから，任意の $\varepsilon > 0$ に対して，$N(A_n, \varepsilon) \supset A$ である。

$\varepsilon > 0$ に対して，$A_m \subset N(A, \varepsilon)$ となる m があれば単調性により，すべての $n \geq m$ に対して，$A_n \subset N(A, \varepsilon)$ となる。そこで，すべての自然数 n に対して $A_n \setminus N(A, \varepsilon) \neq \emptyset$ とする。$x_n \in A_n \setminus N(A, \varepsilon)$ をとる。単調性により $\{x_n\} \subset A_1$ である。A_1 はコンパクトであるから，部分列 $\{x_{n_j}\} \subset \{x_n\}$ で，ある $y \in A_1$ に収束するものがとれる。任意の自然数 k に対して，$\{x_{n_j}\}_{j=k}^{\infty} \subset A_{n_k}$ であり，A_{n_k} が閉集合であることから $y \in A_{n_k}$ が導かれる。再び，単調性からすべての $n \leq n_k$ に対して $y \in A_n$ となる。すなわち，すべての自然数 n に対し，$y \in A_n$ がいえる。したがって，$y \in A$ である。ここで，$\{x_{n_j}\}$ が y に収束することから，ある j で $d(x_{n_j}, y) < \varepsilon$ となる。これは $x_{n_j} \in N(A, \varepsilon)$ を意味するので，矛盾である。□

例 12.3　複素平面 $\mathbb{C}$ の実軸上の 0 と 1 を結ぶ閉線分を A とする。A を n 等分した区間それぞれを一辺とする正三角形を作る（上でも下でもよい）。A 上にない辺をつなげた図形を A_n とする。このとき A_n は A にハウスドルフ収束する。

実際，任意の $\varepsilon > 0$ に対し，$N > \sqrt{3}/(2\varepsilon)$ となる自然数をとれば，$n \geq N$ について $D(A_n, A) < \varepsilon$ となる。

A の長さは 1 であるが，A_n の長さは 2 である。この例で，ハウスドルフ収束は長さの意味では収束していないことに注意する。

◆◆◆ 学びの本箱 12.1 ◆◆◆◆◆◆◆◆◆◆◆◆◆◆◆◆◆◆◆◆◆◆◆◆◆◆◆◆◆◆◆◆

次数 1 の有理関数をメビウス変換と呼ぶ。これは次の形で与えられる。

$$z \mapsto \frac{az+b}{cz+d} \quad (a, b, c, d \in \mathbb{C},\ ad - bc = 1)$$

メビウス変換は $\widehat{\mathbb{C}}$ から $\widehat{\mathbb{C}}$ への全単射な連続関数である。したがって，逆変換が存在するが，それもまたメビウス変換となる。メビウス変換全体の集合は合成を積として群をなす。それをメビウス変換群と呼ぶ。メビウス変換群には様々な興味深い部分群がある。それらは非ユークリッド幾何に関係しているものもある。それらについては[213]が面白い参考書である。

13 複素平面上の反復関数系

諸澤 俊介

《目標&ポイント》 この章では，まず，反復関数系の定義を与える。そして，複素平面上の縮小一次写像から生成される反復関数系を考える。それらのアトラクターであるフラクタル図形について考察する。

《キーワード》 一次写像，反復関数系，フラクタル集合，相似次元，ハウスドルフ次元，開集合条件

13.1 反復関数系の定義

(X, d) を完備距離空間とする。X から X への関数 f が縮小写像であるとは，適当な実数 r，$0 < r < 1$ で，任意の x，$y \in X$ に対して

$$d(f(x), f(y)) \leq rd(x, y)$$

となるものをいう。縮小写像は連続関数であることに注意する。連続性からコンパクト集合の縮小写像による像もまたコンパクトとなる。縮小写像には，次の縮小写像定理とも呼ばれる定理で示される重要な性質がある。

定理 13.1 縮小写像はただ1つの固定点を持つ。

証明 f を上で書かれた縮小写像とする。X の任意の点 x_1 をとり，軌道 $\{x_n = f^{n-1}(x_1)\}$ を考える。$a = d(x_1, x_2)$ とおくと数学的帰納法により

$$d(x_n, x_{n+1}) \leq ar^{n-1}$$

がすべての自然数 n について成り立つことが示される。任意の $\varepsilon > 0$ に対して，自然数 N を $N > 1 + \log(\varepsilon(1-r)/a)/\log r$ となるようにとる。このとき，任意の n，$m \geq N$ に対して

$$d(x_n, x_m) \leq \sum_{k=N}^{\infty} ar^{k-1} < \varepsilon$$

となるので，$\{x_n\}$ はコーシー列である。したがって，$\{x_n\}$ は極限点を持つので，それを x とする。f は連続であるから，次が成り立つ。

$$x = \lim_{n\to\infty} f^n(x_1) = f(\lim_{n\to\infty} f^{n-1}(x_1)) = f(x)$$

これは，x が f の固定点であることを示している。

次に，縮小写像が固定点を持つならば，高々 1 つであることを示す。そこで，縮小写像 f が 2 つの固定点 x と y を持つとする。このとき

$$d(x, y) = d(f(x), f(y)) \leq rd(x, y) < d(x, y)$$

となるので，矛盾を得る。 □

注意 13.1　上述の証明より，X の任意の点を始点とする軌道は，すべて同じ f のただ 1 つの固定点に収束することがわかる。

有限個の縮小写像の組 $(f_1, f_2, \ldots, f_n)$ を反復関数系と呼ぶ。X の空でないコンパクト集合 A で

$$A = \bigcup_{i=1}^{n} f_i(A)$$

を満たすものを，この反復関数系のアトラクターあるいは不変集合と呼ぶ。

アトラクターの存在について考えてみよう。B を X の空でない部分集合とする。F を

$$F(B) = \bigcup_{i=1}^{n} f_i(B)$$

と定義する。B がコンパクト集合ならば，この章の最初に述べたように，各 $f_i(B)$ はコンパクトとなり，それらの有限和集合である $F(B)$ もコンパクト集合となる。X の空でないコンパクト集合からなる集合 $\mathcal{K}(X)$ に，12.5 節で定義したハウスドルフ距離 D を与えると，$(\mathcal{K}(X), D)$ は完備距離空間となる。そして，F は $(\mathcal{K}(X), D)$ から $(\mathcal{K}(X), D)$ への写像となる。

縮小写像 f_i の定義式の定数を r_i とする。また, $r = \max\{r_1, r_2, \ldots, r_n\}$ とする。B と C を $\mathcal{K}(X)$ の元とする。$D(B, C) < \ell$ となる ℓ をとる。X の任意の点 x に対して,

$$f_i(U_d(x, \ell)) \subset U_d(f_i(x), r_i\ell)$$

であるから

$$f_i(B) \subset f_i(N(C, \ell)) \subset N(f_i(C), r_i\ell) \subset N(f_i(C), r\ell)$$

を得る。B と C を入れ替えても同様に示せるので

$$D(F(B), F(C)) \leq rD(B, C)$$

がわかる。すなわち, F は $(\mathcal{K}(X), D)$ 上の縮小写像である。定理 13.1 により, F はただ 1 つの固定点を持つ。それを A とすると

$$A = F(A) = \bigcup_{i=1}^{n} f_i(A)$$

すなわち, A は反復関数系のただ 1 つのアトラクターである。したがって, 次のことが示された。

定理 13.2 完備距離空間上の反復関数系は, ただ 1 つのアトラクターを持つ。

13.2 一次写像

この章では, $\mathbb{C}$ 上の距離関数を $\mathbb{C}$ の 2 点 z と w に対し, $|z - w|$ で与える。まず, $\mathbb{C}$ の向きを保つ同相写像である一次写像 $f(z) = az + b$ を考える。ここで, a は 0 でない複素数, b は複素数とする。$\mathbb{C}$ の 2 点 z と w に対して

$$|f(z) - f(w)| = |a||z - w|$$

であるから, $|a| = 1$ のときは等長変換, $|a| > 1$ のときは拡大比 $|a|$ の拡大変換, $|a| < 1$ のときは縮小比 $|a|$ の縮小変換となる。$\mathbb{C}$ 上の直線は 0 でない複素数 α と実数 β を用いて

$$\alpha z + \overline{\alpha z} + \beta = 0$$

で与えられる。この直線上の点 z に対し，$w = f(z)$ とする。これより，$z = (w - b)/a$ となる。これを直線の式に代入すると

$$(\alpha/a)w + \overline{(\alpha/a)}\overline{w} - \{\alpha b/a + \overline{(\alpha b/a)}\} + \beta = 0$$

となる。すなわち，f により直線は直線に移されることがわかった。さらに，平行でない 2 直線は f により平行でない 2 直線に移り，その交点における 2 直線のなす角も保たれることがわかる。すなわち，相似変換である。

ここで，$T_1(z) = az$ の形の一次写像を考える。0 が T_1 の固定点である。$r > 0$ かつ θ を実数として，$a = re^{i\theta}$ とおく。$r = 1$ のときは原点を中心とした角 θ の回転である。また，$\theta = 0$ であれば $r > 1$ のときは原点を中心とする拡大であり，$r < 1$ のときは原点を中心とする縮小である。したがって，T_1 は原点を中心とする回転と伸縮を表す変換である。また，$T_2(z) = z + c$ は各点を c 動かす平行移動である。これらより

$$T_2 \circ T_1 \circ T_2^{-1}(z) = a(z - c) + c$$

は，c を中心とする回転と伸縮を表す変換であることがわかる。したがって，f は回転，伸縮そして平行移動の合成であるといえる。

次に，$\varphi(z) = \overline{z}$ を考える。φ は実軸に関する折り返しであるから，等長変換である。また，平行でない 2 直線は φ により平行でない 2 直線に移り，その交点における 2 直線のなす角の大きさも保たれる。したがって，

$$g(z) = f \circ \varphi(z) = a\overline{z} + b$$

は回転，伸縮，平行移動，そして折り返しの合成である。以上より，f と g は $|a| = 1$ のときは $\mathbb{C}$ の等長変換，$|a| \neq 1$ のときは $\mathbb{C}$ の相似変換であることがいえた。逆に，$\mathbb{C}$ 上の等長変換あるいは相似変換は，f または g の形であることもわかる。

13.3 複素平面上の反復関数系

前節で定義した縮小相似変換 f_i を用いて複素平面上の反復関数系 $(f_1, f_2, \ldots, f_n)$ を定義する。f_i の縮小比を r_i としたときに $(r_1, r_2, \ldots, r_n)$ をこの反復関数系の縮小比表と呼ぶ。

例 13.1 (コッホ曲線)　次の 2 つの縮小相似変換からなる反復関数系を考える。

$$f_1(z) = \frac{1}{\sqrt{3}}e^{i\pi/6}\overline{z}, \qquad f_2(z) = \frac{1}{\sqrt{3}}e^{-i\pi/6}(\overline{z}-1)+1$$

f_1 は 0 を固定点とする，実軸に関して折り返し，0 を中心として反時計回りに $\pi/6$ 回転し，$1/\sqrt{3}$ 倍する写像である。f_2 は 1 を固定点とする，実軸に関して折り返し，1 を中心として時計回りに $\pi/6$ 回転し，$1/\sqrt{3}$ 倍する写像である。$\mathbb{C}$ のコンパクト集合 A に対し，写像 F を

$$F(A) = f_1(A) \cup f_2(A)$$

と定義する。0，1，$1/2 + i/(2\sqrt{3})$ を頂点とする辺とその内部からなる閉三角形を K_0 とする。前節で述べたことにより，$\{F^n(K_0)\}$ はハウスドルフ収束による極限を持つ。これを K と書くことにする。この K がコッホ曲線と呼ばれるものである。

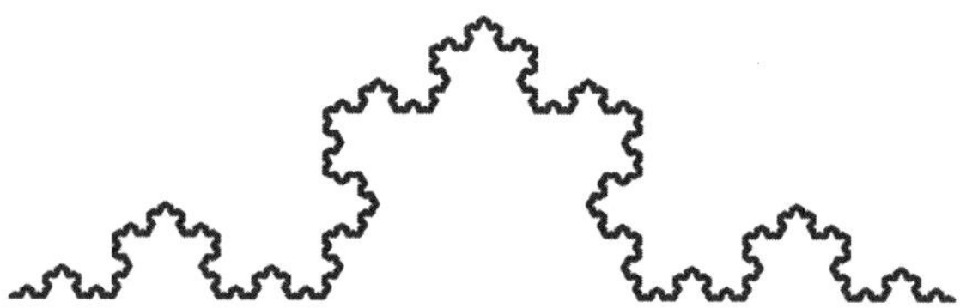

図 13.1　コッホ曲線

コッホ曲線 K が曲線であることをみてみよう。ここで，$\mathbb{C}$ の部分集合 C が曲線であるとは，$\mathbb{R}$ 上の閉区間 $[a,b]$ 上の連続関数 ψ で $\psi([a,b]) = C$ と書けることである。実軸上の閉区間 $[0,1]$ を L_0 とすると，注意 13.1 で述べたように，$\{L_n = F^n(L_0)\}$ もまた，K への収束列である。

$$f_1(0) = 0, \qquad f_2(1) = 1$$
$$f_1(1) = f_2(0) = \frac{1}{2} + \frac{1}{2\sqrt{3}}i$$

であるから，L_1 は長さ $1/\sqrt{3}$ の線分 2 本からなる折れ線であり，その端点は 0 と 1 である。帰納法により L_n は長さが $3^{-n/2}$ の線分 2^n 本からなる折れ線であり，その端点は 0 と 1 であることが示せる。$P_0 = \{0, 1\}$ とすると，$P_n = F^n(P_0)$ は L_n の頂点の集合である。ここでは，端点も頂点として数えることにする。P_n は $2^n + 1$ 個の点からなる。このとき，$P_n \subset P_{n+1}$ となっている。さらに，$P_{n+1} \setminus P_n$ の各点は L_n の連続する 2 頂点の間にただ 1 つ加えられる L_{n+1} の頂点である。定理 12.12 により，$\bigcup_{n=1}^{\infty} P_n \subset K$ であることがわかる。このことより，$0 \leq t \leq 2^n$ として，$\varphi(t/2^n)$ に K_n の頂点 0 を 0 番目として順番に t 番目の頂点の複素数を対応させると，φ は $B = \{t/2^n \mid n \in \mathbb{N},\ 0 \leq t \leq 2^n\}$ から $\bigcup_{n=0}^{\infty} P_n$ への写像として定義できる。B は $[0, 1]$ で稠密であるので，任意の $x \in [0, 1]$ に対して，$\{x_n\}$ で $x_n \to x$ となるものがとれる。$\varphi(x) = \lim_{n\to\infty} \varphi(x_n)$ とすれば，φ は $[0, 1]$ から K への連続関数として，うまく定義できる。したがって K は曲線である。

注意 13.2　定理 13.2 で述べているように，$\mathbb{C}$ のどんなコンパクト集合 A を始点としても，$\{F^n(A)\}$ はアトラクターであるコッホ曲線に収束する。このことを示しているのが次ページの図 13.2 である。左から，A は三角形，四角形，線分となっている。

注意 13.3　f_1 と f_2 の逆変換は

$$f_1^{-1}(z) = \sqrt{3}\, e^{i\pi/6}\overline{z}$$
$$f_2^{-1}(z) = \sqrt{3}\, e^{-i\pi/6}(\overline{z} - 1) + 1$$

である。たとえば，コッホ曲線 K の 1/3 から $1/2 + i/(2\sqrt{3})$ までの部分曲線を K' とすれば，$f_2^{-1} \circ f_1^{-1}(K') = K$ となる。同様にして，K のどんなに小さな部分曲線をとっても，適当に f_1^{-1} と f_2^{-1} を作用させていけば，K を含むようにできる。すなわち，自己相似性を持つことがわ

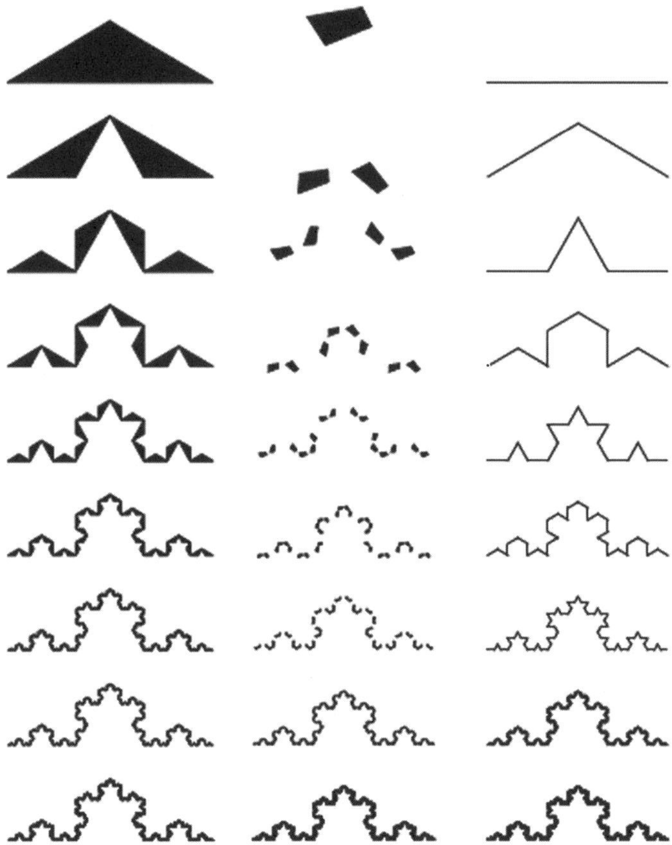

図 13.2　左：三角形からのコッホ曲線への収束，中央：四角形からのコッホ曲線への収束，右：線分からのコッホ曲線への収束

かる。

反復関数系を用いると位相的に興味深い性質を持つ図形を作ることができる。次のように定義される図形を考えてみる。

定義 13.1　$\mathbb{C}$ の連結なコンパクト集合がシルピンスキー・カーペットであるとは，その補集合は加算無限個の開集合であり，補集合の有界成分はいずれも位相円板であり，そのいかなる列の直径も 0 に収束する。また，補集合の境界の和集合の閉包がその集合となる。さらに，どの 2 つの位相円板の閉包も交わらない場合をいう。

例 13.2 (シルピンスキー・カーペット)　$z_1 = 1/2$, $z_2 = 1/2 + i/2$, $z_3 = i/2$, $z_4 = -1/2 + i/2$, $z_5 = -1/2$, $z_6 = -1/2 - i/2$, $z_7 = -i/2$, $z_8 = 1/2 - i/2$ とし，$f_i(z) = (z - z_i)/3 + z_i$ とする。反復関数系 $(f_1, f_2, \ldots, f_8)$ のアトラクターはシルピンスキー・カーペットとなる。

$A \in \mathcal{K}(\mathbb{C})$ に対し

$$F(A) = \bigcup_{i=1}^{8} f_i(A)$$

とする。A_0 を x_2, x_4, x_6, x_8 を頂点とする正方形とその内部からなる閉集合とする。$\{A_n = F^n(A_0)\}$ のハウスドルフ極限 S がシルピンスキー・カーペットとなることをみていく。f_i によって，A_0 は A_0 を 9 等分した正方形のいずれかの上に移る。そして，A_1 は A_0 から 9 等分の正方形の真中にあるものを除いたものとなる。さらに，帰納的に $A_{n+1} = F(A_n)$ は A_n から 1 辺の長さ 3^{-n} の正方形を 8^{n-1} 個取り除いたものとなることがわかる。したがって，すべての自然数 n に対して，$A_n \supset A_{n+1}$ である。定理 12.13 により，$S = \bigcap_{n=0}^{\infty} A_n$ となる。S の補集合の有界成分は開正方形なので位相円板である。また，取り除く正方形からどのよう

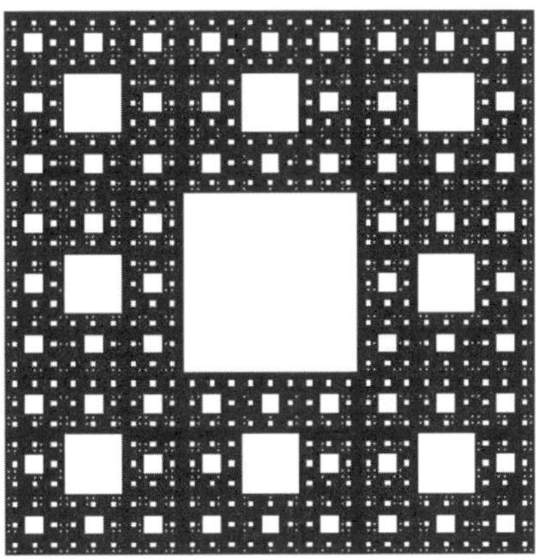

図 13.3　シルピンスキー・カーペット

な列を作っても，その直径は 0 に収束する。取り除く正方形の面積の総和は

$$\sum_{n=1}^{\infty}(3^{-n})^2 \cdot 8^{n-1} = 1$$

となるので，取り除く正方形すべての和集合は A_0 で稠密である。最後に，A_0 から取り除かれた A_n の正方形のどの 2 つの境界も交わっていないことは，作り方から明らかである。

13.4 ハウスドルフ次元

点は 0 次元，直線は 1 次元，平面は 2 次元，空間は 3 次元である。このような次元を位相次元と呼ぶ。線分を 1/2 倍すれば，もとのものの $1/2 = (1/2)^1$ の長さになる。正方形の各辺の長さを 1/2 倍すれば，面積はもとのものの $1/4 = (1/2)^2$ になる。立方体の各辺の長さを 1/2 倍すれば，体積はもとのものの $1/8 = (1/2)^3$ になる。これらの指数に現れているものは，それぞれの位相次元である。倍率を変えても同じことがいえる。他の図形について考えてみる。平面内の円において，その直径を 1/2 倍すれば，その円周はもとのものの 1/2 となり，円板の面積は 1/4 となる。このような法則をスケーリング則と呼ぶ。次に例 13.1 のコッホ曲線 K を考えてみる。f_1 により $1/\sqrt{3}$ 倍された K は K の左半分，すなわち K の 1/2 の大きさになる。スケーリング則を適用すれば，$(1/\sqrt{3}\,)^s = 1/2$ を満たす $s = \log 4/\log 3$ が K の次元と考えることができる。さらに，反復関数系のアトラクターの定義の等式を勘案し，次の定義を与える。

定義 13.2 $n > 1$ とする。$(f_1, f_2, \ldots, f_n)$ を縮小相似変換 f_i からなる反復関数系とし，$(r_1, r_2, \ldots, r_n)$ をその縮小比表とする。このとき，

$$\sum_{i=1}^{n} r_i^s = 1$$

を満たす $s > 0$ を，反復関数系のアトラクターの相似次元と呼ぶ。

注意 13.4　関数 $S(s) = \sum_{i=1}^{n} r_i^s$ のグラフを考えれば，等式を満たす s がただ 1 つであることがわかる。

例 13.3　例 13.2 のシルピンスキー・カーペットの相似次元を求める。反復関数系は 8 つの相似変換からなり，それらの縮小率はいずれも 1/3 なので

$$8\left(\frac{1}{3}\right)^s = 1$$

より，$s = \log 8/\log 3 = 1.89\cdots$ となる。

ここで，$f_1(z) = (2/3)z$ と $f_2(z) = (2/3)(z-1)+1$ からなる反復関数系を考えてみる。I を実軸上の 0 と 1 を端点とする閉区間とする。$f_1(I) = [0, 2/3]$，$f_2(z) = [1/3, 1]$ であるから，I がこの反復関数系のアトラクターである。相似次元を求めてみると $\log 2/(\log 3 - \log 2) = 1.709\cdots$ となり，線分の位相次元 1 より大きくなる。この結果は好ましくない。

そこで，集合の大きさを測る観点から次元を考えてみる。集合 $U \subset \mathbb{C}$ に対し

$$|U| = \sup\{|z-w| \mid z, w \in U\}$$

とし，U の直径と呼ぶ。$E \subset \mathbb{C}$ とし，さらに $\delta > 0$ を与える。$\mathbb{C}$ の集合からなる集合族 $\mathcal{U}$ が E の δ-被覆であるとは，$\mathcal{U}$ は高々可算集合であり，各 $U \in \mathcal{U}$ の直径は δ 未満で

$$E \subset \bigcup_{U \in \mathcal{U}} U$$

を満たすときをいう。いま，$s > 0$ とし，

$$\mathcal{H}_\delta^s(E) = \inf \sum_{U \in \mathcal{U}} |U|^s$$

とする。ここで，下限は E のすべての δ-被覆に関してとる。$0 < \delta_1 < \delta_2$ とすれば δ_1-被覆は δ_2-被覆でもあるので，$\mathcal{H}_{\delta_1}^s(E) \geq \mathcal{H}_{\delta_2}^s(E)$ となる。したがって，

$$\mathcal{H}^s(E) = \lim_{\delta \to 0} \mathcal{H}_\delta^s(E) = \sup_{\delta > 0} \mathcal{H}_\delta^s(E)$$

は無限大の場合を含めて存在する。この $\mathcal{H}^s$ を s-次元ハウスドルフ測度 *1 と呼ぶ。

E を可測集合とし，$\mathcal{H}^s(E) < \infty$ とする。$0 < \delta < 1$ として E の δ-被覆 $\mathcal{U}$ をとる。$t > s$ とすると

$$\sum_{U\in\mathcal{U}} |U|^t \leq \delta^{t-s} \sum_{U\in\mathcal{U}} |U|^s$$

である。

$$\mathcal{H}^t_\delta(E) \leq \delta^{t-s}\mathcal{H}^s_\delta(E)$$

となるので，$\mathcal{H}^t(E) = 0$ が導かれる。また，$\mathcal{H}^s(E) > 0$ とすると，$0 < t < s$ に対して $\mathcal{H}^t(E) = \infty$ となることも導かれる。このことより，次の定義を与えることができる。

定義 13.3　集合 E に対して $0 \leq s \leq \infty$ がそのハウスドルフ次元であるとは，$s < t$ に対して $\mathcal{H}^t(E) = 0$ となり，$t < s$ に対して $\mathcal{H}^t(E) = \infty$ となるものをいう。また，$\dim_{\mathrm{H}}(E) = s$ と書く。

注意 13.5　E のハウスドルフ次元が s だとしても，$0 < \mathcal{H}^s(E) < \infty$ となるとは限らない。

$0 < \mathcal{H}^s(E) < \infty$ とし，f を相似比 r の相似変換とすると

$$\mathcal{H}^s(f(E)) = r^s\mathcal{H}^s(E)$$

が成り立つ。すなわち，スケーリング則を満たす。

定義 13.4　反復関数系 $(f_1, f_2, \ldots, f_n)$ が開集合条件を満たすとは，ある有界開集合 O で

(1) $f_i(O) \cap f_j(O) = \emptyset \quad (i \neq j)$

(2) $\displaystyle\bigcup_{i=1}^{n} f_i(O) \subset O$

---

*1　本来，これは外測度の定義であるが，可測集合に限れば測度となる。そして，たとえば，コンパクト集合は可測集合である。

を満たすものが存在するときをいう。

開集合条件を満たす反復関数系については次のことがいえる。証明は[50]，[221]，[222]を参照せよ。

定理 13.3　反復関数系が開集合条件を満たすとする。このとき，反復関数系のアトラクターの相似次元とハウスドルフ次元は一致する。さらにそのアトラクターを A，ハウスドルフ次元を s とすると，$0 < \mathcal{H}^s(A) < \infty$ が成り立つ。

例 13.4　例 13.2 のシルピンスキー・カーペットを考える。x_2，x_4，x_6，x_8 を頂点とする正方形の内部からなる開正方形はその反復関数系の開集合条件を満たす。したがって，例 13.3 で求めた相似次元はハウスドルフ次元と一致する。

13.5　カントール集合

フラクタル図形の例として，しばしばあがるカントール集合も，位相的性質で定義される。

定義 13.5　$\mathbb{C}$ の部分集合 A が完全であるとは，A が閉集合であり，A の任意の点 z_0 に対し，z_0 と異なる点からなる A の点列 $\{z_n\}_{n=1}^{\infty}$ で $\lim_{n\to\infty} z_n = z_0$ となるものがとれるときをいう。

定義 13.6　$\mathbb{C}$ の部分集合 A が全不連結であるとは，A の任意の連結成分が 1 点からなることである。

定義 13.7　$\mathbb{C}$ の部分集合 A がカントール集合であるとは，それが完全かつ全不連結でコンパクトなときをいう。

(f_0, f_1) を反復関数系とし，(r_0, r_1) をその縮小比表とする。また，この反復関数系は開集合 O により開集合条件を満たすとする。さらに，$\overline{f_0(O)} \cap \overline{f_1(O)} = \emptyset$ を満たすと仮定する。このとき，(f_0, f_1) のアトラクターはカントール集合であることを示す。

$A \in \mathcal{K}(\mathbb{C})$ に対して，$F(A) = f_0(A) \cup f_1(A)$ とする。$C_n = F^n(\overline{O})$ とおくと，C_n は 2^n 個の連結成分からなり，$C_n \supset C_{n+1}$ である。(f_0, f_1) のアトラクターを C とすると

$$C = \lim_{n\to\infty} F^n(\overline{O}) = \bigcap_{n=1}^{\infty} C_n$$

である。$\overline{O}$ の直径を a，$r = \max\{r_0, r_1\}$ とする。すると，C_n の連結成分の直径は高々 ar^n となる。$w \in C$ をとる。$n \in \mathbb{N}$ に対し，$N \in \mathbb{N}$ を C_N の任意の連結成分の直径が $1/n$ 以下になるものをとる。A を C_N の連結成分で $w \in A$ となるものとする。A は C_{N+1} の 2 つの連結成分を含む。それらのうち w を含むものを B_1，含まないものを B_2 とする。$B_2 \cap C$ から 1 つの点 z_n をとれば，$w \neq z_n$ である。$\lim_{n\to\infty} z_n = w$ となるので，C は完全である。次に，w_1 と w_2 が C の同じ連結成分に含まれるとする。$|w_1 - w_2| = \ell$ とする。$ar^n < \ell$ となる n をとれば，w_1 と w_2 は C_n の異なる連結成分に含まれることになり，矛盾を得る。以上より C はカントール集合である。

C_n の各連結成分は

$$f_{i(1)} \circ f_{i(2)} \circ \cdots \circ f_{i(n-1)} \circ f_{i(n)}(\overline{O})$$

と書ける。ここで，$1 \leq j \leq n$ に対し，$i(j) \in E = \{0, 1\}$ とする。これを用いると，12.4 節で定義した記号空間 Σ と C との間の 1 対 1 写像が定義できる。さらに，連結成分の直径が 0 に収束することから，この対応が同相写像となることも示せる。

注意 13.6　$(f_0, f_1, \ldots, f_n)$ を反復関数系で，開集合 O で開集合条件を満たすとする。さらに，$0 \leq i < j \leq n$ となるすべての i と j に対して $\overline{f_i(O)} \cap \overline{f_j(O)} =$ を満たすとする。このとき，この反復関数系のアトラクターはカントール集合であることは同様に示せる。

例 13.5 (カントールの 3 進集合)

$$f_0(z) = \frac{1}{3}z, \qquad f_1(z) = \frac{1}{3}(z-1)+1$$

とする。O を $1/2$ を中心とする半径 $1/2$ の開円板とする。すると，$f_0(O)$ は $1/6$ を中心とする半径 $1/6$ の開円板，$f_1(O)$ は $5/6$ を中心とする半径 $1/6$ の開円板となるので，O は開集合条件を満たす。また，$\overline{f_0(O)} \cap \overline{f_1(O)} = \emptyset$ も成り立つ。したがって (f_0, f_1) のアトラクターはカントール集合である。

実際，このアトラクターは実軸上の閉区間 $I = [0, 1]$ として，$\{F^n(I)\}$ のハウスドルフ収束の極限でもある。ここで，I 上の点の 3 進小数展開を考える。すなわち，$x \in I$ に対し

$$x = \sum_{n=1}^{\infty} \frac{a_n}{3^n}$$

$a_n \in \{0, 1, 2\}$ と表す。ここで

$$\sum_{n=1}^{N} \frac{a_n}{3^n} + \frac{1}{3^{N+1}} = \sum_{n=1}^{N} \frac{a_n}{3^n} + \sum_{n=N+2}^{\infty} \frac{2}{3^n}$$

のように 2 通りの 3 進小数展開を持つ数が存在することに注意する。このことにより，適当な 3 進小数展開の表現を選べば，$f_0(I) = [0, 1/3]$ の点の 3 進小数展開の小数第 1 位は 0 となり，$f_1(I) = [2/3, 1]$ の点の 3 進小数展開の小数第 1 位は 2 となることがわかる。同様にして，$F^n(I)$ の各閉区間の小数第 n 位は 0 または 2 であることを示せる。これより，C は 12.4 節で定義した C と一致することがわかる。

例 13.6

$$f_0(z) = \frac{i}{2}(z+1) - 1, \qquad f_1(z) = \frac{i}{2}(z-1) + 1$$

とする。縮小比表は $(1/2, 1/2)$ である。O を $5/3 + i4/3$, $-5/3 + i4/3$, $-5/3 - i4/3$, $5/3 - i4/3$ を 4 頂点とする長方形の内部からなる開長方形とする。このとき，$f_0(O)$ は $-5/3 + i4/3$, $-5/3 - i/3$, $-1/3 - i/3$, $-1/3 - i4/3$ を 4 頂点とする開長方形となり，$f_1(O)$ は $1/3 + i/3$, $1/3 - i4/3$, $5/3 - i4/3$, $5/3 + i4/3$ を 4 頂点とする開長方形となるので，開集合条件を満たす。さらに，$\overline{f_0(O)} \cap \overline{f_1(O)} = \emptyset$ も成り立つ。したがって，(f_0, f_1) のアトラクターはカントール集合である。また，開集合条件

を満たすので相似次元とハウスドルフ次元は一致するので，

$$2\left(\frac{1}{2}\right)^s = 1$$

よりハウスドルフ次元は $s = 1$ となる。すなわち，1 次元の大きさを持つカントール集合である。

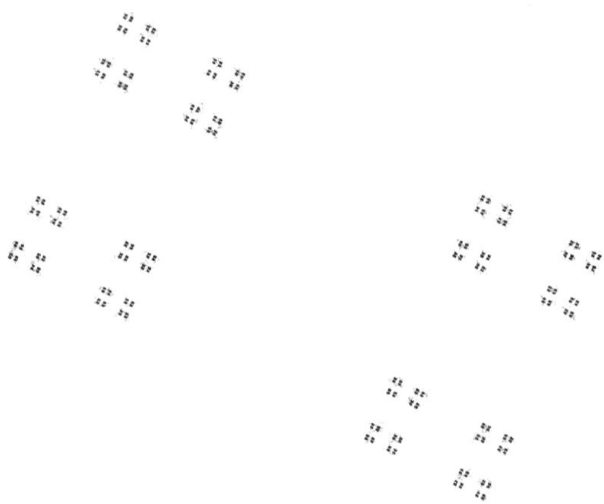

図 13.4　例 13.6 のカントール集合

◇◇◇ 学びの広場 13.1 ◇◇◇◇◇◇◇◇◇◇◇◇◇◇◇◇◇◇◇◇◇◇◇◇◇◇◇◇◇◇◇◇◇◇◇◇◇

例 13.1 のコッホ曲線の構成法をもう一度考えてみよう。反復関数系の 2 つの縮小相似変換に対し，適当な三角形があり，その三角形の相似変換による像がもとの三角形に含まれている。さらにその 2 つの像は，ただ 1 点を共有している。このことから，反復関数系のアトラクターとしてコッホ曲線が生じている。このことをふまえて，反復関数系を構成する。まず，実軸上の閉区間 $[0,1]$ を底辺とする直角または鈍角二等辺三角形を与える。次に，底辺の 2 頂点をそれぞれ中心とする相似変換は，次を満たすように決める。：与えられた三角形のそれぞれの像は与えられた三角形に含まれ，それらは与えられた三角形の実軸上にない頂点ただ 1 点で交わる。この 2 つの相似変換からなる反復関数系のアトラクターを変形コッホ曲線と呼ぶことにする。この反復関数系を求めて，次の問題を考えてみよ。

問題 13.1　直角二等辺三角形が与えられた場合には変形コッホ曲線のハウスドルフ次元が 2 となることを，次の 2 通りの方法で示せ。

(1)　F の反復合成による像の列のハウスドルフ極限を考える。

(2)　相似次元の公式を用いる。

問題 13.2　$1 < s < 2$ を満たすハウスドルフ次元 s を持つ変形コッホ曲線が存在することを示せ。

学びの本箱 13.1

この章のフラクタルの絵は Mathematica を用いて書いている。[201]に書かれているプログラムを参考にしている。この本には Mathematica のプログラムの初歩から丁寧に書かれているので，身近に Mathematica を使える環境があるのであれば，この本を参照しながら，たとえば，変形コッホ曲線などを描くことができるだろう。

14 正規族と反復合成

諸澤 俊介

《目標＆ポイント》 この章では，まずは正規族の定義と基本的性質をみる。次に，その概念を次数 2 以上の有理関数の反復合成からなる族に適用する。そして，与えられた有理関数の反復合成からなる族が，正規族となる点の集合と，ならない点からなる集合により，リーマン球面を 2 つに分ける。

《キーワード》 正規族，有理型関数，有理関数，反復合成，周期点，ファトゥ集合，ジュリア集合

14.1 正規族

D を $\widehat{\mathbb{C}}$ の領域とする。D 上の関数 f が有理型であるとは，$\infty \notin D$ のときには f が極を除いて D で正則である場合をいう。また，$\infty \in D$ のときには，$D \setminus \{\infty\}$ で f が有理型であり，$f(1/z)$ が $z = 0$ の適当な近傍で正則であるか，$z = 0$ で極を持つ場合をいう。さらに，$\alpha \in D$ で f が極を持つときは，$f(\alpha) = \infty$ とする。また，$\infty \in D$ のときは，$f(\infty) = \lim_{z \to \infty} f(z)$ とする。$\widehat{\mathbb{C}}$ 全体で有理型となる関数は有理関数である。

この章では，$\widehat{\mathbb{C}}$ には，12.3 節で定義した球面距離 ρ が備わっているとする（もちろん，弦距離でもかまわない）。

定義 14.1 E を $\widehat{\mathbb{C}}$ の部分集合とし，$\{f_n\}_{n=1}^{\infty}$ をそこで定義された関数列とする。関数列 $\{f_n\}_{n=1}^{\infty}$ が E 上で f に一様収束するとは

$$\lim_{n \to \infty} \sup\{\rho(f_n(z), f(z)) \mid z \in E\} = 0$$

となる場合をいう。さらに，関数列 $\{f_n\}_{n=1}^{\infty}$ が E 上で f に広義一様収束するとは，E の任意のコンパクト部分集合 K に対し

$$\lim_{n \to \infty} \sup\{\rho(f_n(z), f(z)) \mid z \in K\} = 0$$

となる場合をいう。また，この f を $\{f_n\}_{n=1}^{\infty}$ の極限関数と呼ぶ。

有理型（形）関数からなる族を考えると，極限関数について，次のことがいえる。証明は[151]を参照せよ。

定理 14.1　D を $\widehat{\mathbb{C}}$ 内の領域とする。D 上で定義された有理型関数からなる関数列が，ある極限関数に広義一様収束したとする。このとき，極限関数もまた有理型関数となる。ただし，∞ も定数関数として扱うこととする。

ここで，正規族の定義を与える。

定義 14.2 (正規族)　D を $\widehat{\mathbb{C}}$ 内の領域とする。$\mathcal{F}$ を D 上で定義された関数からなる族とする。$\mathcal{F}$ が正規族であるとは，$\mathcal{F}$ の元からなる任意の可算列から，D 上で広義一様収束する部分列がとれる場合をいう。

定義 12.10 で述べた同程度連続と正規族の関係を述べる。

定理 14.2　$\mathcal{F}$ を $\widehat{\mathbb{C}}$ 上の領域 D で定義された有理型関数の族とする。このとき，$\mathcal{F}$ が正規族となる必要十分条件は，$\mathcal{F}$ が D で同程度連続となることである。

証明　まず，$\mathcal{F}$ を正規族とする。D に含まれるコンパクト集合 K をとる。もし，$\mathcal{F}$ が同程度連続でないとすれば，任意の $\varepsilon > 0$ に対し，K 内の点列 $\{z_n\}$ と $\{w_n\}$，$\mathcal{F}$ の関数列 $\{f_n\}$ で

$$\lim_{n\to\infty} \rho(z_n, w_n) = 0$$

かつ，すべての $n \in \mathbb{N}$ に対して

$$\rho(f_n(z_n), f_n(w_n)) \geq \varepsilon$$

となるものがとれる。K がコンパクトであることと，$\mathcal{F}$ が正規族であることから，ある部分列 $\{n(j)\} \subset \{n\}$ と K 内のある点 ζ と K 上のある有理型関数 f で

$$\lim_{j\to\infty} z_{n(j)} = \zeta, \qquad \lim_{j\to\infty} w_{n(j)} = \zeta$$

$$\lim_{j\to\infty}\sup\{\rho(f_{n(j)}(z), f(z)) \mid z \in K\} = 0$$

とできる。f はコンパクト集合 K 上の連続関数であるから，一様連続である。したがって，ある $\delta > 0$ があり，$\rho(z, w) < \delta$ を満たす K 内の任意の 2 点に対し

$$\rho(f(z), f(w)) < \frac{\varepsilon}{3}$$

となる。十分大きな J をとれば

$$\sup\{\rho(f_{n(J)}(z), f(z)) \mid z \in K\} < \frac{\varepsilon}{3} \quad \text{かつ} \quad \rho(z_{n(J)}, w_{n(J)}) < \delta$$

となるので，三角不等式を用いて

$$\rho(f_{n(J)}(z_{n(J)}), f_{n(J)}(w_{n(J)})) < \varepsilon$$

を得る。これは矛盾である。

次に，$\mathcal{F}$ が同程度連続であるとする。複素数の実部，虚部ともに有理数であるものを有理点と呼ぶ。有理点の集合は可算集合である。K を D に含まれるコンパクト集合とし，K に含まれるすべての有理点の集合を $\{\zeta_n\}_{n=1}^{\infty}$ とおく。これは K で稠密となる。$\{f_n\}$ を $\mathcal{F}$ の任意の関数列とする。いまから K で一様収束する $\{f_n\}$ の部分列と，その極限関数を構成する。$\widehat{\mathbb{C}}$ はコンパクトであるから $\{f_{1,j}\}_{j=1}^{\infty} \subset \{f_n\}_{n=1}^{\infty}$ を満たし $\{f_{1,j}(\zeta_1)\}_{j=1}^{\infty}$ が収束するものがとれる。帰納的に $\{f_{n+1,j}\}_{j=1}^{\infty} \subset \{f_{n,j}\}_{j=1}^{\infty}$ を満たし $\{f_{n+1,j}(\zeta_{n+1})\}_{j=1}^{\infty}$ が収束するものをとる。$g_n = f_{n,n}$ とすると，すべての ζ_j について $\{g_n(\zeta_j)\}_{n=1}^{\infty}$ は収束するので，その極限値を $g(\zeta_j)$ とおく。

$\varepsilon > 0$ を任意にとる。$\mathcal{F}$ はコンパクト集合 K で同程度連続なので，ある $\delta > 0$ がとれて，$\rho(z, w) < \delta$ となる，すべての $z, w \in K$ に対して

$$\rho(f(z), f(w)) < \frac{\varepsilon}{3}$$

が，すべての $f \in \mathcal{F}$ に対して成り立つ。

$$K \subset \bigcup_{n=1}^{\infty} U_\rho(\zeta_n, \delta)$$

であり，K がコンパクトであるから，有限集合 $\{\xi_j\}_{j=1}^J \subset \{\zeta_n\}_{n=1}^\infty$ で

$$K \subset \bigcup_{j=1}^{J} U_\rho(\xi_j, \delta)$$

となるものがとれる。$\{g_n(\xi_j)\}$ は収束するので，コーシー列である。j は有限個なので，ある自然数 N で

$$\rho(g_n(\xi_j), g_m(\xi_j)) < \frac{\varepsilon}{3}$$

が任意の $n, m \geq N$ と任意の $1 \leq j \leq J$ について成り立つものが存在する。$z \in K$ を任意にとると，$\rho(z, \xi_j) < \delta$ となる ξ_j がある。これらより

$$\begin{aligned} &\rho(g_n(z), g_m(z)) \\ &\quad \leq \rho(g_n(z), g_n(\xi_j)) + \rho(g_n(\xi_j), g_m(\xi_j)) + \rho(g_m(\xi_j), g_m(z)) < \varepsilon \end{aligned}$$

を得るが，これは $\{g_n(z)\}_{n=1}^\infty$ がコーシー列であることを示している。したがって，収束するのでその極限値を $g(z)$ とする。すると，$n \geq N$ に対し

$$\sup\{\rho(g_n(z), g(z)) \mid z \in K\} < 2\varepsilon$$

となるので，一様収束が示された。□

与えられた関数族が正規族となるかを判定するときに，次の強力な定理がある。その内容から，時として「3 点条件」と呼ばれることもある。

定理 14.3　$\mathcal{F}$ を領域 $D \subset \widehat{\mathbb{C}}$ で定義された有理型関数からなる族とする。$\widehat{\mathbb{C}}$ の異なる 3 点 a_1，a_2，a_3 で，すべての $f \in \mathcal{F}$ に対し，$f(D) \subset \widehat{\mathbb{C}} \setminus \{a_1, a_2, a_3\}$ となるものが存在するのであれば，$\mathcal{F}$ は正規族となる。

14.2　有理関数の反復合成

この節以降，この章では特別に断らない限り，有理関数の次数は 2 以上とする。前節で扱った正規族の概念を，有理関数 R の反復合成からなる族 $\{R^n\}_{n=1}^\infty$ に適用する。この先，証明を省略しているものについては，たとえば，[22]，[122]，[127]，[161]，[198]などを参照せよ。

定義 14.3　R を有理関数とする。

$$\{z \in \widehat{\mathbb{C}} \mid z \text{ のある近傍で } \{R^n\}_{n=1}^{\infty} \text{ が正規族となる }\}$$

を R のファトウ集合と呼び，$F(R)$ で表す。また，その補集合 $\widehat{\mathbb{C}} \setminus F(R)$ をジュリア集合と呼び，$J(R)$ で表す。

定義よりファトウ集合は開集合であり，ジュリア集合は閉集合である。

命題 14.1　ファトウ集合がリーマン球面全体となることはない。

証明　リーマン球面全体で一様収束すれば，極限関数は有理関数となる。ところが，反復合成した有理関数の次数は発散するので矛盾である。□

一方で，ジュリア集合がリーマン球面全体となる有理関数は存在する。その例は後でみる。

ファトウ集合に含まれる点の例を考えてみよう。

例 14.1　p を 2 以上の整数とする。$P(z) = z^p$ とすると $0 \in F(P)$ である。

実際，$\delta < \pi/4$ とすれば，$P(U_\rho(0,\delta)) \subset U_\rho(0,\delta)$ となる。帰納的に $P^{n+1}(U_\rho(0,\delta)) \subset P^n(U_\rho(0,\delta)) \subset U_\rho(0,\delta)$ が示せるので，定理 14.3 により，$\{P^n\}$ は $U_\rho(0,\delta)$ で正規族となることがわかる。

例 14.2　P を多項式とする。このとき，∞ は $F(P)$ に含まれる。

実際，$\delta > 0$ を十分小にとれば，$P(U_\rho(\infty,\delta)) \subset U_\rho(\infty,\delta)$ となるので，上と同様の議論で示せる。

例 14.3　p を -2 以下の整数とする。$P(z) = z^p$ とすると，$0, \infty \in F(P)$ である。

実際，$\delta < \pi/4$ とすれば，例 14.1 と同様にして，$P^{2n+2}(U_\rho(0,\delta)) \subset P^{2n}(U_\rho(0,\delta)) \subset U_\rho(0,\delta)$ と $P^{2n+1}(U_\rho(0,\delta)) \subset P^{2n-1}(U_\rho(0,\delta)) \subset U_\rho(\infty,\delta)$ が示せるので定理 14.3 により，$\{P^n\}$ は $U_\rho(0,\delta)$ で正規族となることがわかる。$\infty \in F(P)$ も同様に示せる。

正規族であることと同程度連続であることが同値であることから，次のことが示せる。

定理 14.4　p を自然数とする。有理関数 R に対し，次が成り立つ。

$$F(R) = F(R^p), \qquad J(R) = J(R^p)$$

R を有理関数とし，A を $\widehat{\mathbb{C}}$ の部分集合とする。$R(A) = A$ となるとき，A は前方不変，$R^{-1}(A) = A$ となるとき，A は後方不変という。前方不変かつ後方不変の場合，A は完全不変という。

定理 14.5　有理関数 R のファトウ集合とジュリア集合はともに完全不変である。

証明　$z \in F(R)$ とし，その近傍 U で $\{R^n\}$ が正規族であるとする。$w \in R^{-1}(z)$ とし，U' を $R^{-1}(U)$ の連結成分で w を含むものとする。U' 上で $\{R^{n_j}\}$ をとれば，U 上で $\{R^{n_j-1}\}$ となるので，一様収束する部分列がとれる。

また，$n \geq 2$ に対して，$R^n = R^{n-1} \circ R$ であるから，$z \in F(R)$ ならば $R(z) \in F(R)$ となる。 □

この定理は有理関数の作用によりリーマン球面が 2 つの集合に分けられることを示している。また，ファトウ集合は開集合であるから，たかだか可算個の成分からなる。前方不変性から，それぞれの成分が有理関数により再び成分に移ることがわかる。ファトウ集合上では正規族であるから，各成分の上で安定して移っていくと理解できる。一方でジュリア集合上ではカオス的に有理関数が作用していることは後でみる。

有限な完全不変集合については，次のことが成り立つ。

定理 14.6　有理関数の完全不変集合が有限集合であれば，それは高々 2 点からなる。

有理関数 R の有限な完全不変集合を例外点集合と呼び，$E(R)$ で表す。さらに，$E(R)$ の点を例外点と呼ぶ。例外点については，次の重要な事実がある。

定理 14.7　有理関数 R について，$E(R) \subset F(R)$ が成り立つ。

証明　g をメビウス変換とすると，$Q(z) = g \circ R \circ g^{-1}(z)$ は有理関数であり，$Q^n(z) = g \circ R^n \circ g^{-1}(z)$ となる。これより，$F(Q) = g(F(R))$ が導かれる。

いま，$E(R) = \{\zeta_1\}$ とすれば，$g(\zeta_1) = \infty$ となるメビウス変換を用いれば，Q は多項式となる。例 14.2 より，$\zeta_1 \in F(R)$ がわかる。

$E(R) = \{\zeta_1, \zeta_2\}$ であれば，$g(\zeta_1) = \infty$，$g(\zeta_2) = 0$ となるメビウス変換をとる。すると，$Q(z) = z^n$，$n \in \mathbb{Z}$ かつ $|n| \geq 2$，となる。例 14.1 と例 14.3 から包含関係を得る。　□

次に，完全不変集合が無限集合の場合を考えてみる。

定理 14.8　閉集合 E が有理関数 R の完全不変集合であり，無限集合であるとする。このとき，$E \supset J(R)$ となる。

証明　補集合 $E^c = \widehat{\mathbb{C}} \setminus E$ は完全不変集合であり，開集合である。E は無限集合であるから，3 点条件により $\{R^n\}$ は E^c で正規族となるので，$E \supset J(R)$ を得る。　□

定理 14.5〜14.8 を合わせると，ジュリア集合は次のように特徴づけられる。

定理 14.9　ジュリア集合は少なくとも 3 点を含む最小の完全不変閉集合である。

ジュリア集合 J の導集合を J^d とする。J は閉集合であるから $J^d \subset J$ である。3 点以上を含む完全不変集合は定理 14.6 により無限集合となるから，J は無限集合である。したがって，$J^d \neq \emptyset$ となる。さらに，J^d が無限個の点を含む完全不変閉集合であることを示すことができるので，最小性により $J \subset J^d$ となる。すなわち，$J = J^d$ を得るので，次がいえる。

定理 14.10　ジュリア集合は完全集合である。

R を有理関数とする。$z \in \widehat{\mathbb{C}}$ に対して

$$O^-(z) = \{w \mid \text{ある } n \in \mathbb{N} \cup \{0\} \text{ で } R^n(w) = z \text{ が成り立つ}\}$$

と定義し，z の後方軌道と呼ぶ。次のことが成り立つ。

定理 14.11　有理関数 R に対し，ある $w \in \widehat{\mathbb{C}}$ の後方軌道 $O^-(w)$ が有限集合であるとする。このとき，$O^-(w) \subset E(R)$ となる。

有理関数 R のジュリア集合が内点を持ったとする。すなわち，ある $w \in J(R)$ で，その近傍 U が $J(R)$ に含まれるものが存在する。U で $\{R^n\}$ は正規族でないので，3 点条件（定理 14.3）により，$\widehat{\mathbb{C}} \setminus \bigcup_{n=0}^{\infty} R^n(U)$ は高々 2 点からなる。ジュリア集合は前方不変であり，閉集合であるから，$J(R) \supset \overline{\bigcup_{n=0}^{\infty} R^n(U)} = \widehat{\mathbb{C}}$ となる。すなわち，次のことがいえた。

定理 14.12　ジュリア集合が内点を持てば，リーマン球面と一致する。

後方軌道とジュリア集合には次の関係がある。

定理 14.13　R を有理関数とする。$E(R)$ に含まれない任意の点を ζ とする。このとき，$J(R) \subset \overline{O^-(\zeta)}$ が成り立つ。特に，$\zeta \in J(R)$ であれば，$J(R) = \overline{O^-(\zeta)}$ が成り立つ。

証明　$\zeta \notin E(R)$ であるから，$O^-(\zeta)$ は無限集合である。$w \in J(R)$ をとる。U を w の任意の近傍とする。U で $\{R^n\}$ は正規でないので 3 点条件から，ある n で $R^n(U) \cap O^-(\zeta) \neq \emptyset$ となる。これより，$U \cap O^-(\zeta) \neq \emptyset$ が導かれるので，$w \in \overline{O^-(\zeta)}$ が成り立ち，前半の主張が示せる。後半の主張はジュリア集合が後方不変であることから示せる。□

14.3 周期点

12.2 節で定義した周期点と周期を思い出そう。周期点は周期 1 のときには固定点と呼んだ。代数学の基本定理を用いれば次のことが示せる。

定理 14.14 R を次数 d の有理関数とする。このとき，R は重複を込めて $\widehat{\mathbb{C}}$ に $d+1$ 個の固定点を持つ。

R を有理関数とする。$\widehat{\mathbb{C}}$ の点 ζ を周期 p の R の周期点とする。このとき，$\{\zeta, R(\zeta), R^2(\zeta), \ldots, R^{p-1}(\zeta)\}$ を周期系と呼ぶ。さらに，$\zeta \neq \infty$ であるときに $(R^p)'(\zeta)$ を ζ の乗法因子と呼ぶ。周期系に ∞ が含まれないときには，合成関数の微分から，$1 \leq k \leq p-1$ となるすべての k に対して，$(R^p)'(\zeta) = (R^p)'(R^k(\zeta))$ が成り立つ。また，$\zeta = \infty$ のときには，$(1/R^p(1/z))'|_{z=0}$ を乗法因子とする。周期系が無限遠点を含む場合も同様にして，1 つの周期系のすべての点の乗法因子が一致することが示せる。そこで，次の定義を与える。

定義 14.4 周期点 ζ の乗法因子を λ とする。
$|\lambda| \leq 1$ のときは ζ を非反発周期点と呼び，$|\lambda| > 1$ のときは反発周期点と呼ぶ。さらに，

(1) $\lambda = 0$ のとき，ζ を超吸引周期点と呼ぶ。

(2) $0 < |\lambda| < 1$ のとき，ζ を吸引周期点と呼ぶ。

(3) $|\lambda| = 1$ のとき，ζ を中立周期点と呼ぶ。さらに，ある自然数 n で $\lambda^n = 1$ となるとき，ζ を有理的中立周期点あるいは放物的周期点と呼ぶ。有理的中立周期点でない中立周期点を無理的中立周期点と呼ぶ。

(1) あるいは (2) である場合には（超）吸引周期点と書くことにする。
周期が 1 の周期点は固定点とも呼ぶので，それに合わせて周期 1 の周期点については吸引固定点等の呼び方をする。

この周期点の分類とファトウ集合，およびジュリア集合の関係は次のようになる。

定理 14.15　R を有理関数とする。ζ を R の周期点とし，その乗法因子を λ とする。このとき，次が成り立つ。

(1) ζ が（超）吸引周期点であれば，ζ は $F(R)$ に含まれる。

(2) ζ が有理的中立周期点であれば，ζ は $J(R)$ に含まれる。

(3) ζ が無理的中立周期点とする。R が ζ で線形化可能であることが，ζ が $F(R)$ に含まれる必要十分条件となる。

(4) ζ が反発周期点であれば，ζ は $J(R)$ に含まれる。

証明の方針　定理 14.4 により，ζ は固定点として考えればよい。さらに，$\zeta \in \mathbb{C}$ としても一般性は失わない。

ζ を（超）吸引固定点とし，λ をその乗法因子とする。$|\lambda| < \mu < 1$ となる実数 μ をとると，ある $\delta > 0$ で

$$R(U_\rho(\zeta, \delta)) \subset U_\rho(\zeta, \mu\delta) \subset U_\rho(\zeta, \delta)$$

となるので，$\{R^n\}$ は $U_\rho(\zeta, \delta)$ で正規族となる。

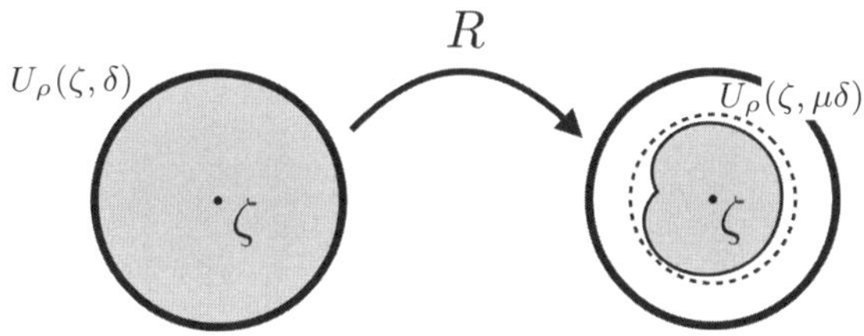

図 14.1　吸引固定点の近傍の写像の様子

ζ を有理的中立固定点とし，λ をその乗法因子で $\lambda^p = 1$ を満たすとする。ζ における R のテイラー展開は

$$R(z) = \zeta + \lambda(z - \zeta) + \cdots$$

となり，

$$R^p(z) = \zeta + \lambda^p(z - \zeta) + \cdots = \zeta + (z - \zeta) + \cdots$$

を得る。そこで，再び，R の有理的中立不動点の乗法因子を 1 とし，R の ζ におけるテイラー展開を

$$R(z) = \zeta + (z - \zeta) + a(z - \zeta)^k + \cdots$$

として考える。ただし，$a \neq 0$ とする。このとき，任意の自然数 n に対し

$$R^n(z) = \zeta + (z - \zeta) + na(z - \zeta)^k + \cdots$$

が成り立つ。これより，$\lim_{n\to\infty}(R^n)^{(k)}(\zeta) = \infty$ となる。一般に，$\{f_\omega\}_{\omega\in\Omega}$ が正規族であれば $\{f_\omega^{(k)}\}_{\omega\in\Omega}$ もまた正規族となるので，ζ の近傍で $\{R^n\}$ が正規族とならないことが導かれる。

関数 f が ξ で線形化可能とは，ξ の近傍で定義された解析関数 φ で，$\varphi(\xi) = 0$ かつ $\varphi'(\xi) = 1$ を満たし，原点の近傍で次の関数等式が成り立つものが存在するときをいう。

$$\varphi \circ f \circ \varphi^{-1}(z) = f'(\xi)z$$

(3) の証明は 14.2 節の冒頭で紹介した参考文献を参照せよ。

ζ が乗法因子 λ の反発周期点であれば，R^n の ζ におけるテイラー展開は

$$R^n(z) = \zeta + \lambda^n(z - \zeta) + \cdots$$

となるので，有理的中立不動点の場合と同様にして主張を得る。 □

定義 14.5　無理的中立周期点がファトウ集合に含まれるときはジーゲル点と呼び，ジュリア集合に含まれるときはクレーマー点と呼ぶ。

反発周期点はジュリア集合に含まれるが，さらに次のことがいえる。

定理 14.16　有理関数 R の反発周期点の集合は $J(R)$ で稠密である。

注意 14.1　周期点の集合の閉包にジュリア集合が含まれることは 3 点条件を用いて示すことができる。ここから定理の主張を得るためには次章の定理 15.6 が必要となる。

この定理は，R を $J(R)$ 上での作用と考えると，カオスの定義（定義 12.11）の (3) を満たしていることを示している。次の定理により，実際にカオス的であることがわかる。

定理 14.17　R を有理関数とする。U をジュリア集合と交わる任意の開集合とする。このとき，十分大なるすべての n に対して，$R^n(U) \supset J(R)$ が成り立つ。

証明　3 点条件より

$$\bigcup_{n=1}^{\infty} R^n(U) \supset \widehat{\mathbb{C}} \setminus E(R) \supset J(R)$$

となる。U に含まれる周期点 ζ を 1 つとり，その周期を p とする。ζ の近傍 V を $V \subset U$ かつ

$$V \subset R^p(V) \subset R^{2p}(V) \subset \cdots$$

となるようにとる。このとき

$$\bigcup_{m=1}^{\infty} R^{mp}(V) \supset \widehat{\mathbb{C}} \setminus E(R^p) \supset J(R^p) = J(R)$$

であり，ジュリア集合がコンパクトであることから，十分大なる m に対して，$R^{mp}(V) \supset J(R)$ となる。さらに，$1 \leq k \leq p-1$ なる k に対して，$R^k(V)$ を同様に考えて，主張を得る。□

カオスの定義 (1) の初期値鋭敏性はジュリア集合の直径を d としたときに $\delta = d/2$ とすればよい。また，(2) の位相推移性は定理より導かれる。したがって，次がいえる。

定理 14.18　有理関数のジュリア集合上の作用はカオス的である。

学びの広場 14.1

2 次多項式の一般形は $\widetilde{P}(z) = \alpha z^2 + \beta z + \gamma$ である。$\widetilde{P}(z)$ が異なる 3 つの固定点を持つとし，それを $\{\zeta_1, \zeta_2, \infty\}$ とする。$\widehat{\mathbb{C}}$ の異なる任意の 3 点を $\widehat{\mathbb{C}}$ の異なる任意の 3 点に移すメビウス変換はつねに存在する。そ

こで，メビウス変換 φ で，$\varphi(\infty)=\infty$，$\varphi(\zeta_1)=1$，$\varphi(\zeta_2)=-1$ となるものをとる。すると，$P(z)=\varphi\circ\widetilde{P}\circ\varphi^{-1}(z)$ は $\{1,-1,\infty\}$ を固定点とする 2 次多項式である。実際に，その形は $P(z)=az^2+z-a$ となる。

問題 14.1　$P(z)=az^2+z-a$ は（超）吸引固定点を高々 2 個しか持たないことを示せ。

メビウス変換の共役によって固定点の乗法因子は変わらないので，上の問いの結果は，2 次多項式は（超）吸引固定点を高々 2 個しか持たないことを示している。より一般に，有理関数の持つ非反発周期系の個数評価は重要な問題であった。その答えが次章で述べる定理 15.6 である。

学びの本箱 14.1

少し古い関数論の教科書には，大概少しではあるが，正規族について述べられている。そのなかでも[228]は関数論の名著として知られ，参考にするには適しているだろう。また[151]はそのタイトル通り正規族に関するテキストである。その最後の章には複素力学系を含め，いくつかの応用が書かれている。

15 複素力学系

諸澤 俊介

《目標＆ポイント》 有理関数の複素力学系とはリーマン球面上で有理関数の反復合成について研究する数学の一分野である。前章では正規族の概念を用いてリーマン球面を基本となる２つの集合，ファトウ集合とジュリア集合に分けた。この章では，まずはファトウ成分の分類について考える。続いて，いくつかの具体的なジュリア集合の例をみる。最後に，マンデルブロー集合を扱う。
《キーワード》 複素力学系，有理関数，周期成分，遊走領域，臨界点，マンデルブロー集合

15.1 ファトウ集合

定義により有理関数のファトウ集合は開集合であるから，高々可算個の連結成分からなる。その連結成分をファトウ成分と呼ぶ。ファトウ集合は完全不変であるから，ファトウ成分はその有理関数によりファトウ成分に移る。そこで，次の定義を与える。

定義 15.1 R を有理関数とし，D を $F(R)$ のファトウ成分とする。

ある自然数 n で $R^n(D)=D$ となる場合に，D を周期成分と呼ぶ。さらに，ある p で $1 \leq k \leq p-1$ に対して $R^k(D) \neq D$ かつ $R^p(D)=D$ となるときに，この p を周期成分 D の周期と呼ぶ。また，$\{D, R(D), \ldots, R^{p-1}(D)\}$ を周期成分系と呼ぶ。特に，周期が１の周期成分は不変成分といい，さらに不変成分が $R^{-1}(D)=D$ も満たすのであれば，完全不変成分という。

D がどのような周期成分系にも含まれないが，ある n で $R^n(D)$ が適当な周期成分系に含まれる場合には，前周期成分と呼ぶ。

任意の異なる２つの自然数 m と n に対して，$R^m(D) \cap R^n(D)=\emptyset$ となるとき，D を遊走領域と呼ぶ。

ファトウ集合 $F(R)$ 上で $\{R^n\}$ は正規族をなす。もし，$F(R)$ が不変成分 D を持てば，D 上で $\{R^n\}$ の極限集合はどのようなものか。あるいは，どのような周期成分が存在するのか。さらに，それはどのようなもので特徴づけられるか。また，有理関数を 1 つ決めた際に，いくつ周期成分を持つか。これらは重要な問題であった。それらの答えをこれからみていく。

まず，上記の問題で重要な役割を果たす概念を導入する。ζ が有理関数 R の臨界点であるとは，ζ のいかなる近傍でも R が単射とならない場合をいう。$R(\zeta)$ を臨界値と呼ぶ。ζ と $R(\zeta)$ がともに複素数であるならば，ζ は $R'(\zeta) = 0$ を満たす。このとき，$R'(z) = 0$ の重解としての ζ の個数を，臨界点としての個数とする。$\zeta = \infty$ で $R(\infty)$ が複素数の場合には，$(R(1/z))' = 0$ の重解としての 0 の個数を臨界点 ∞ の個数とする。$\zeta = \infty$ かつ $R(\infty) = \infty$ の場合には $(1/R(1/z))' = 0$ を，ζ が複素数で $R(\zeta) = \infty$ の場合には $(1/R(z))' = 0$ を同様に考えて，臨界点の個数を定義する。このとき，リーマン-フルビッツの関係式とも呼ばれる次の定理が成り立つ。

定理 15.1　R を次数 d の有理関数とする。このとき R は $\widehat{\mathbb{C}}$ に重複を込めて $2d-2$ 個の臨界点を持つ。

系 15.1　次数 d の多項式 P は複素平面に重複を込めてちょうど $d-1$ 個の臨界点を持つ。

証明　∞ は P の $d-1$ 個の臨界点である。 □

定理 15.1 は有理関数 R のファトウ成分 D_0 からファトウ成分 $D_1 = R(D_0)$ への写像として次のようにいうことができる。ただし，ここで $\chi(D_0)$ は D_0 のオイラー標数である。オイラー標数とは，その境界の連結成分の数 $b(D_0)$ が有限のときは $\chi(D_0) = 2 - b(D_0)$，そうでないときは $\chi(D_0) = -\infty$ とする。命題 14.1 で述べたように，ファトウ成分はリーマン球全体とはならない。したがって，ファトウ成分のオイラー標数は 1 以下である。$\chi(D_0) = 1$ のときには D_0 は単連結であるといい，

$\chi(D_0) = -\infty$ のときには D_0 は無限連結であるという。

定理 15.2　R を有理関数とし，D_0 をそのファトウ成分とする。$c(D_0)$ を D_0 に含まれる臨界点の個数とする。さらに，R は D_0 から $D_1 = R(D_0)$ への m-重写像とする。このとき，次が成り立つ。

$$\chi(D_0) + c(D_0) = m\chi(D_1)$$

この定理の式もまた，リーマン-フルビッツの関係式と呼ばれる。

有理関数 R の臨界点の集合を $C(R)$ と書く。そして

$$S^+(R) = \bigcup_{n=0}^{\infty} R^n(C(R))$$

として，R の特異軌道と呼ぶ。

不変ファトウ成分の分類と，それらの固定点あるいは臨界点との関係をまとめておく。

定理 15.3　R を有理関数とし，D を R の不変ファトウ成分とする。このとき，D は次のいずれかである。

(1) D は超吸引固定点 [*1] ζ を含む。$\{R^n\}$ は D 上 ζ に広義一様収束する。このとき，D を超吸引成分と呼ぶ。また，D は単連結であるか，あるいは無限連結である。

(2) D は吸引固定点 ζ を含む。$\{R^n\}$ は D 上 ζ に広義一様収束する。このとき，D を吸引成分と呼ぶ。D は少なくとも 1 つ臨界点を含む。また，D は単連結であるか，あるいは無限連結である。

(3) D はその境界上に放物的固定点 ζ を含む。$\{R^n\}$ は D 上 ζ に広義一様収束する。このとき，D を放物的成分と呼ぶ。D は少なくとも 1 つ臨界点を含む。また，D は単連結であるか，あるいは無限連結である。

(4) D は単連結であり，ジーゲル点を含む。D 上の R の作用は単位円板上の無理数回転と解析的共役となる。D をジーゲル円板と呼ぶ。

---

*1　超吸引固定点は臨界点であることに注意する。

D の境界は $S^+(R)$ の閉包に含まれる。

(5) D は 2 重連結であり，その上での R の作用は適当な円環上の無理数回転と解析的共役となる。D をエルマン環と呼ぶ。D の境界は $S^+(R)$ の閉包に含まれる。

図 15.1 ジーゲル円板を含むファトウ集合

図 15.2 エルマン環を含むファトウ集合

D を R の周期 p の周期成分とする。D は R^p の不変成分として，上の定理の (1) から (5) のいずれかとなる。D を含む周期系に含まれる任意の成分 $R^k(D)$ $(1 \leq k \leq p-1)$ も R^p の不変成分となり，D と同じ型の不変成分となる。そこで，周期成分系についても同様に吸引周期成分系等の呼び方をする。

注意 15.1 有理関数のファトウ集合が定理の (2) から (5) の少なくとも 1 つの周期系を持つならば，その特異軌道は無限集合となる。

定理で述べているように，(5) を除いて周期成分はクレーマー点以外のいずれかの非反発周期点と関係している。クレーマー点については次のことがいえる。

定理 15.4 有理関数がクレーマー点を持てば，それは特異軌道の閉包に含まれる。

遊走領域については，次のサリヴァンによる遊走領域非存在定理がある。

定理 15.5　有理関数の力学系では遊走領域は存在しない。

この定理は有理関数のファトウ集合が空でなければ，どのファトウ成分でも，反復合成で移していけば最終的にはいずれかの周期成分に取り込まれることを述べている。

注意 15.2　複素平面全体で正則であり，無限遠点が孤立真性特異点となる関数を超越整関数と呼ぶ。超越整関数の反復合成で複素平面上の力学系が定義できる。超越整関数の複素力学系のなかには遊走領域を持つものもある。

定理 15.3 で述べたように，有理関数が吸引周期成分を持てば，その周期系のなかに少なくとも 1 つ臨界点を含む。その臨界点の軌道は，その周期成分系から出ることはない。つまり，もし，もう 1 つ別の吸引周期成分系があれば，別の臨界点が必要になる。有理関数の次数を d とすれば，定理 15.1 により臨界点の個数は $2d-2$ 個である。これより，次数 d の有理関数は高々 $2d-2$ 個の吸引周期系しか持てない。このように非反発周期系の個数を評価することが大きな問題であった。これに答えたのがファトウ-宍倉の不等式と呼ばれる次の定理である。

定理 15.6　R を次数 d の有理関数とする。非反発周期系の個数を $N(NR)$，エルマン環の周期成分系の個数を $N(H)$ とする。このとき，次が成り立つ。

$$N(NR) \leq 2d-2$$

$$N(NR) + 2N(H) \leq 2d-2$$

$$N(H) \leq d-2$$

学びの抽斗 15.1

19 世紀終わり頃のアスコリ[11]とアルツェラ[8, 9, 10]の研究や，20 世紀初頭のモンテル[125]の研究により，正規族の概念は確立された。それは，その後のファトウ[58, 59]やジュリア[100]の複素力学系の研究の基礎として重要な役割を果たす。そして，ダンジョワ[46, 47]，ウオルフ[183]，ジーゲル[158]らの周期成分の研究などが続いていく。しかし，遊走領域存在の問題や，非反発周期系の個数評価の問題などは未解決のままで研究の勢いは停滞する。1970 年代から再び複素力学系の研究は盛んになる。1 つにはコンピュータの発展がある。単純な計算を非常に多く繰り返すという，人間にとっては大変だがコンピュータにとっては得意なことにより，奇妙で綺麗な魅力的な絵がたくさん生み出された。これらは数学者に限らず，多くの人たちを魅了した。しかし，数学的な発展に寄与したのは擬等角写像の理論である *2。これは 1940 年代のタイヒミュラー[166, 167]によるリーマン面の変形理論を発展させ，アルフォース[4, 7]とベアス[32]によって 1960 年代に作られたものである。ファトウ-宍倉の不等式，遊走領域非存在定理の証明に擬等角写像の理論は欠くことができない。

15.2　ジュリア集合

この節ではジュリア集合の具体的な例をいくつかみていく。

例 15.1　有理関数

$$R(z) = \frac{z^2+1}{2iz}$$

を考察する。このとき，$J(R) = \widehat{\mathbb{C}}$ となる。実際に，R は次数 2 の有理関数であるから，定理 15.6 により，非反発周期系の数は高々 2 個である。その臨界点は ± 1 である。それらの軌道は

$$R(1) = -i,\ R(-i) = 0,\ R(0) = \infty,\ R(\infty) = \infty$$
$$R(-1) = i,\ R(i) = 0,\ R(0) = \infty,\ R(\infty) = \infty$$

となり，特異軌道は有限集合となる。したがって，超吸引周期系を除く非反発周期系およびエルマン環の周期系は存在しない。また，超吸引周期系はその中に特異点を含まなければならないので，R は超吸引周期系を持たない。さらに，有理関数は遊走領域を持たない。以上により，$F(R)$

*2　たとえば，[164]などを参照のこと。

は空集合である。

R を有理関数とする。D を $F(R)$ の完全不変成分とする。すると，その閉包 $\overline{D}$ も完全不変集合となる。定理 14.9 により，$J(R) \subset \overline{D}$ となる。したがって，D の境界 ∂D はジュリア集合と一致する。したがって，次のことがわかった。

定理 15.7　R を有理関数とする。$F(R)$ が完全不変成分 D を持つとする。このとき，$\partial D = J(R)$ となる。さらに D が単連結であることと $J(R)$ が連結であることは同値である。

注意 15.3　有理関数 R が完全不変成分を持つのであれば，その上で R は単写ではあり得ない。したがって，R の完全不変成分は（超）吸引成分か放物的成分である。また，$J(R)$ は連結なので $F(R)$ はエルマン環を持つことはない。多項式 P の場合には無限遠点が超吸引固定点となり，無限遠点の超吸引成分は完全不変成分となる。このとき，$F(P)$ がエルマン環を持たないことは最大値の原理からも導かれる。

完全不変ファトウ成分を持つ有理関数の臨界点に適当な仮定を加えると，興味深いジュリア集合が現れる。

定理 15.8　R を有理関数で（超）吸引固定点 ζ を持つとする。さらに，ζ を含む（超）吸引成分は完全不変であり，かつ，R のすべての臨界点を含むとする。このとき，$J(R)$ はカントール集合となる。

証明の方針　13.5 節の議論をまねることで，相似変換からなるものではないが，適当な反復関数系と開集合条件を満たす集合を構成する。

ζ を含む（超）吸引成分を D とする。γ を D 内の単一閉曲線で ζ を含む γ の補集合 U に $S^+(R)$ も含むものとする。$U \cup \gamma$ は D 内のコンパクト集合であるから，適当な N で $R^N(U \cup \gamma) \subset U$ となる。この R^N を再び R として考えることとする。U 以外の γ の補集合を O とする。R の次数を d とする。O 上で R^{-1} の d 個の分枝 $f_1, f_2, \ldots, f_d$ がとれる。これらは任意の i と j で，$f_i(O) \subset O$ かつ $i \neq j$ に対して $\overline{f_i(O)} \cap \overline{f_j(O)} = \emptyset$

を満たす。$i_k \in \{1, 2, \ldots, n\}$ とすると

$$f_{i_1} \circ f_{i_2} \circ \cdots \circ f_{i_n}(\overline{O}) \text{ の直径} \to 0 \quad (n \to \infty)$$

となるので，カントール集合であることが示せる。 □

P を次数 d の多項式とする。無限遠点は $d-1$ 個の臨界点であり，超吸引固定点である。無限遠点を含むファトウ成分を D_∞ とする。無限遠点の逆像は無限遠点だけなので，D_∞ は完全不変成分である。また，R は D_∞ から D_∞ の上への d 重写像である。このことをリーマン-フルビッツの関係式で表せば

$$\chi(D_\infty) + c(D_\infty) = d\chi(D_\infty)$$

となる。したがって，D_∞ が単連結である，すなわち $\chi(D_\infty) = 1$ であることと，D_∞ が有界な臨界点を含まないことが同値であることがわかる。このことは，次のようにいうことができる。

定理 15.9 多項式の無限遠点を含む超吸引不変成分が無限連結となる必要十分条件は，少なくとも 1 つの有界な臨界点の軌道が無限遠点に収束することである。

多項式 P において

$$\{z \mid P^n(z) \not\to \infty, \ \ n \to \infty\}$$

を P の充填ジュリア集合と呼び，$K(P)$ で表す。$\widehat{\mathbb{C}} \setminus K(P) = D_\infty$ であるから

$$\partial K(P) = \partial D_\infty = J(P)$$

となる。$K(P)$ が内点を持てば，それはファトウ集合の点である。

多項式の例を考えてみよう。

例 15.2 $P(z) = 2z^3 + 3z^2 - 1$ とする。このとき，すべてのファトウ成分は単連結であり，ジュリア集合は連結である。

実際に，臨界点は $-1, 0, \infty, \infty$ である。$P(-1) = 0$，$P(0) = -1$ であるから，$\{-1, 0\}$ は超吸引 2 周期系である。有界な臨界値の軌道は無限大に収束しないので，D_∞ は単連結である。D_∞ 以外のファトウ成分が単連結であることは定理 15.7 から従う。定理 15.3 と定理 15.4 により，∞ と 0 以外の非反発周期系とエルマン環も存在しない。0 を含むファトウ成分を D_0 とすると，遊走領域非存在定理により D_∞ 以外のファトウ成分は何回かの反復合成で D_0 に移る。

例 15.3　$P(z) = 2z^3 + 3z^2$ とする。このとき，D_∞ は無限連結であり，それ以外のファトウ成分は単連結である。

実際に，臨界点は $-1, 0, \infty, \infty$ である。$x \geq 1$ とすれば $P(x) > 2x$ である。数学的帰納法により，$P^n(z) > 2^n x$ を示すことができる。$P(-1) = 1$ であるから，$n \to \infty$ とすれば $P^n(-1) \to \infty$ となる。したがって，D_∞ は無限連結である。また，$P(0) = 0$ であるから 0 は超吸引固定点である。D_∞ 以外のファトウ成分が単連結であることは定理 15.7 から従う。上と同様の議論により，D_∞ 以外のファトウ成分は何回かの反復合成で D_0 に移る。

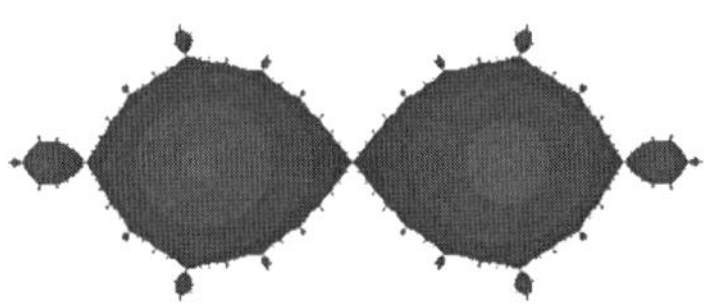

図 15.3　連結な充填ジュリア集合・例 15.2

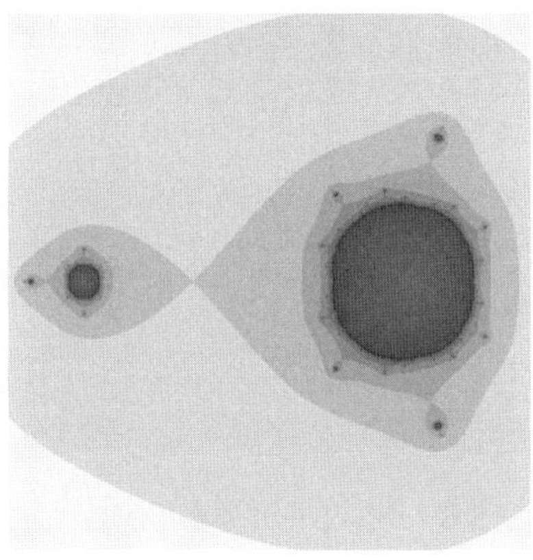

図 15.4　非連結な充填ジュリア集合・例 15.3

例 15.4　$P(z) = 2z^3 + 3z^2 + 1$ とする。このとき D_∞ は唯一のファトウ成分で，$J(P)$ はカントール集合となる。

実際に，臨界点は $-1, 0, \infty, \infty$ である。$x \geq 1$ とすれば $P(x) > 2x$ である。$P(-1) = 2$，$P(0) = 1$ であるから，-1 を始点とする軌道，0 を始点とする軌道のいずれも無限遠点に収束する。したがって，定理 15.8 により，ジュリア集合はカントール集合となる。

例 15.5　$P(z) = 4z^3 + 6z^2 + c$ で，c は $P^2(c) = P(c)$ を満たす最大の負の実数解とする [*3]。このとき D_∞ は唯一のファトウ成分で，$J(P)$ は線分を含み，D_∞ は単連結ではない。

実際に，臨界点は $-1, 0, \infty, \infty$ である。P は 3 つの固定点を実軸上に持つので，それらを大きな方から順番に α，β，γ とする。このとき

$$\gamma < -1 < c < \beta < 0 < \alpha$$

となっている。c の決め方により $P^2(0) = P(c) = \alpha$ となる。$P(-1) > \alpha$ なので，$\{P^n(-1)\}$ は無限大に収束する。また，$P([c, \alpha]) = [c, \alpha]$ が導

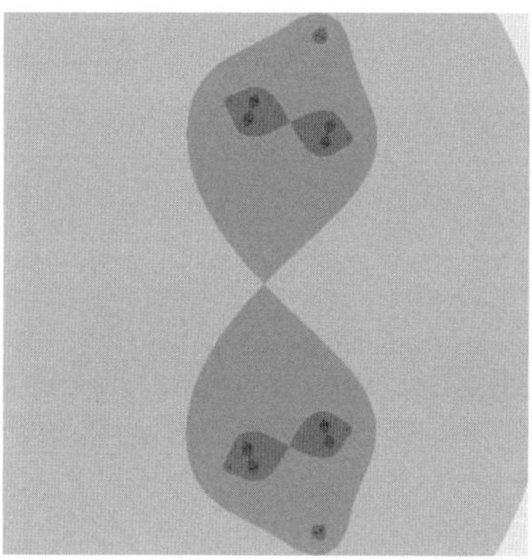

図 15.5　カントール集合であるジュリア集合・例 15.4

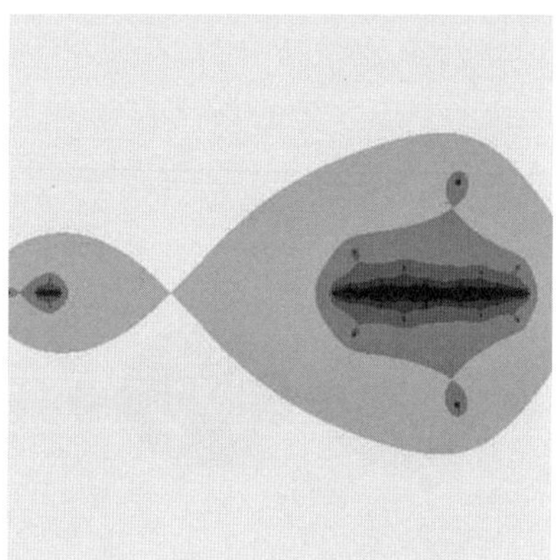

図 15.6　ジュリア集合は非連結，かつ線分を含む・例 15.5

*3　実際に $16c^5 + 48c^4 + 48c^3 + 24c^2 + 12c + 3 = 0$ の最大の実数解で，およそ $c = -0.405899\ldots$ である。

かれる。したがって，$J(P)$ は線分を含む。これらより，$F(P)$ は D_∞ 以外のファトウ成分を持たないことがわかる。

学びの広場 15.1

ジュリア集合やファトウ集合の絵をコンピュータで描くときには，もちろん極限を求めるために無限回の計算をしているわけではない。たとえば，（超）吸引固定点を持つ場合には，それがファトウ集合に含まれることを示した考え方を用いている。定理 14.15 の証明の方針で示したように（超）吸引固定点を中心とした十分小さな円板の中に，何回かの反復合成で軌道の 1 点が入れば，その固定点に収束する。この考え方を用いて，適当な回数を指定して（超）吸引固定点に収束する点を判定する。多項式の場合には無限遠点は超吸引固定点であるが，この場合は十分大きな円の外側に軌道の点が出たならば，無限遠点に収束すると判定する。図で描かれている灰色のグラデーションは，その円を超えるまでの反復の回数に比例して付けられている。また，図の中に 8 の字の交点のような点が見つけられる。これは，臨界点とその後方軌道を表している。臨界点の軌道の 1 点が判定するための円の上にあるように半径を決めると，このような絵を描くことができる。

「十進ベーシック」[*4] は，最も手軽に初歩的な複素力学系の絵を描くことのできるプログラム言語の 1 つであろう。興味のある読者は試みてみるとよい。

コンパクト集合が樹形突起であるとは，それが連結かつ局所連結であり，内点を持たず，その補集合が連結となるものをいう。

例 15.6　$P(z) = z^3 + c$ とする。ここで $c = \sqrt{\omega - 1}$，$\omega^2 + \omega + 1 = 0$ である。このとき，$J(P)$ は樹形突起となる。

実際に，P は 3 次の多項式であり，臨界点は $0, 0, \infty, \infty$ である。

---

*4　次の URL からダウンロードすることができる。
https://hp.vector.co.jp/authors/VA008683/

$P(0) = c, P(c) = c^3 + c = c(c^2 + 1) = c\omega, P(c^3 + c) = c^3\omega^3 + c = c^3 + c$

となる。有界な臨界点の軌道は無限大に収束しないので，D_∞ は単連結であり，$J(P)$ は連結である。また，∞ 以外の非反発周期系は存在しない。したがって，$J(P)$ の補集合は連結となる。$J(P)$ が局所連結であることは[40]を参照せよ。

この節の最後に定義 13.1 で述べたシルピンスキー・カーペットの例を与える。

例 15.7　次の有理関数のジュリア集合はシルピンスキー・カーペットとなる。

$$R(z) = 27\frac{z^2(z-1)}{(3z-2)^2(3z+1)}$$

実際に，R は次数 3 の有理関数であり，その臨界点は $0, 2/3, \infty, \infty$ となる。さらに

$$R(2/3) = \infty, R(\infty) = 1, R(1) = 0, R(0) = 0$$

であるから，0 が R の唯一の非反発周期系であり，それは超吸引固定点である。すべてのファトウ成分は反復合成でこの吸引不変成分に移る。

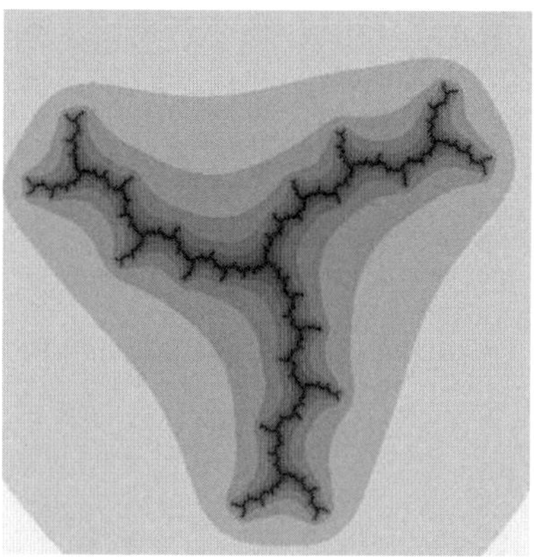

図 15.7　樹形突起であるジュリア集合・例 15.6

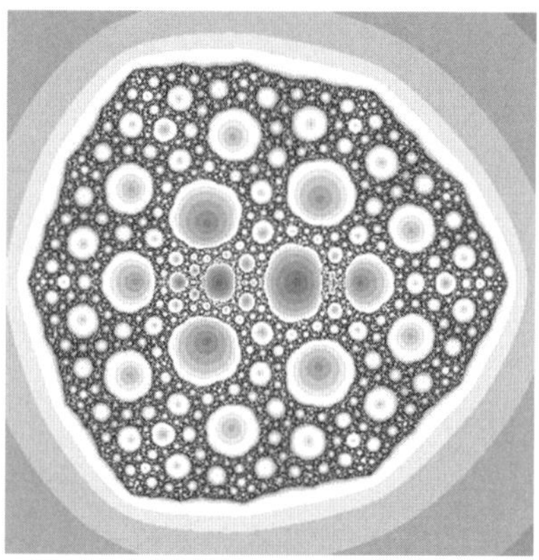

図 15.8　シルピンスキー・カーペットであるジュリア集合・例 15.7

ジュリア集合がシルピンスキー・カーペットになることは，[126]を参照せよ。

15.3　マンデルブロー集合

一般に，2 次多項式といえば $\alpha \neq 0$ として $P(z) = \alpha z^2 + \beta z + \gamma$ の形をしている。メビウス変換 $\varphi(z) = \alpha z + \beta/2$ を用いると，$\varphi \circ P \circ \varphi^{-1}(z) = z^2 + c$ となる。ここで，$c = \alpha\gamma + \beta/2 - \beta^2/4$ である。そこで，2 次多項式の集合として，複素数 c をパラメータにとり $\{P_c(z) = z^2 + c \mid c \in \mathbb{C}\}$ を考えることにする。いま，任意の $c \in \mathbb{C}$ をとる。また，$z \in \mathbb{C}$ を $|z| \geq |c|$ かつ適当な $r > 1$ で $|z| > 1 + r > 2$ を満たすものとする。このとき

$$|P_c(z)| \geq |z|^2 - |c| \geq r|z|$$

となる。これより，$|P_c^n(z)| \geq r^n|z|$ がいえるので，

$$\lim_{n\to\infty} P_c(z) = \infty$$

を得る。したがって，$\{P_c^n(0)\}$ が有界でなければ，$\{P_c^n(0)\}$ は無限遠点に収束することがいえる。そこで，次の集合を考える。

$$\mathcal{M} = \{c \in \mathbb{C} \mid \{P_c^n(0)\} \text{ が有界集合 }\}$$

これをマンデルブロー集合と呼ぶ。上のことより $\mathcal{M}$ は原点を中心とする半径 2 の閉円板に含まれることがわかる。さらに $\mathcal{M}$ は閉集合である。また，$\widehat{\mathbb{C}} \setminus \mathcal{M}$ は単位円と等角同値となる。これらの証明は[22]を参照せよ。これらをまとめると次のようにいうことができる。

定理 15.10　マンデルブロー集合 $\mathcal{M}$ は連結な有界閉集合である。

多項式の場合には無限遠点は超吸引不動点であり，無限遠点を含む超吸引領域は完全不変成分となる。P_c の臨界点は 0 と ∞ の 2 つである。定理 15.7 と定理 15.8 から次が導かれる。

定理 15.11

(1)　$c \in \mathcal{M}$ ならば $J(P_c)$ は連結となる。

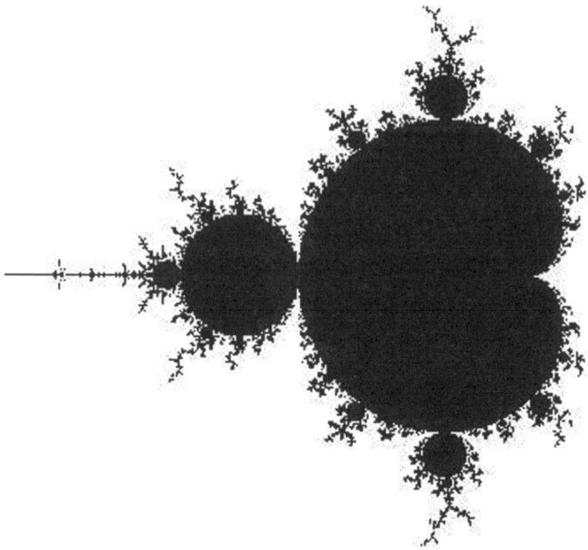

図 15.9　マンデルブロー集合

(2)　$c \notin \mathcal{M}$ ならば $J(P_c)$ はカントール集合となる。

0 は P_c の唯一の有界な臨界点である。定理 15.6 により，P_c は複素平面内に高々 1 つの非反発周期系を持つ。

P_c が周期 p の有界な（超）吸引周期系を持つとする。$P_c^p(z)$ は z と c について連続であるから，フルヴィッツの定理により，c の適当な近傍に含まれる c' であれば，$P_{c'}$ も周期 p の周期系を持ち，さらにそれが（超）吸引であることがわかる。すなわち，P_c が有界な（超）吸引周期系を持つパラメータの集合は開集合である。その集合の連結成分を双曲成分と呼ぶ。

P_c が（超）吸引固定点 $\zeta \in \mathbb{C}$ を持つとする。すなわち

$$P_c(\zeta) = \zeta^2 + c = \zeta \quad \text{かつ} \quad |P_c'(\zeta)| = |2\zeta| < 1$$

を満たす。これより

$$D_1 = \left\{ c = \zeta - \zeta^2 \;\middle|\; |\zeta| < \frac{1}{2} \right\}$$

$-0.65 \le \mathrm{Re}\, c \le -0.485$
$0.58 \le \mathrm{Im}\, c \le 0.745$

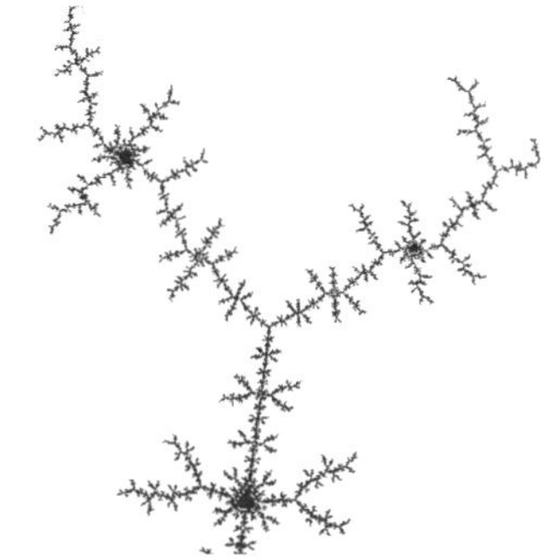

$-0.15 \le \mathrm{Re}\, c \le -0.05$
$0.915 \le \mathrm{Im}\, c \le 1.015$

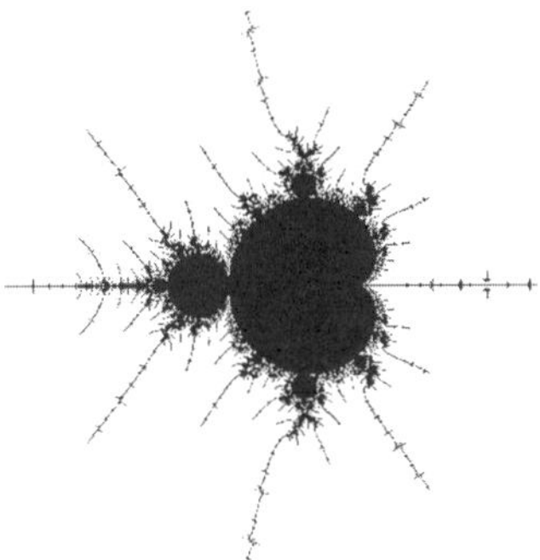

$-1.8 \le \mathrm{Re}\, c \le -1.725$
$-0.0375 \le \mathrm{Im}\, c \le 0.0375$

$-1.24 \le \mathrm{Re}\, c \le -1.06$
$-0.35 \le \mathrm{Im}\, c \le -0.17$

$-0.43 \le \mathrm{Re}\, c \le 0.17$
$0.54 \le \mathrm{Im}\, c \le 1.14$

$0.37 \le \mathrm{Re}\, c \le 0.42$
$0.118875 \le \mathrm{Im}\, c \le 0.168875$

図 15.10　マンデルブロー集合の一部拡大

が（超）吸引固定点を持つパラメータの双曲成分であることがわかる。これは，マンデルブロー集合の中心にある心臓型の領域である。

次に，P_c が（超）吸引 2 周期を持つ場合を考える。

$$P_c^2(z) - z = (z^2 - z + c)(z^2 + z + c + 1) = 0$$

と $(P_c^2(z))' = P_c'(P_c(z))P_c'(z)$ より

$$D_2 = \left\{ c \,\middle|\, |c+1| < \frac{1}{4} \right\}$$

が（超）吸引 2 周期を持つパラメータの双曲成分であることが導かれる。

$\overline{D_1}$ と $\overline{D_2}$ はただ 1 点 $-3/4$ で接する。$P_{-3/4}$ は放物的固定点 $-1/2$ と反発不動点 $3/2$ を持つ。また，$P^2_{-3/4}(z) = z$ の解も $-1/2$ と $3/2$ なので 2 周期点は持たない。$-3/4$ の実軸上の近傍で c を変化させて，その力学系の変化をみてみる。P_c は不動点

$$\zeta_c^+ = \frac{1+\sqrt{1-4c}}{2}, \quad \zeta_c^- = \frac{1-\sqrt{1-4c}}{2}$$

そして，2 周期点

$$\eta_c^+ = \frac{-1+\sqrt{-4c-3}}{2}, \quad \eta_c^- = \frac{-1-\sqrt{-4c-3}}{2}$$

を持つ。$c > -3/4$ であれば $c \in D_1$ となる。このとき，ζ_c^+ は反発不動点であり，ζ_c^- は吸引不動点である。また，$\{\eta_c^+, \eta_c^-\}$ は反発 2 周期系である。$c \searrow -3/4$ とすると $\zeta_c^- \to -1/2$，$\eta_c^\pm \to -1/2$ となる。$c < -3/4$ であれば $c \in D_2$ となる。このとき，$\zeta_c^\pm$ は反発不動点であり，$\{\eta_c^+, \eta_c^-\}$ は吸引 2 周期系である。$c \nearrow -3/4$ とすると $\zeta_c^- \to -1/2$，$\eta_c^\pm \to -1/2$ となる。

◇◇◇ 学びの広場 15.2 ◇◇◇

この節の最初の $P_c^n(z)$ の評価式をみると，マンデルブロー集合 $\mathcal{M}$ は次のようにも述べることができる。

$$\mathcal{M} = \{c \in \mathbb{C} \mid |P_c^n(0)| \le 2 \text{ がすべての } n \in \mathbb{N} \text{ で成り立つ}\}$$

問題 15.1　次の各 c はマンデルブロー集合 $\mathcal{M}$ に含まれるかどうかを判定せよ。

(1)　$c = i$　　(2)　$c = \dfrac{1}{2}$　　(3)　$c = -\dfrac{3}{4} + \dfrac{3}{2}i$　　(4)　$c = -\dfrac{3}{2}$

15.4　ジュリア集合の連続性

d を第 13 章で用いた $\mathbb{C}$ 上の距離関数とし，D を $\mathcal{K}(\mathbb{C})$ 上の d から導かれるハウスドルフ距離とする。$(\mathbb{C}, d)$ から $(\mathcal{K}(\mathbb{C}), D)$ への写像を $G(c) = J(P_c)$ として，その連続性を考える。

$c_0 \in \mathbb{C}$ と $\varepsilon > 0$ を任意にとる。周期点はジュリア集合上に稠密に存在するので，フルヴィッツの定理により適当な δ が存在して，$d(c, c_0) < \delta$ であるならば

$$J(P_{c_0}) \subset N(J(P_c), \varepsilon)$$

となる。この包含関係は $D(P_c, P_{c_0})$ の定義に現れる包含関係の一方であることに注意する。このときに，G は下半連続 *5 という。

連続性については次のことがいえる。

定理 15.12　$\mathcal{M}$ の各双曲成分と $\mathcal{M}$ の補集合において G は連続である。

証明は，たとえば[103]の議論を参考にせよ。

$c = 1/4$ のとき，f_c は放物的固定点 $1/2$ を持つ。ファトウ集合は 2 つの成分からなる。このとき，[48]で次のことが示されている。

定理 15.13　$c = 1/4$ で G は連続ではない。

*5　これは実数値関数の下半連続との類似性から用いられる。[48]を参照せよ。

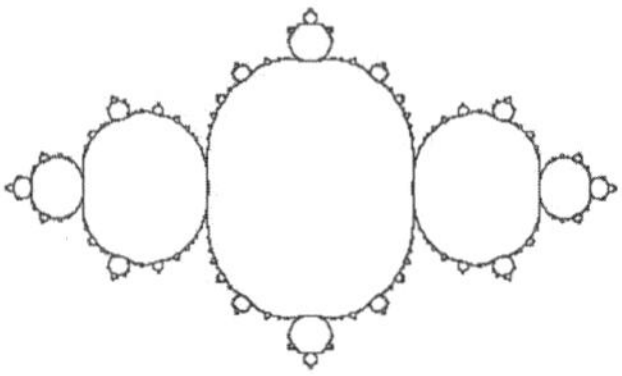

$c = -\frac{3}{4}$

放物的固定点を持つ

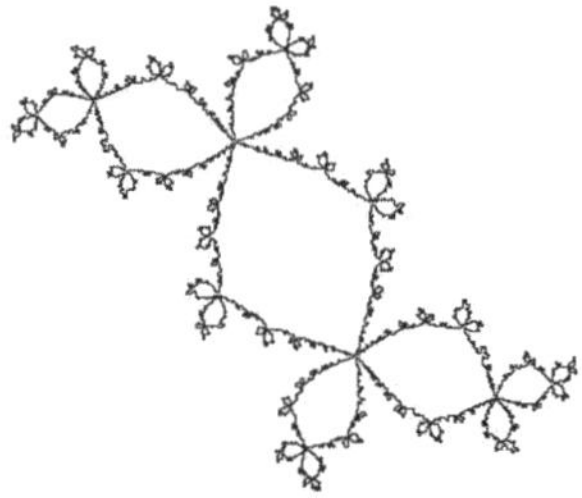

$c = -0.122561 + 0.744862$

吸引 3 周期を持つ

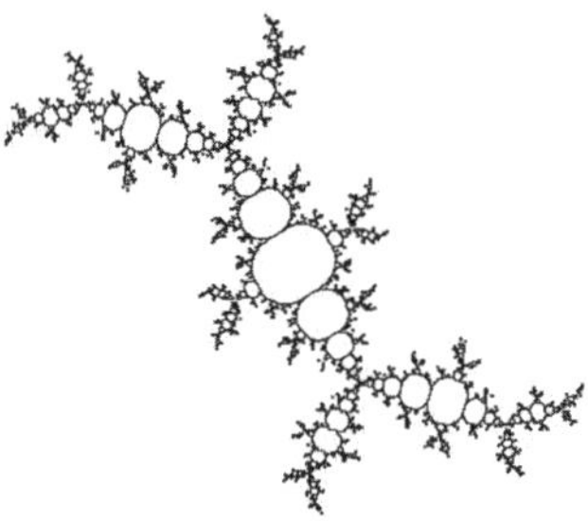

$c = -0.115735\cdots + 0.837999\cdots i$

放物的 3 周期を持つ

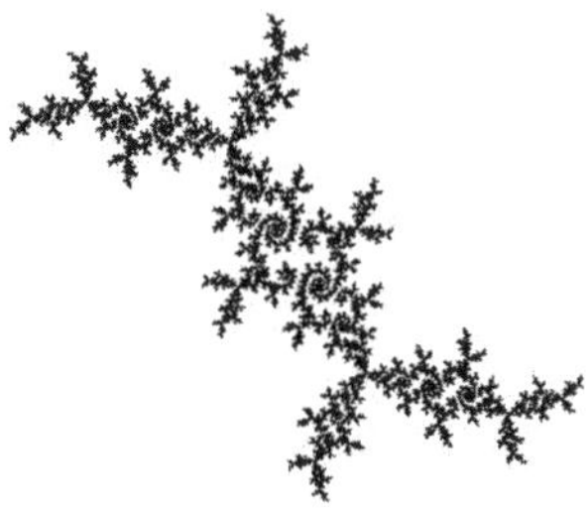

$c = -0.1345 + 0.8431i$

カントール集合

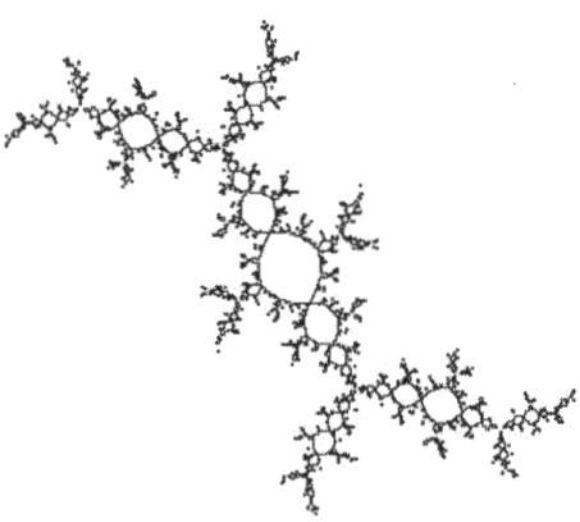

$c = -0.113419 + 0.860569i$

吸引 6 周期を持つ

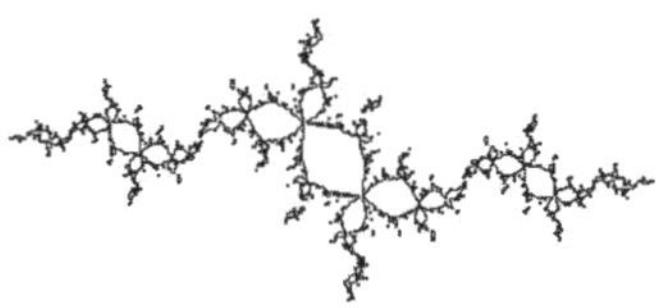

$c = -1.138 + 0.240332i$

吸引 6 周期を持つ

図 15.11　$P_c(z) = z^2 + c$ の様々なジュリア集合

学びの扉 15.1

有理関数は，その各臨界点が（超）吸引周期点に吸引されるときに双曲型と呼ばれる。2 次多項式の例をみてもわかるように，少し変化をさせても力学系として大きく変わることはない。そして，そのような安定した関数は有理関数のなかで「沢山」あると予想されている。2 次多項式の場合に厳密に述べると次のようになる。

予想 15.1 (双曲型関数の稠密性予想)　$\{c \mid P_c$ は双曲型$\}$ は $\mathbb{C}$ で稠密である。

この予想は現在も解決されていない，複素力学系の重要な問題である。

マンデルブロー集合は絵でみるとフラクタル的な複雑さがわかる。これについては次の予想がある。

予想 15.2 (マンデルブロー集合の局所連結性予想)　マンデルブロー集合 $\mathcal{M}$ は局所連結である。

この 2 つの予想に関してドゥアディとハバートが次のことを[49]で示している。

定理 15.14　マンデルブロー集合 $\mathcal{M}$ が局所連結であるならば，$\{c \mid P_c$ は双曲型$\}$ は $\mathbb{C}$ で稠密である。

学びの本箱 15.1

擬等角写像の入門書としては，アールフォルスによって書かれた「Lectures on Quasiconformal Mapping」が名高い。この第二版[6]には，定理 15.6 の証明にも用いられている擬等角手術について宍倉によって書かれた解説が付録として付いている。また，谷口による本文の翻訳本[212]も出版されている。さらに，擬等角手術を含め，現在の複素力学系の研究に用いられている道具の解説をしている[56]がある。

学びの本箱 15.2

複素力学系の勉強を始めようという人には[22]は良書である。複素力学系の基本事項について，その関連分野を含めて丁寧に書かれている。[198]の前半は複素力学系，特に本書では扱っていない超越整関数の力学系にもページを割いて書かれている。後半は，複素多変数の力学系について書かれている。この本に増補し，英語で書かれたものが[127]である。フィールズ賞受賞者でもあるミルナーは，モース理論や微分トポロジーの名著で知られているが，[122]は独特な視点から書かれている複素力学系の本である。複素力学系の研究の歴史に興味のある人には[3]と[12]は面白い本であろう。

■学びの広場　問題の解答・解説■

第 1 章　**問題 1.1**　集合 A の要素を与える $n/(n^2+1)$ は，自然数 n が増加すると減少する。実際，$f(n)=n/(n^2+1)$ とおくと

$$f(n)-f(n+1)=\frac{n^2+n-1}{(n^2+1)(n^2+2n+2)}>0,$$

$$n=1,2,3,\ldots$$

となることより示される。したがって，最大値は $n=1$ のときで $\max A=1/2$ となり，上限は $\sup A=1/2$ となる。一方，下限は，$f(n)$ が単調減少であることから，$\inf A=\lim\limits_{n\to\infty}f(n)=0$ と求まる。この場合，最小値 $\min A$ は集合 A に存在しない。

第 2 章　**問題 2.1**　三角関数の加法定理から導かれる

$$\cos A-\cos B=-2\sin\left(\frac{A+B}{2}\right)\sin\left(\frac{A-B}{2}\right)$$

を利用する。ここで，A, B は任意の実数である。上式で，$A=a(x+1)$，$B=ax$ とおけば，$(A+B)/2=a(x+1/2)$，$(A-B)/2=a/2$ であるから，(2.5) が得られる。

問題 2.2　商の差分公式 (2.24) と前半で得られた $x^3=x^{\underline{3}}+3x^{\underline{2}}+x^{\underline{1}}$ を利用する。ここで，$\Delta(x^3)=\Delta(x^{\underline{3}}+3x^{\underline{2}}+x^{\underline{1}})=3x^{\underline{2}}+6x^{\underline{1}}+1=3x^2+3x+1$ に注意する。

$$\begin{aligned}\Delta\left(\frac{x^3}{3^x}\right)&=\frac{\Delta(x^3)3^x-x^3\Delta 3^x}{3^x3^{x+1}}\\&=\frac{(3x^2+3x+1)3^x-x^3\cdot 2\cdot 3^x}{3^x3^{x+1}}\\&=\frac{-2x^3+3x^2+3x+1}{3^{x+1}}\end{aligned}$$

と求まる。

第 3 章　**問題 3.1**　$\lim\limits_{n\to\infty}\sqrt[n]{a_n}=\lim\limits_{n\to\infty}\sqrt[n]{\dfrac{1}{n^n}}=\lim\limits_{n\to\infty}\dfrac{1}{n}=0$，よって，

$\lim_{n\to\infty}\sqrt[n]{a_n} < 1$ であるから，定理 3.4 より，級数 $\displaystyle\sum_{n=1}^{\infty}\frac{1}{n^n}$ は収束する。

第 4 章　**問題 4.1**　$\mathsf{S}2^x = 2^x$, $x^2 = x(x-1) + x = x^{\underline{2}} + x^{\underline{1}}$ に注意して，(4.7), (2.8) を用いると

$$\begin{aligned}\mathsf{S}(x^2 2^x) &= x^2 2^x - \mathsf{S}\left(\Delta(x^{\underline{2}} + x^{\underline{1}}) \cdot 2^{x+1}\right)\\ &= x^2 2^x - \mathsf{S}\left((2x+1)2^{x+1}\right)\\ &= x^2 2^x - 4\mathsf{S}x2^x - 2\mathsf{S}2^x\end{aligned}$$

となる。ここで，再び (4.7) より

$$\mathsf{S}x2^x = x2^x - \mathsf{S}2^{x+1} = (x-2)2^x$$

なので，求める和分は

$$\begin{aligned}\mathsf{S}(x^2 2^x) &= \left(x^2 - 4(x-2) - 2\right)2^x + Q(x)\\ &= (x^2 - 4x + 6)2^x + Q(x)\end{aligned}$$

となる。

問題 4.2　まず，与えられた関数 $R(x)$ を部分分数展開すると，

$$R(x) = \frac{-2x^2 + 5x + 1}{(x-1)^2(x+3)} = \frac{1}{(x-1)^2} - \frac{2}{x+3}$$

となる。そこで，(4.29) を用いると，

$$\mathsf{S}R(x) = -\Psi'(x-1) - 2\Psi(x+3)$$

が得られる。

第 5 章　**問題 5.1**　平衡値は，(5.2) を用いると，$6\mu^2 - 6\mu + 1 = 0$ の解で与えられる。実際，

$$\mu_1 = \frac{3-\sqrt{3}}{6}, \quad \mu_2 = \frac{3+\sqrt{3}}{6}$$

の 2 つの値が平衡値として求まる。$F(x) = x^2 + 1/6$ とおくと，$F'(x) = 2x$ であり，$|F'(\mu_1)| < 1$, $|F'(\mu_2)| > 1$ である。

定理 5.2 を用いると，μ_1 は漸近安定であり，μ_2 は漸近安定ではない。

第 6 章　**問題 6.1**　題意に従って，代入をして分母をはらうと

$$
\begin{aligned}
&(-1+\varepsilon^2(2u(t)+u''(t)\varepsilon^2+O(\varepsilon^3)))(1-2\varepsilon^2u(t))\\
&\qquad = 2\varepsilon^4u(t)^2+4\varepsilon^2u(t)+\varepsilon^4t-1
\end{aligned}
$$

となる。左辺を展開して両辺を比較すると，$-1, 4\varepsilon^2u(t)$ の項が打ち消し合うことがわかる。ε のベキが 5 乗以上の項を $O(\varepsilon^5)$ でまとめて整理すると

$$
\varepsilon^4u''(t)-4\varepsilon^4u(t)^2 = 2\varepsilon^4u(t)^2+\varepsilon^4t+O(\varepsilon^5)
$$

となる。この式の両辺を ε^4 で割って，$\varepsilon\to 0$ とすると，パンルヴェ方程式 (6.21) が導かれる。

第 7 章　**問題 7.1**　$f(z)=(x^3-3xy^2-x)+(3x^2y-y^3-y)i=u(x,y)+v(x,y)i$ と表せる。$\dfrac{\partial u}{\partial x}=3x^2-3y^2-1$, $\dfrac{\partial v}{\partial y}=3x^2-3y^2-1$, $\dfrac{\partial u}{\partial y}=-6xy$, $\dfrac{\partial v}{\partial x}=6xy$ である。よって，任意の x, y に対して，コーシー-リーマンの方程式を満たしているので，$f(z)$ は複素平面上で正則である。

問題 7.2　指数関数のテイラー展開を利用すると，$f(z)$ の $z=0$ でのローラン展開は

$$
\begin{aligned}
f(z) &= \frac{1}{z^2}\left(z+\frac{1}{2!}z^2+\frac{1}{3!}z^3+\frac{1}{4!}z^4+\cdots\right)\\
&= \frac{1}{z}+\frac{1}{2!}+\frac{1}{3!}z+\frac{1}{4!}z^2+\cdots
\end{aligned}
$$

となる。したがって，$z=0$ は 1 位の極である。

第 8 章　**問題 8.1**　$g(z)=((e^z)^2+1)/e^z$ と表すことができるので，$g(z)$ は e^z の有理関数で次数は 2 である。定理 8.11 を用いて，$T(r,g)=2T(r,e^z)+S(r,e^z)$ となる。学びの広場 8.1 において $T(r,e^z)=r/\pi$ が示されているので，$T(r,g)=(2r/\pi)+$

$S(r, e^z)$ と求めることができる。実際には，e^z は位数有限な整関数なので，除外集合 (区間) を持たずに $S(r, e^z)/T(r, e^z) \to 0$, $r \to \infty$ が成り立つ。そこで，$T(r, g) = (2r/\pi)(1 + o(1))$ と表現することもできる。

第 9 章　問題 9.1　$A_0 = 5$, $A_1 = 0$, $A_2 = 1$ であるから，(9.19) に対応するニュートンの折れ線は，次の図のようになる。A_1 に対応する点 $(1, -1)$ は，凸包のなかに含まれてニュートンの折れ線上には現れない。ニュートンの折れ線上の 2 点 $(0, -1)$ と $(2, 5)$ を結ぶ線分の傾きとして 3 が現れることがわかる。

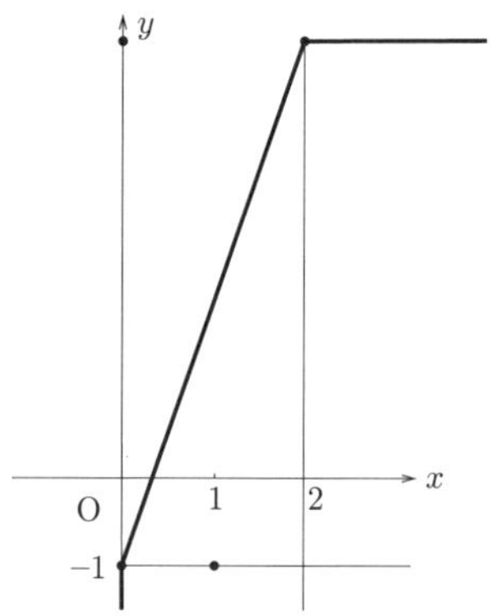

図　ニュートンの折れ線・学びの広場 9.1

第 10 章　問題 10.1　$z^2 + 1 = (z - i)(z + i)$ と因数分解されるので，i, $-i$ においてそれぞれ 1 位の極を持つ。被積分関数のこれらの留数を (10.22) を用いて計算する。実際，$z = i$, $z = -1$ における留数は，それぞれ

$$\mathrm{Res}(f, i) = \lim_{z \to i}(z - i)\frac{2z}{(z + i)(z - i)} = 1$$

$$\mathrm{Res}(f, -i) = \lim_{z \to -i}(z + i)\frac{2z}{(z + i)(z - i)} = 1$$

である。$z = i$, $z = -i$ は曲線 C の内部にあるから，求める積分の値は

$$\int_C \frac{2z}{z^2+1}\,dz = 2\pi i(1+1) = 4\pi i$$

である。

問題 10.2　題意から，$b_1 = c_1 = \beta = 2$, $b_2 = -3$, $c_2 = i$ であるから，(10.57) を用いて，$a_1 = 2 \cdot (-3)/i = 6i$, $a_2 = -(6i \cdot (-3) - (6i)^2 i)/(2^2 - 2) = -9i$ を得る。したがって，求める関数は，$\varphi(z) = 6iz - 9iz^2$ となる。

第 11 章　**問題 11.1**　$\sin 2\pi(z+1) = \sin 2\pi z$ に注意して，差分の定義式 (2.2) に基づいて計算をすると

$$\begin{aligned}\Delta y(z) &= \sin 2\pi(z+1) \cdot (-3)^{z+1} - \sin 2\pi z \cdot (-3)^z \\ &= -4 \sin 2\pi z \cdot (-3)^z\end{aligned}$$

であるから，(11.17) を用いて $f(z) = -\Delta y(z)/y(z) = 4$ となる。したがって，$\Delta f(z) = 0$ である。一方，(11.6) の左辺の第 2 項の分子は $A = -16$ なので，$4^2 - 16 = 0$ である。よって，確かめられた。

第 12 章　**問題 12.1**　d' が定義 12.1 の (1)，(2)，(3) を満たすことを示す。d' の定義より，(1) と (2) は満たされる。(3) を示す前に後半を示す。Σ の 3 点を $\boldsymbol{a} = (a_1a_2a_3\ldots)$，$\boldsymbol{b} = (b_1b_2b_3\ldots)$，$\boldsymbol{c} = (c_1c_2c_3\ldots)$ とし，p は $a_p \neq b_p$ かつ $a_i = b_i$ $(i < p)$ を満たし，q は $b_q \neq c_q$ かつ $b_i = c_i$ $(i < q)$ を満たすとする。

$$\begin{aligned}d'(\boldsymbol{a},\boldsymbol{c}) &= \frac{1}{2^{\min\{p.q\}}} = \max\left\{\frac{1}{2^p}, \frac{1}{2^q}\right\} \\ &= \max\{d'(\boldsymbol{a},\boldsymbol{b}), d'(\boldsymbol{b},\boldsymbol{c})\}\end{aligned}$$

これより (3) の三角不等式を得る。

問題 12.2　背理法で示す。$d(x,y)$，$d(y,z)$，$d(z,y)$ がすべて異なるとする。このとき

$$d(x,y) < d(y,z) < d(z,y)$$

としても一般性は失われない。この仮定とウルトラ三角不等式より

$$d(z,y) \leq \max\{d(x,y), d(y,z)\} < d(z,y)$$

となり，矛盾が導かれる。

第 13 章　**問題 13.1**　反復関数系は次のものである。

$$\left(f_1(z) = \frac{1}{\sqrt{2}}e^{i\pi/4}\overline{z}, f_2(z) = \frac{1}{\sqrt{2}}e^{-i\pi/4}(\overline{z}-1)+1\right)$$

(1) $\frac{1}{\sqrt{2}}e^{i\pi/4}$，0，1 を頂点とする三角形とその内点からなる閉三角形を T とする。$F(T) = f_1(T) \cup f_2(T)$ であるから，$\{F^n(T)\}$ のハウスドルフ極限は T でる。したがって，そのハウスドルフ次元は 2 となる。

(2) T の内点からなる開三角形は，この反復関数系に対し，開集合条件を満たす。したがって，この反復関数系の相似次元とハウスドルフ次元は一致する。縮小比表は $(1/\sqrt{2}, 1/\sqrt{2})$ であるから，相似次元は 2 となる。

問題 13.2　$0 < \theta < \pi/4$ とする。反復関数系は次のものである。

$$\left(f_1(z) = \frac{1}{2\cos\theta}e^{i\theta}\overline{z}, f_2(z) = \frac{1}{2\cos\theta}e^{-i\theta}(\overline{z}-1)+1\right)$$

$1/2+i(\tan\theta)/2$，0，1 を頂点とする三角形の内部の開集合は，この反復関数系の開集合条件を満たす。したがって，この反復関数系の相似次元とハウスドルフ次元は一致する。縮小比表は $(1/(2\cos\theta), 1/(2\cos\theta))$ である。

$$(2\cos\theta)^{-s} + (2\cos\theta)^{-s} = 1$$

より $s = \log 2/\log(2\cos\theta)$ となる。$0 < \theta < \pi/4$ であるから，$1 < s < 2$ を得る。

第 14 章　**問題 14.1**　$P(z)$ の固定点は ∞ と ± 1 だけである。∞ は超吸引固定点である。$|P'(1)| = |2a+1|$，$|P'(-1)| = |-2a+1|$

となるので，一方が1より小さくなれば，もう一方は1より大きくなる。

第15章　各自で考察せよ。

参考文献

[1] Ablowitz, M. J., R Halburd and B Herbst, On the extension of the Painlevé property to difference equations, Nonlinearity 13 (2000), 889–905.

[2] Aigner, M., A Course in enumeration, Graduate Texts in Mathematics 238, Springer, 2007.

[3] Alexander, D. S., Iavernaro, F. and Rosa A., Early days in complex dynamics. A history of complex dynamics in one variable during 1906–1942, History of Mathematics 38, American Mathematical Society, London Mathematical Society, 2012.

[4] Ahlfors, L. V., On quasiconformal mappings, J. Anal. Math. 3 (1953–54), 1–58.

[5] Ahlfors, L. V., Complex Analysis (third edition), McGraw-Hill 1979.

[6] Ahlfors, L. V., Lectures on Quasiconformal Mapping, Second Edition, American Mathematics Society, 2006.

[7] Ahlfors, L. V. and Bers, L., Riemann's mapping theorem for variable metrics, Ann. of math. (2) 72 (1960), 345–404.

[8] Arzelá, C., Sulle funzioni di linee, Mem. Accad. Sci. Bologna 5 (1895), 225–244.

[9] Arzelá, C., Sulle serie di funzioni, I., Mem. della R. Accad. Bologna, 8 (1899), 3–58.

[10] Arzelá, C., Sulle serie di funzioni, II., Mem. della R. Accad. Bologna, 8 (1899), 91–134.

[11] Ascoli, G., Le curve limiti di una varietá data di curve, Mem. della R. Accad. Lincei, 18 (1883), 521–586.

[12] Audin M., Fatou, Julia, Montel. The great prize of mathematical sciences of 1918, and beyond, Lecture Notes in Mathematics 2014, History of Mathematics Subseries, Springer, 2011.

[13] Bank, S. B., Some results on the gamma function and other hypertranscendental functions, Proc. Roy. Soc. Edinburgh Sect. A 79 (1977/78), 335–341.

[14] Bank, S. B., On the hypertranscendence of meromorphic solutions of certain functional equations, Proc. Roy. Soc. Edinburgh Sect. A 83 (1979), 45–54.

[15] Bank, S. B., G. Gundersen and I. Laine, Meromorphic solutions of the Riccati differential equation, Ann. Acad. Sci. Fenn. Ser. A I Math. 6 (2) (1982), 369–398.

[16] Bank, S. B. and R. P. Kaufman, An extension of Hölder's theorem concerning the Gamma function, Funkcial. Ekvac. 19 (1976), 53–63.

[17] Bank, S. B. and R. P. Kaufman, A note on Hölder's theorem concerning the gamma function, Math. Ann. 232 (1978), 115–120.

[18] Bank, S. B. and R. P. Kaufman, On the growth of meromorphic solutions of the differential equation $(y')^m = R(z, y)$, Acta Math. 144 (1980), 223–248.

[19] Bank, S. B. and I. Laine, On the oscillation theory of $f'' + Af = 0$ where A is entire, Bull. Amer. Math. Soc. (N.S.) 6 (1982), 95–98.

[20] Bank, S. B. and I. Laine, On the oscillation theory of $f'' + Af = 0$ where A is entire, Trans. Amer. Math. Soc. 273 (1982), 351–363.

[21] Bank, S. B. and I. Laine, On the zeros of meromorphic solutions and second-order linear differential equations, Comment. Math. Helv. 58 (4) (1983), 656–677.

[22] Beardon, A. F., Iteration of Rational Function, Grad. Texts Math. 132, Springer 1991.

[23] Becker, P.-G. and W. Bergweiler, Hypertranscendency of local conjugacies in complex dynamics, Math. Ann. 301 (1995), 463–468.

[24] Bergweiler, W., Periodic points of entire functions: Proof of a conjecture of Baker, Complex Variables Theory Appl. 18 (1991), 57–72.

[25] Bergweiler, W., Solution of a problem of Rubel concerning iteration and algebraic differential equations, Indiana Univ. Math. J. 44 (1995), 257–267.

[26] Bergweiler, W. and W. K. Hayman, Zeros of solutions of a functional equation, Comput. Methods Funct. Theory, 3 (2003), 55–78.

[27] Bergweiler, W. and A. Hinkkanen, On semiconjugation of entire functions, Math. Proc. Cambridge Philos. Soc. 126 (3) (1999), 565–574.

[28] Bergweiler, W., K. Ishizaki and N. Yanagihara, Meromorphic solutions of some functional equations, Methods Appl. Anal. 5 (3) (1998), 248–258. Correction: Methods Appl. Anal. 6 (4) (1999).

[29] Bergweiler W., K. Ishizaki, and N. Yanagihara, Growth of meromorphic solutions of some functional equations I, Aequationes Math. 63 (2002), 140–151.

[30] Bergweiler, W., P. J. Rippon and G. M. Stallard, Dynamics of meromorphic functions with direct or logarithmic singularities, Proc. London Math. Soc. 97 (2008), 368–400.

[31] Bergweiler, W. and N. Terglane, Weakly repelling fixpoints and the connectivity of wandering domains, Trans. Amer. Math. Soc. 348 (1996), 1–12.

[32] Bers, L., Quasiconformal mappings and Teichmüller's theorem, Analytic Functions, Princeton Univ. Press, Princeton, N. J. (1960), 89–119.

[33] Bézivin, J.–P. et F. Gramain, Solutions entières d'un système d'équations aux différences, Ann. Inst. Fourier, Grenoble 43 (1993), 791–814.

[34] Bézivin, J.–P. et F. Gramain, Solutions entières d'un système d'équations aux différences II, Ann. Inst. Fourier Grenoble 46 (1996), 465–491.

[35] Boas, R. P. Jr.: Entire functions, Academic Press Inc., New York, 1954.

[36] Bohner M. and T. Cuchta, The Bessel difference equation, Proc. Amer. Math. Soc. 145 (4) (2017), 1567–1580.

[37] Boole, G., A treatise on differential equations, London MacMillan and co. London, 1859.

[38] Boole, G., A treatise on the calculus of finite differences, London MacMillan and co. London, 1860.

[39] Borel, É., Sur les zéros des fonctions entières, Acta Math. 20 (1897), 357–396.

[40] Carleson, L. and T. W. Gamelin, Complex Dynamics, Springer, 1993.

[41] Carlson, F., Sur une classe de séries de Taylor, Thèse Upsala, 1914.

[42] Chiang Y. M. and S. J. Feng, On the Nevanlinna characteristic of $f(z+\eta)$ and difference equations in the complex plane, Ramanujan J. 16 (1) (2008), 105–129.

[43] Chiang Y. M. and S. J. Feng, On the growth of logarithmic differences, difference quotients and logarithmic derivatives of meromorphic functions, Trans. Amer. Math. Soc. 361 (2009), no. 7, 3767–3791.

[44] Chiang Y. M. and S. J. Feng, On the Growth of Logarithmic Difference of Meromorphic Functions and a Wiman–Valiron Estimate, Constr. Approx. 44 (2016), 313–326.

[45] Clunie, J., On integral and meromorphic functions, J. London Math. Soc. 37 (1962), 17–27.

[46] Denjoy, A., Sur l'itération des fonctions analytiques, C. R. Acad. Sci. Paris, 166 (1926), 255–257.

[47] Denjoy, A., Sur les courbes définies par les équations différentielles à la surface du tore, J. Math., 11 (1932), 333–375.

[48] Douady, A., Does a Julia set depend continuouly on the polynomial?, Complex Analytic Dynamics, AMS. Proc. Symp. Appl. Math., 1994.

[49] Douady, A. and J. H. Hubbard, Étude dynamique des polynômes complexes, Partie I, Partie II, Publications Mathématiques d'Orsay (1984) 84–2, (1985) 85–4.

[50] Edgar, G., Measure, Topology, and Fractal Geometry (second edition), Undergraduate Texts in Math. Springer, 2008.

[51] Elaydi, S., An introduction to difference equations, Third edition Undergraduate Texts in Mathematics Springer New York, 2005.

[52] Eremenko, A. E., Meromorphic solutions of algebraic differential equations, Russian Math. Surveys 37 (4) (1982), 61–95.

[53] Eremenko, A. E., On the iteration of entire functions, Dynamical systems and ergodic theory, 28th Sem. St. Banach Int. Math. Cent., Warsaw/Pol. 1986, Banach Cent. Publ. 23 (1989), 339–345.

[54] Eremenko, A. E., L. W. Liao and T. W. Ng, Meromorphic solutions of higher order Briot-Bouquet differential equations, Math. Proc. Camb. Philos. Soc. 146 (1) (2009), 197–206.

[55] Euler, L., Institutiones calculi differentialis cum eius usu in analysi finitorum ac doctrina serierum, Petersburg, (1755).

[56] Edson de Faria and Welington de Mero, Mathematical Tools for One-Dimensional Dynamics, Cambridge University Press, 2008.

[57] Falconer, K., Fractal geometry, Mathematical foundations and applications. 3rd ed. (English) Wiley & Sons, 2014.

[58] Fatou, M. P., Sur Les equations fonctionelles, Bull. Soc. Math. France 47 (1919), 161–271.

[59] Fatou, M. P., Sur Les equations fonctionelles, Bull. Soc. Math. France 48 (1920), 208–314.

[60] Gervais, R. and Q. I. Rahman An extension of Carlson's theorem for entire functions of exponential type, Trans. Amer. Math. Soc. 235 (1978), 387–394.

[61] Goldberg, A. A. and I. V. Ostrovskii, Value distribution of meromorphic functions, Transl. from the Russian by Mikhail Ostrovskii. With an appendix by Alexandre Eremenko and James K. Langley, Translations of Mathematical Monographs 236. Providence, RI: American Mathematical Society, 2008.

[62] Goldstein R., On certain compositions of functions of a complex variable, Aequationes Math. 4 (1970), 103–126.

[63] Grammaticos, B., R. G. Halburd, A. Ramani and C-M Viallet, How to detect the integrability of discrete systems, J. Phys. A, Math. Theor. 42 (45), Article ID 454002, 30 p. (2009).

[64] Gromak, V., I. Laine and S. Shimomura, Painlevé differential equations in the complex plane, de Gruyter Studies in Mathematics 28 Walter de Gruyter & Co. Berlin, 2002.

[65] Guichard, C., Sur la resolution de l'equation aux differences fines $G(x+1)-G(x)=H(x)$, (French) Ann. Sci. École Norm. Sup. (3) 4 (1887), 361–380.

[66] Gundersen G. G., Estimates for the logarithmic derivative of meromorphic functions, plus similar estimates, J. London Math. Soc. (2) 37 (1988), 88–104.

[67] Gundersen, G. G., E. M. Steinbart, and S. Wang, The possible orders of solutions of linear differential equations with polynomial coefficients, Trans. Amer. Math. Soc. 350 (1998), 1225–1247.

[68] Halburd, R. G., Elementary exact calculations of degree growth and entropy for discrete equations, Proc. R. Soc. A 473: 20160831 (2017).

[69] Halburd R. G. and R. Korhonen, Difference analogue of the lemma on the logarithmic derivative with applications to difference equations, J. Math. Anal. Appl. 314 (2) (2006), 477–487.

[70] Halburd R. G. and R. Korhonen, Nevanlinna theory for the difference operator, Ann. Acad. Sci. Fenn. Math. 31 (2) (2006), 463–478.

[71] Halburd, R. G. and R. J. Korhonen, Existence of finite-order meromorphic solutions as a detector of integrability in difference equations, Physica D 218 (2006), 191–203.

[72] Halburd R. G. and R. Korhonen, Finite-order meromorphic solutions and the discrete Painlevé equations, Proc. London Math. Soc. 94 (2007), 443–474.

[73] Hardouin, C. and M. F. Singer, Differential Galois theory of linear difference equations, Math. Ann. 342 (2) (2008), 333–377.

[74] Hardy, G. H., On two theorems of F. Carlson and S. Wigert, Acta Math. 42 (1) (1920), 327–339.

[75] Hausdorff, F., Zum Hölderschen Satz über $\Gamma(x)$, Math. Ann. (1925), 244–247.

[76] Hayman, W. K., Meromorphic Functions, Clarendon Oxford, 1964.

[77] Hayman, W. K., The local growth of power series: A survey of the Wiman–Valiron method, Canad. Math. Bull. 17 (1974), 317–358.

[78] He, Yuzan and I. Laine, Factorization of meromorphic solutions to the differential equation $(f')^n = R(z, f)$, Rev. Roum. Math. Pures Appl. 39 (7) (1994), 675–689.

[79] Heittokangas, J., R. Korhonen, I. Laine, J. Rieppo and K. Tohge, Complex difference equations of Malmquist type, Comput. Methods Funct. Theory 1 (1) (2001), 27–39.

[80] Helmrath, W. and J. Nikolaus, Ein elementarer Beweis bei der Anwendung der Zentralindexmethode auf Differentialgleichungen, Complex Variables Theory Appl. 3 (1984), 253–262.

[81] Hille, E., Analytic function theory, Vol. I, Boston New York Chicago Atlanta Dallas Palo Alto Toronto London Ginn and Company XI, 1959.

[82] Hille, E., Analytic function theory, Vol. II, Boston New York Chicago Ginn and Company XI, 1962.

[83] Hille, E., Ordinary differential equations in the complex domain, Dover Publications Inc. Mineola NY, 1997.

[84] Hölder, O., Über die Eigenschaft der *Gamma*-Funktion, keiner algebraischen Differentialgleichung zu genügen, Math. Ann. 28 (1887), 1–13.

[85] Hotzel, R., Algebraische Differentialgleichungen mit zulässigen Lösungen: ein algebraischer Anstaz, Diplomartbeit, vorgelegt an der Rheinisch–Westfälischen Technischen Hochschule Aachen, 1994.

[86] Hurwitz, A., Sur l'intégrale finie d'une fonction entière, Acta Math. 20 (1897), 285–312.

[87] Ishizaki, K., Hypertranscendency of meromorphic solutions of a linear functional equation, Aequationes Math. 56 (1998), 271–283.

[88] Ishizaki, K., On difference Riccati equations and second order linear difference equations, Aequationes Math. 81 (1/2) (2011), 185–198.

[89] Ishizaki, K., Meromorphic solutions on difference Riccati equations, Complex Var. Elliptic Equ. 62 (1) (2017), 110–122.

[90] Ishizaki, K. and R. Korhonen, Meromorphic solutions of algebraic difference equations, Constr. Approx. 48 (3) (2018), 371–384.

[91] Ishizaki, K., S. Morosawa, M. Yakou, Meromorphic solutions of functional equations $f(G(z)) = R(f(z))$, Complex Var. Elliptic Equ. 57 (1) (2012), 15–22.

[92] Ishizaki, K. and Y. Wang, Nonlinear differential equations with transcendental meromorphic solutions, J. Aust. Math. Soc. 70 (1) (2001), 88–118.

[93] Ishizaki, K. and N. Yanagihara, Wiman-Valiron method for difference equations, Nagoya Math. J. 175 (2004), 75–102.

[94] Ishizaki, K. and N. Yanagihara, Borel and Julia directions of meromorphic Schröder functions, Math. Proc. Camb. Philos. Soc. 139 (1) (2005), 139–147.

[95] Ishizaki, K. and N. Yanagihara, Borel and Julia directions of meromorphic Schröder functions II, Arch. Math. 87 (2) (2006), 172–178.

[96] Ishizaki, K. and N. Yanagihara, Singular directions of meromorphic solutions of some non-autonomous Schröder equations, Aikawa, Hiroaki (ed.) et al., Potential theory in Matsue. Selected papers of the international workshop on potential theory, Matsue, Japan, August 23–28, 2004. Tokyo: Mathematical Society of Japan (ISBN 4-931469-33-7/hbk). Advanced Studies in Pure Mathematics 44, (2006), 155–166.

[97] Jank, G. and L. Volkmann, Einführung in die Theorie der ganzen und meromorphen Funktionen mit Anwendungen auf Differentialgleichungen, Birkhäuser Verlag Basel-Boston, 1985.

[98] Jensen, J. L. W. V., Sur un nouveau et important théorème de la théorie des fonctions, Acta Math. 22 (1899), 359–364.

[99] Jordan, C., Calculus of Finite Differences, 2nd ed., Chelsea, New York, 1950.

[100] Julia, G., Memoire sur l'iteration des fonctions rationelles, J. Math. Pures Appl., 8 (1918), 47–245.

[101] Kelley, W. G. and A. C. Peterson, Difference equations, An introduction with applications, Second edition Harcourt/Academic Press San Diego CA, 2001.

[102] Kimura, T., On the iteration of analytic functions, Funkc. Ekva., 14 (1971), 197–238.

[103] Kisaka, M., Local uniform convergence and convergence of Julia sets, Nonlinearity 8 (2) (1995), 273–281.

[104] 木坂正史, 超越整函数の Fatou 集合, Julia 集合の位相的性質について, 数学 65 巻 2013 年 7 月, 269–298.

[105] Kohno, M., Global analysis in linear differential equations, Mathematics and its Applications, 471 Kluwer Academic Publishers Dordrecht, 1999.

[106] Korhonen, R., Meromorphic solutions of differential and difference equations with deficiencies. Dissertation, University of Joensuu, Joensuu, 2002. Ann. Acad. Sci. Fenn. Math. Diss. No. 129 2002.

[107] Kövari, T., On the Borel exceptional values of lacunary integral functions, J. Analyse Math. 9 (1961), 71–109.

[108] Laine, I., Nevanlinna theory and complex differential equations, de Gruyter Studies in Mathematics 15. Walter de Gruyter & Co. Berlin, 1993.

[109] Laine, I. and C. C. Yang, Clunie theorems for difference and q-difference polynomials, J. Lond. Math. Soc. 76 (3) (2007), 556–566.

[110] Laine, I., J. Rieppo, H. Silvennoinen, Remarks on complex difference equations, Comput. Methods Funct. Theory 5 (1) (2005), 77–88.

[111] Landau, E., Über die Grundlagen der Theorie Fakultätenreihen, Sitzsber. Akad. München, 36 (1906), 151–218.

[112] Lang S., Complex analysis, GTM 103 forth edition Springer New York, 1998.

[113] Leivn B. Y., Lectures on Entire Functions, Translations of Mathematical Monographs 150, 1996.

[114] Lindelöf, E., Mémoire sur la théorie des fonctions entières de genre fini, Acta Soc. Fennicae 31, iv, 79 S. 4° (1902), 1–77.

[115] Lindelöf, E., Sur la détermination de la croissance des fonctions entières définies par un développement de Taylor, Darb. Bull. (2) 27 (1903), 213–226.

[116] Lindelöf, E., Sur les fonctions entières d'ordre entier, Annales scientifiques de l'É.N.S. 3e série, tome 22, (1905), 369–395.

[117] Liouville, J., Leçons sur les fonctions doublement périodiques, Jour. Reine Angew. Math. 88 (1879), 277–310.

[118] Malmquist, J., Sur les fonctions à un nombre fini de branches définies par les équations différentielles du premier ordre, Acta Math. 36 (1) (1913), 297–343.

[119] Malmquist, J., Sur les functions à un nombre fini de branches satisfaisant àune équation différential du premier ordre, Acta Math. 42 (1919), 317–325.

[120] Markushevich, A. I., Theory of functions of a complex variable III, 2nd Edtion Prentice-Hall, 2005.

[121] Milne-Thomson, L. M., The Calculus of Finite Differences, Macmillan New York, 1933.

[122] Milnor, J., Dynamics in one complex variable, Third edition, Annals of Math. Studies 160 Princeton University Press, 2006.

[123] Mohon'ko, A. Z., The Nevanlinna characteristics of certain meromorphic functions, Teor. Funktsii Funktsional. Anal. i Prilozhen 14 (1971), 83–87.

[124] Mohon'ko, A. Z. and V. D. Mohon'ko, Estimates of the Nevanlinna characteristics of certain classes of meromorphic function, and their applications to differential equations, Sibirsk. Mat. Zh. 15 (1974), 1305–1322.

[125] Montel, P., Leçons sur les Familles Normales, Gauthier-Villars, Paris, 1927.

[126] Morosawa, S., Julia sets of subhyperbolic rational functions, Complex Variables Theory Appl. 41 (2000), 151–162.

[127] Morosawa, S., Y. Nishimura, M. Taniguchi and T. Ueda, Holomorphic Dynamics, Cambridge Studies in Advanced Mathematics 2000.

[128] Nevanlinna, R., Zur Theorie der meromorphen Funktionen, Acta. Math. 46 (1–2) (1925), 1–99.

[129] Nevanlinna, R., Le théorème de Picard-Borel et la théorie des fonctions méromorphes, Paris Gauthier-Villars, 1929.

[130] Nevanlinna, R., Analytic functions, Translated from the second German edition by Phillip Emig, Die Grundlehren der mathematischen Wissenschaften 162 Berlin Heidelberg New York Springer VIII, 1970.

[131] Newton, I., Philosophiae naturalis principia mathematica, London, 1687.

[132] Nörlund, Vorlesungen uber Differenzenrechnung. (Die Grundlehren der mathematischen Wissenschaften in Einzeldarstellungen Bd. 13), 1924.

[133] Noguchi, J., Introduction to complex analysis, Transl. from the Japanese by J. Noguchi. Translations of Mathematical Monographs 168 Providence RI Amer. Math. Soc., 1998.

[134] Ozawa, M., On the existence of prime periodic entire functions, Kōdai Math. Sem. Rep. 29 (3) (1977/78), 308–321.

[135] Perron O., Über einen Satz des Herrn Pincaré, J. reine angew. Math. 136 (1909), 17–37.

[136] Perron O., Über lineare Differenzen-und Differentialgeichungen, Math. Ann. 66 (1909), 446–487.

[137] Phragmén, E. and E. Lindelöf, Sur une extension d'un principe classique de l'analyse et sur quelques propriétés de fonctions monogènes dans le voisinage d'un point singulier, Acta Math. 31 (1908), 381–406.

[138] Pila J., Note on Carlson's Theorem, Rocky Mountain J. Math. 35 (6) (2005), 2107–2112.

[139] Pochhammer, L., Ueber eine Gattung von bestimmten Integralen, Math. Ann. XLI (1893), 167–173.

[140] Poincaré H., Sur une classe nouvelle de transcendantes uniformes, Journ. de Math. (4) VI (1890), 313–365.

[141] Praagman, C., Fundamental solutions for meromorphic linear difference equations in the complex plane, and related problems, J. Reine Angew. Math. 369 (1986), 101–109.

[142] Pringsheim, A., Elementare Theorie der ganzen transzendenten Funktionen von endlicher Ordnung, Math. Ann. 58 (1904), 257–342.

[143] G. R. W. Quispel, H. W. Capel, and R. Sahadevan, Continuous symmetries of differential–difference equations, the Kac-van Moerbeke equation and Painlevé reduction, Phys. Lett. A 170 (5) (1992), 379–383.

[144] Ramis, J.-P., About the growth of entire functions solutions of linear algebraic q-difference equations, Ann. Fac. Sc. Toulouse, (6), t.I (1992), 53–94.

[145] Ritt, J. F., Transcendental transcendency of certain functions of Poincaré, Math. Ann. 95 (1925/26), 671–682.

[146] Rubel, L. A., Necessary and sufficient conditions for Carlson's theorem on entire functions, Trans. Am. Math. Soc. 83 (1956), 417–429.

[147] Rubel, L. A., Some research problems about algebraic differential equations, Trans. Amer. Math. Soc. 280 (1983), 43–52.

[148] Rubel, L. A., A survey of transcendentally transcendental functions, Amer. Math. Monthly 96 (1989), 777–788.

[149] Rubel L. A., Some research problems about algebraic differential equations II, Illinois J. Math. 36 (1992), 659–680.

[150] Rubel, L. A., Entire and meromorphic functions, with assistance from James E. Colliander, Universitext, New York NY Springer 187, 1996.

[151] Schiff, J. L., Normal Families, Springer-Verlag, 1993.

[152] Schröder, E., Über iterirte Functionen, Math. Ann. 3 (1871), 296–322.

[153] Shidlovskii, A. B., Transcendental Numbers de Gruyter Studies in Mathematics 12, Walter de Gruyter & Co. Berlin, 1989.

[154] Shimomura, S., Meromorphic solutions of difference Painlevé equations, J. Phys. A 42 (31) (2009), 315213, 19pp.

[155] Shimomura, S., Continuous limit of the difference second Painlevé equation and its asymptotic solutions, J. Math. Soc. Japan 64 (3) (2012), 733–781.

[156] Shimomura, S., Rational Solutions of Difference Painlevé Equations, Tokyo J. Math., 35 (1) (2012), 85–95.

[157] Shisikura, M., On the quasiconformalsurgery of rational functions, Ann. Sci. Éc. Norm. Sup. 20 (1987), 47–86.

[158] Siegel, C. L., Iteration of analytic functions, Ann. of Math. 43 (1942), 607–616.

[159] Silvennoinen, H., meromorphic solutions of some composite functional equations, Ann. Acad. Sci. Fenn. Dissertations 133, 2003.

[160] Steinmetz N., Eigenschaften eindeutiger Lösungen gewöhnlicher Differentialgleichungen im Komplexen, Fakultät für Mathematik der Universitat Karlsruhe, 39 S. 1978.

[161] Steinmetz N., Rational iteration, Walter de Gruyter, 1993.

[162] Steinmetz N., Nevanlinna Theory, Normal Families, and Algebraic Differential Equations Universitext Springer, 2017.

[163] Stirling, J., Methodus differentialis sive tractatus de summatione et interpolatione serierum infinitarum, London, 1730.

[164] Sullivan, D., Quasiconformal homeomorphisms and dynamics. I: Solution of the Fatou-Julia problem on wandering domains, Ann. of Math. 122 (2) (1985), 401–418.

[165] Taylor, B., Methodus incrementorum directa et inversa, London, 1715.

[166] Teichmüller, O., Extremale quasikonforme Abbildungen und quadratische Differentiale, Abh. Preuss. Akad. Wiss. 22 (1940), 1–197.

[167] Teichmüller, O., Bestimmung der extremale quasikonforme Abbildungen bei geschlossenen orientierten Riemannschen Flächen, Preuss. Akad. 4 (1943), 1–42.

[168] Titchmarsh, E. C., The theory of functions (2nd Ed) Oxford University Press, 1939.

[169] Valiron, G., Sur les fonctions entières d'ordre fini et d'ordre nul, et en particulier les fonctions à correspondance régulière, Ann. Fac. Sci. Univ. Toulouse (3) 5 (1913), 117–257.

[170] Valiron, G., Fonctions entières et fonctions méromorphes d'une variable Mémorial des sciences mathématiques, fascicule, 2 (1925), 1–56.

[171] Valiron, G., Sur la dérivée des fonctions algébroides, Bull. Soc. Fracne. 59 (1931), 17–39.

[172] Weierstrass, K., Zur Theorie der eindeutigen analytischen Functionen, Berl. Abh., 1876.

[173] Weixlbaumer, C., Solutions of difference equations with polynomial coefficients, Diploma Thesis RISC J. Kepler University Linz Austria, 2001.

[174] Weniger, E. J., Summation of divergent power series by means of factorial series, Appl. Numer. Math. 60 (12) (2010), 1429–1441.

[175] Whittaker, J. M., Interpolatory Function Theory, Cambridge Univ. Press Cambridge, 1935.

[176] Whittaker, J. M. and G. N. Watson, Course of Modern Analysis: An Introduction to the General Theory of Infinte Processes and of Analytic Functions; With an Account of the Principal Transcendental Functions Cambridge, 1927.

[177] Wiman, A., Sur le cas d' exception dans la théorie des fonctions entières, Arkiv för Matematik, Astronomi och Fysik 1 (1904), 327–345.

[178] Wiman, A., Über den Zusammenhang zwischen dem Maximalbetrage einer analytischen Funktion und dem grössten Gliede der zugehorigen Taylorschen Reihe, Acta Math. 37 (1914), 305–326.

[179] Wiman, A., Über den Zusammenhang zwischen dem Maximalbetrage einer analytischen Funktion und dem grössten Betrage beigegebenem Argumente der Funktion, Acta Math. 41 (1916), 1–28.

[180] Wittich, H., Über das Anwachsen der Lösungen linearer Differentialgleichungen, Math. Ann. 124 (1952), 277–288.

[181] Wittich, H., Neuere Untersuchungen über eindeutige analytische Funktionen, Springer, 1955.

[182] Wittich, H., Bemerkung zu einer Funktionalgleichung von H. Poincaré, Arch. Math. (Basel) 2 (1949/1950), 90–95.

[183] Wolff, J., Sur l'itération des fonctions bornées, C. R. Acad. Sci. Paris, 182 (1926), 200–201.

[184] Yanagihara, N., Meromorphic solutions of the difference equation $y(x+1) = y(x) + 1 + \lambda y(x)$. I., Funkc. Ekvacioj Ser. Int. 21 (1978), 97–104.

[185] Yanagihara, N., Meromorphic solutions of some difference equations, Funkc. Ekvacioj 23 (1980), 309–326.

[186] Yanagihara, N., Hypertranscendency of solutions of some difference equations, Jap. J. Math., New Ser. 7 (1981), 109–168.

[187] Yanagihara, N., Exceptional values for meromorphic solutions of some difference equations, J. Math. Soc. Japan 34 (3) (1982), 489–499.

[188] Yanagihara, N., Meromorphic solutions of some difference equations and the value distribution theory in half-strips, Contemp. Math. 25 (1983), 245–253.

[189] Yanagihara, N., Meromorphic solutions of some functional equations, Bull. Sci. Math. II 107 (1983), 289–300.

[190] Yanagihara, N., Factorization of entire solutions of some difference equations, Proc. Japan Acad. Ser. A Math. Sci. 60 (6) (1984), 185–188.
[191] Yanagihara, N., Meromorphic solutions of some nonlinear difference equations of higher order, J. Math. Soc. Japan 37 (4) (1985), 569–603.
[192] Ye, Z., The Nevanlinna Functions of the Riemann Zeta–Function, J. Math. Anal. Appl. 233, (1999), 425–435.
[193] Yosida, K., A generalisation of a Malmquist's theorem, Jap. J. Math. 9 (1933), 253–256.
[194] Yosida, K., A note on Malmquist's theorem on first order algebraic differential equations, Proc. Japan Acad. 53 (1977), 120–123.
[195] 相川弘明, 複素関数入門, 共立出版, 2016.
[196] 石崎克也, 入門微分積分, 放送大学教材, 2016.
[197] 石崎克也, 微分方程式, 放送大学教材, 2017.
[198] 上田哲生, 谷口雅彦, 諸澤俊介, 複素力学系序説, 培風館, 1995.
[199] 大橋常道, 微分方程式・差分方程式入門, コロナ社, 2007.
[200] 岡本和夫, パンルヴェ方程式序説, 上智大学数学講究録 19, 1985.
[201] 川平友規, レクチャーズ オン Mathematica, プレアデス出版, 1913.
[202] 楠幸夫, 須川敏幸, 複素解析特論, 現代数学社, 2019.
[203] 熊原啓作, 複素数と関数, 放送大学教材, 2004.
[204] 熊原啓作, 砂川利一, 数理システム科学, 放送大学教材, 2005.
[205] 熊原啓作, 数理科学の方法, 放送大学教材, 2009.
[206] 熊原啓作, 押川元重, 微分と積分, 放送大学教材, 2012.
[207] 熊原啓作, 河添健, 解析入門, 放送大学教材, 2008.
[208] 小松勇作, 解析概論, 廣川書店, 1962.
[209] 下村俊, Nevanlinna 理論の微分方程式への応用, Rokko Lectures in Mathematics 14, 2003.
[210] Linda J. S. Allen（著）, 竹内康博, 佐藤一憲, 守田智, 宮崎倫子（訳）, 生物数学入門, 共立出版, 2011.
[211] 戸田暢茂, 微分積分学要論, 学術図書, 1987.
[212] 谷口雅彦, 擬等角写像講義, 丸善出版, 2015.
[213] 谷口雅彦, 奥村善英, 双曲幾何学への招待, 培風館, 1996.
[214] 田村二郎, 解析函数, 裳華房, 1962.
[215] 丹野雄吉, 福田途宏, 日野義之, 安田正實, 教養の微分積分, 培風館, 1985.
[216] 辻正次, 複素函数論, 槇書店, 1968.

［217］ 辻良平, 柳原二郎, 西尾和弘, 佐藤シズ子, 吉田克明, 複素関数論, 理学書院, 1994.

［218］ Robert L. Devaney 著, 後藤 憲一訳, 国府 寛司, 石井 豊, 新居 俊作, 木坂 正史新訂版訳, 新訂版 カオス力学系入門 第 2 版, 共立出版, 2003.

［219］ 野口潤次郎, 複素解析概論, 裳華房, 1993.

［220］ 広田良吾, 高橋大輔, 差分と超離散, 共立出版, 2003.

［221］ Kenneth Falconer 著, 畑　政義 訳, フラクタル集合の幾何学, 近代科学社, 1989.

［222］ Kenneth Falconer 著, 大鑄 史男, 小和田 正 訳, フラクタル幾何学の技法, シュプリンガー・フェアラーク東京, 2002.

［223］ 藤本敦夫, 応用微分方程式, 培風館, 1991.

［224］ 柳原二郎, 級数, 朝倉書店, 1962.

［225］ 柳原二郎, 飯尾力, 越川浩明, 沢達夫, 西尾和弘, 長谷川研二, 山川睦夫, 微分積分学, 理学書院, 1989.

［226］ 柳原二郎, 西尾和弘, 佐藤シヅ子,　御前憲廣, 吉田克明, 微分方程式の解き方, 理学書院, 1997.

［227］ 矢野健太郎, 石原繁, 複素解析, 裳華房, 1995.

［228］ 吉田洋一, 函数論　第 2 版, 岩波書店, 1965.

索 引

●配列は五十音順

●さ 行

●た　行

●な 行

●は 行

●ま　行

●や　行

●ら　行

●わ　行

著者紹介

石崎　克也（いしざき・かつや）

・執筆章→ 1～11

1961 年　千葉県に生まれる
1985 年　千葉大学理学部数学科卒業
1987 年　千葉大学大学院理学研究科修士課程数学専攻 修了
現在　放送大学教授・博士（理学）
専攻　函数論，函数方程式論
主な著書　数理科学　―離散モデル―（放送大学教育振興会）
入門微分積分（放送大学教育振興会）
微分方程式（放送大学教育振興会）
身近な統計（共著，放送大学教育振興会）

諸澤　俊介（もろさわ・しゅんすけ）

・執筆章→ 12～15

1958 年　東京に生まれる
1982 年　京都大学理学部卒業
1984 年　東北大学大学院理学研究科数学専攻博士課程前期　修了
現在　高知大学教授・理学博士
専攻　函数論，複素力学系
主な著書　複素力学系序説（共著，培風館）
Holomorphic Dynamics, Cambridge Studies in Advanced Mathematics 66
（共著，Cambridge University Press）

放送大学大学院教材　8961018-1-2111（放送オンライン）

数理科学
—離散数理モデル—

発　行　　2021 年 3 月 20 日　第 1 刷
著　者　　石崎克也・諸澤俊介
発行所　　一般財団法人　放送大学教育振興会
〒105-0001　東京都港区虎ノ門 1-14-1　郵政福祉琴平ビル
電話　03（3502）2750

市販用は放送大学大学院教材と同じ内容です。定価はカバーに表示してあります。
落丁本・乱丁本はお取り替えいたします。

Printed in Japan　ISBN978-4-595-14159-1　C1341